多视点图像的二维与三维场景建模

——流形建模与 Cayley 方法的原理及应用

张鸿燕　著

科学出版社

北京

内 容 简 介

借用摄像机这个特殊的眼睛（可以是单眼、双眼或复眼），力图将所见的五彩斑斓的世界——图像序列——中包含的信息拼合在一起来还原物理场景，以构建新的认识，这是基于多视点图像的视觉建模技术的核心问题。本书利用摄像机成像的数学模型、流形建模的"对应原理"以及数学定义中的转换映射概念，自然而流畅地得到了一组关于视觉场景建模的基础性数学公式，进而给出它们在二维图像拼接与三维重建中的应用。在具体的应用中，Cayley 变换起了重要的作用。全书共 9 章，依次是数学预备知识、多视图几何基本概念、视觉建模的底层算法、流形建模、二维场景建模、三维场景建模、摄像机位姿估计方法、三维点云配准方法、新型光学成像系统与场景建模简介。

本书可为计算机视觉、机器人视觉导航、视觉无损检测以及应用数学等领域的大学生、研究生以及科技工作者提供理论与技术参考。

图书在版编目（CIP）数据

多视点图像的二维与三维场景建模：流形建模与 Cayley 方法的原理及应用/张鸿燕著. —北京：科学出版社，2022.3
　ISBN 978-7-03-071008-6

Ⅰ. ①多… Ⅱ. ①张… Ⅲ. ①流形–系统建模–应用–图像处理 ②Cayley
图–应用–图像处理　Ⅳ. ①TP391.413

中国版本图书馆 CIP 数据核字（2021）第 260841 号

责任编辑：赵丽欣　王会明／责任校对：马英菊
责任印制：吕春珉／封面设计：东方人华平面设计部

科 学 出 版 社 出版
北京东黄城根北街 16 号
邮政编码：100717
http://www.sciencep.com

北京中科印刷有限公司 印刷
科学出版社发行　各地新华书店经销
*
2022 年 3 月第 一 版　　开本：787×1092 1/16
2022 年 3 月第一次印刷　　印张：11 1/4
字数：263 000
定价：96.00 元
（如有印装质量问题，我社负责调换〈中科〉）
销售部电话 010-62136230　编辑部电话 010-62134021

前　　言

　　基于多视点图像的场景建模是一个专门的技术领域。它是摄像机透视投影成像的逆问题，具有鲜明的学科交叉特征，在技术层面涉及图像处理、计算机视觉、计算摄像学、视觉导航、算法分析与设计、电子工程和光学工程，在学科基础层面依赖于应用数学、物理学、电子学和计算机科学等多个学科。利用视觉图像进行场景建模的核心任务是利用多视点图像或视频图像获得物理场景的全局信息，这个全局可能是二维图像，也可能是三维场景的稀疏或稠密重建。获得全局信息的目的依赖于具体的应用，例如：

　　(1) 针对扩大视野的需求，面临的问题通常是二维图像拼接。

　　(2) 针对定量三维测量的需求，则需要先实现三维度量重建。

　　(3) 针对视觉导航中的路径规划与避开障碍物的需求，至少需要进行射影重建。

　　(4) 针对视觉无损检测任务，需要二维拼接与三维重建的组合处理。

　　从时效来看，一些问题必须进行实时处理，计算复杂性、效率、精度与稳健性需要有所权衡，另外一些问题则可以是离线的，问题的焦点可能是精度。从信息处理的观点来看，输入的信息流不同，处理的手段也有区别。单目、双目及多目 (光场摄像机) 给出了不同的信息流，匹配信息与冗余信息的利用方式差异很大。成像系统的物理机理不同，图像采集的效果也不尽相同。单连通与复连通的图像，处理的方法是各有特色的。

　　本书立足于"以小见大"的朴实想法，借用摄像机这个特殊的眼睛 (可以是单眼、双眼或复眼)，力图将所见的五彩斑斓的世界——图像序列——中包含的信息拼合在一起来还原物理场景，以构建新的认识，这就是本书关于视觉建模的基本出发点：立足于局部场景，参考场景与图像的拓扑结构，将局部场景黏合成全局或整体。有意思的是，数学中的流形概念正好与此出发点吻合，这本质上是确立流形建模的"对应原理"的基础。从直观上来看，流形是个弯曲的空间，其局部像 Euclid 空间，局部之间可以通过转换映射连接在一起。局部区域黏合的结果依赖于流形的拓扑结构，若想改进黏合的效果，还需做全局优化降低误差。靠什么观测复杂物理场景的局部呢？靠摄像机拍照！随着视点的转换以及摄像机相对于场景的运动，可以利用计算机视觉的基本理论来描述场景与图像之间的对应关系——摄像机成像模型。

　　有了摄像机透视投影的数学模型以及流形建模的"对应原理"，借助于流形严格数学定义中的转换映射概念，就可以自然而流畅地得到一些关于场景建模的基础性的数学公式，进而可以给出一些应用。本书的写作逻辑基本上就是据此展开的，只不过为了兼顾读者 (通常都不是数学工作者) 阅读的方便与理解的需要，先做了一些必要的铺垫。第 1 章给出了理解视觉图像二维与三维建模概念经常会遇到的数学知识与必要的解释。第 2 章给出了多视点图像的一些基本概念与问题。第 3~8 章介绍核心内容：第 3 章阐述视觉建模的一些底层问题与解决方案；第 4 章阐述流形建模的基本思想、原理并推导出了几个关键的公式；第 5 章讲述流形建模在二维场景建模——图像拼接——中的应用，重点是针对广义的管道与腔室环境进行的专题讨论；第 6 章介绍三维场景建模的几个问题，对于从运动恢复结构 (structure from motion, SfM) 和同步定位与地图构建 (simultaneous localization and mapping, SLAM) 系统都有涉及；第 7 章研究摄像机姿态估计的 Cayley 方法；第 8 章阐述在 SLAM 系统中采用 Cayley 变换进行三维点云配准的方法。最后的第 9 章简要介绍光学成像系统与基于视觉图像的场景建模之间的关系，旨在引导读者关注计算摄像的重要性。

本书的写作得到了许多人的帮助。在内容选择、裁剪与校对方面，感谢视觉算法工程师罗家祯与王子昊的帮助。感谢周璐莎工程师早期对于相关内容所做的贡献。感谢蓝洋博士、何书前博士、卢朝晖教授提供校对与修改意见。感谢付海艳博士与周裕博士为本书的写作与出版提供坚实的经费支持、场地支持与设备支持并提出具体的意见。感谢龙海侠博士与唐欣瑜博士针对本书出版提供热心的帮助。感谢张梅博士为第 9 章的写作提供其最新的科研成果。如果没有家人的支持，本书是绝不可能问世的，感谢家人一如既往的支持! 感谢岳母张湘君女士与妻子林瑞佳为本书的写作提供了巨大的支持。感谢楷楷与甜甜两个孩子每天带来欢声笑语，这是本书写作得以持续的动力源泉。

本书的出版得到了海南省自然科学基金高层次人才项目 (2019RC199)、海南省自然科学基金创新研究团队项目 (2019CXTD405)、国家自然科学基金项目 (61201085) 与海南师范大学 Alex Yakovlev 院士工作站专项基金的资助，在此一并表示感谢。

由于作者水平与视野的限制，错误与不当之处在所难免，欢迎读者批评指正，作者的邮箱是：hongyan@hainnu.edu.cn。

张鸿燕

2021 年 4 月

于海口

目 录

第 1 章
数学预备知识

视觉图像的二维与三维建模问题所用的数学知识很多, 代数、拓扑、几何、分析和数值优化这几个数学分支都会涉及。为了读者能够顺利地理解书中相关内容, 本章简要介绍实射影空间与齐次坐标、群的直积与半直积、变换群、拓扑与流形、Lie 群与 Lie 代数、矩阵的奇异值分解与张量积及矩阵向量化、Cayley 变换的基本概念。这些基本概念的汇总融合参考了文献 [1]~文献 [11] 中的相关内容。

1.1　实射影空间与齐次坐标

定义 1.1.1 (实射影空间 $\mathrm{R}\mathbb{P}^n$)　　线性空间 $\mathbb{R}^{n+1}$ 中过原点的平面是集合

$$\Pi(\mathbf{a}) = \left\{ \boldsymbol{x} \in \mathbb{R}^{n+1} : a_1 x_1 + a_2 x_2 + \cdots + a_{n+1} x_{n+1} = 0 \right\}$$

可以用向量 $\mathbf{a} = [a_1, a_2, \cdots, a_{n+1}]^{\mathrm{T}}$ 表示这个平面。若 $a_1, a_2, \cdots, a_{n+1}$ 不全为 0, 即 $\|\mathbf{a}\| \neq 0$, 那么平面 $\Pi(\mathbf{a})$ 是非退化的或非平凡的 (non-trival), 此时 $\mathbf{b} = [b_1, b_2, \cdots, b_{n+1}]^{\mathrm{T}}$ 与 $\mathbf{a}$ 表示同一平面的充分必要条件是

$$\exists \lambda \in \mathbb{R}, \quad \mathbf{a} = \lambda \mathbf{b}$$

过 $\mathbb{R}^{n+1}$ 的原点的非平凡平面的全体构成的集合称为 n 维射影空间, 记为

$$\mathrm{R}\mathbb{P}^n = \left\{ \Pi(\mathbf{a}) : \mathbf{a} \in \mathbb{R}^{(n+1) \times 1}, \|\mathbf{a}\| \neq 0 \right\} \tag{1.1}$$

鉴于在摄像机模型中会遇到射影变换 (它是一种能保持直线不变的线性变换), 采用齐次坐标描述相应的问题是最为方便的。

定义 1.1.2　　对于两个同维数的坐标向量

$$\mathbf{x} = [x_1, x_2, \cdots, x_n, x_{n+1}]^{\mathrm{T}}$$

与

$$\mathbf{x}' = [x_1', x_2', \cdots, x_n', x_{n+1}']^{\mathrm{T}}$$

如果 $\mathbf{x}$ 与 $\mathbf{x}'$ 相等的含义是

$$x_i' = \lambda x_i, \quad \forall \lambda \neq 0, \forall i \in \{1, 2, \cdots, n\} \tag{1.2}$$

则称坐标向量 $[x_1, x_2, \cdots, x_n, x_{n+1}]^{\mathrm{T}}$ 为齐次坐标向量, 习惯上记为 $\mathbf{x} \sim \mathbf{x}'$。

齐次向量 $\mathbf{x} = [x_1, x_2, \cdots, x_n, x_{n+1}]^{\mathrm{T}}$ 是实射影空间 $\mathbb{RP}^n$ 中的元素，它本质上是一个等价类，与拓扑有关①。

为了区分起见，人们常常将最后一个数值变量写为 w。对于 n 维的非齐次向量 $\boldsymbol{x} = [x_1, x_2, \cdots, x_n]^{\mathrm{T}}$，其对应的齐次向量为

$$\mathbf{x} = \begin{bmatrix} \boldsymbol{x} \\ w \end{bmatrix} \sim \begin{bmatrix} \lambda x_1 \\ \lambda x_2 \\ \vdots \\ \lambda x_n \\ \lambda w \end{bmatrix} \in \mathbb{RP}^n \tag{1.3}$$

如果 $w = 0$，则称 $\mathbf{x}$ 为无穷远点；如果 $w = 1$，则是通常在仿射几何里遇到的坐标点。在射影几何里，平行直线将相交于无穷远点。

考虑到符号的一致性与方便性，实射影空间 $\mathbb{RP}^n$ 上的线性变换 $\mathcal{A} : \mathbb{RP}^n \to \mathbb{RP}^n$ 的矩阵表示可以写成 $\mathbf{A} : \mathbb{RP}^n \to \mathbb{RP}^n$，该矩阵的尺寸为 $(n+1) \times (n+1)$，因此 $\mathbf{A} \in \mathbb{R}^{(n+1) \times (n+1)}$，其字体与 $\mathbf{x} \in \mathbb{RP}^n$ 保持一致，而 $\mathbb{R}^{n \times n} \ni A : \mathbb{R}^n \to \mathbb{R}^n$ 则与 $\boldsymbol{x} \in \mathbb{R}^n$ 的字体保持一致。

1.2 群的直积与半直积

"群"作为一个基本组件，可以用来构建更加复杂的对象。最简单的组合是直积 (direct product)，这个概念是集合论中笛卡尔积概念的延续。在构建实际的工程与物理系统时，直积概念常对应于并行系统。如果两个并行系统之间还存在能量耦合或相互作用，则对应半直积的概念。

定义 1.2.1 (直积) 给定两个群 $(G, \star)$ 与 $(H, *)$，它们的直积记为 $(G \times H, \circ)$，其元素是 (g, h)，其中 $g \in G$，$h \in H$，乘法 $\circ$ 规定为不同群的元素分别相乘：

$$(g_1, h_1) \circ (g_2, h_2) = (g_1 \star g_2, h_1 * h_2) \tag{1.4}$$

如果 $(G, \star)$ 的单位元是 e_G，$(H, *)$ 的单位元是 e_H，那么 $(G \times H, \circ)$ 的单位元是 (e_G, e_H)，(g, h) 的逆元是 (g^{-1}, h^{-1})。

在不至于混淆的情况下，这三种不同乘法 $\star$、$*$、$\circ$ 的符号通常会省略，(e_G, e_H) 也会直接写成 (e, e)，读者阅读文献时需要注意理解和区分。

定义 1.2.2 (半直积) 对于群 $(G, \star)$ 与可交换 (Abel) 群 $(H, +)$，它们的半直积 (semi-direct product) 记为 $(G \ltimes H, \circ)$，乘法 $\circ$ 规定为

$$(g_1, h_1) \circ (g_2, h_2) = (g_1 \star g_2, g_1(h_2) + h_1) \tag{1.5}$$

对于半直积的元素 (g, h) 而言，其逆元是 $(g^{-1}, -g^{-1}(h))$。在形式上，半直积运算可以用形式矩阵来描述和记忆：

---

① 实射影空间 $\mathbb{RP}^n$ 的等价描述是采用商拓扑空间的概念进行描述。

$$\begin{bmatrix} g_1 & h_1 \\ 0 & 1 \end{bmatrix} \circ \begin{bmatrix} g_2 & h_2 \\ 0 & 1 \end{bmatrix} = \begin{bmatrix} g_1 \star g_2 & g_1(h_2) + h_1 \\ 0 & 1 \end{bmatrix}$$

$$\begin{bmatrix} g & h \\ 0 & 1 \end{bmatrix} \circ \begin{bmatrix} g^{-1} & -g^{-1}(h) \\ 0 & 1 \end{bmatrix} = \begin{bmatrix} g^{-1} & -g^{-1}(h) \\ 0 & 1 \end{bmatrix} \circ \begin{bmatrix} g & h \\ 0 & 1 \end{bmatrix} = \begin{bmatrix} e_G & e_H \\ 0 & 1 \end{bmatrix} \tag{1.6}$$

对于仿射变换群与刚体运动群，就会遇到这种类型的描述与运算。对于仿射变换，此时的 g 是矩阵 $\boldsymbol{A} \in \mathrm{GL}(n, \mathbb{R})$，而 h 是位移向量 $\boldsymbol{x} \in \mathbb{R}^{n \times 1}$，0 是 $\mathbb{R}^{n \times 1}$ 中的零向量 $\boldsymbol{0}$ 的转置，即

$$\begin{bmatrix} g & h \\ 0 & 1 \end{bmatrix} = \begin{bmatrix} \boldsymbol{A} & \boldsymbol{x} \\ \boldsymbol{0}^{\mathrm{T}} & 1 \end{bmatrix} \in \mathbb{R}^{(n+1) \times (n+1)}$$

1.3　变换群

在计算机视觉与计算机图形学中，形形色色的变换扮演着非常重要的角色，它们与不同的几何联系在一起。实射影变换 (projective transform)、仿射变换 (affine transform)、刚体变换 (rigid transform) 与相似变换 (similarity transform) 在视觉场景建模中会频繁遇到。复射影变换在计算机视觉领域也是一类有趣的变换，典型的实例是 Möbius 变换与 Cayley 变换，它们都是共形映射的特例，而共形映射则是二维的相似变换在复数域上的推广。表 1.1 列出了视觉问题中常用的线性变换群。

表 1.1　视觉问题中常用的线性变换群

记号	名称	含义
$\mathrm{GL}(n, \mathbb{F})$	一般线性变换群	$\{\boldsymbol{A} \in \mathbb{F}^{n \times n} : \det(\boldsymbol{A}) \neq 0\}$
$\mathrm{SL}(n, \mathbb{F})$	特殊线性变换群	$\{\boldsymbol{A} \in \mathrm{GL}(n, \mathbb{F}) : \det(\boldsymbol{A}) = 1\}$
$\mathrm{PGL}(n, \mathbb{F})$	射影变换群	$\mathrm{GL}(n+1, \mathbb{F}) / \mathrm{GL}(1, \mathbb{F})$
$\mathrm{GT}(n, \mathbb{F})$	平移变换群	$\{\mathbb{1}_n, *\} \ltimes \mathbb{F}^n$
$\mathrm{GA}(n, \mathbb{F})$	仿射变换群	$\mathrm{GL}(n, \mathbb{F}) \ltimes \mathbb{F}^n$
$\mathrm{O}(n, \mathbb{R})$	正交变换群	$\{\boldsymbol{A} \in \mathrm{GL}(n, \mathbb{R}) : \boldsymbol{A}\, \mathbb{1}_n\, \boldsymbol{A}^{\mathrm{T}} = \boldsymbol{A}^{\mathrm{T}}\, \mathbb{1}_n\, \boldsymbol{A} = \mathbb{1}_n\}$
$\mathrm{U}(n)$	酉变换群	$\{\boldsymbol{A} \in \mathrm{GL}(n, \mathbb{C}) : \boldsymbol{A}\, \mathbb{1}_n\, \boldsymbol{A}^{\mathrm{H}} = \boldsymbol{A}^{\mathrm{H}}\, \mathbb{1}_n\, \boldsymbol{A} = \mathbb{1}_n\}$
$\mathrm{SO}(n, \mathbb{R})$	特殊正交变换群	$\{\boldsymbol{A} \in \mathrm{O}(n, \mathbb{R}) : \det(\boldsymbol{A}) = 1\}$
$\mathrm{SU}(n)$	特殊酉变换群	$\{\boldsymbol{A} \in \mathrm{U}(n) : \det(\boldsymbol{A}) = 1\}$
$\mathrm{GS}(n, \mathbb{R})$	相似变换群	$(\mathrm{O}(n, \mathbb{R}) / \mathrm{GL}(1, \mathbb{R})) \ltimes \mathbb{R}^n$
$\mathrm{Sim}(n, \mathbb{R})$	特殊相似变换群	$(\mathrm{SO}(n, \mathbb{R}) / \mathrm{GL}(1, \mathbb{R}^+)) \ltimes \mathbb{R}^n$
$\mathrm{E}(n, \mathbb{R})$	Euclid 变换群	$\mathrm{O}(n, \mathbb{R}) \ltimes \mathbb{R}^n$
$\mathrm{SE}(n, \mathbb{R})$	特殊 Euclid 变换群	$\mathrm{SO}(n, \mathbb{R}) \ltimes \mathbb{R}^n$

注：① $\mathbb{1}_n$ 代表 n 阶单位矩阵。
② $\boldsymbol{A}^{\mathrm{H}}$ 代表矩阵 $\boldsymbol{A}$ 的共轭转置，也称 Hermite 共轭转置。

1.3.1　一般线性变换群 $\mathrm{GL}(n, \mathbb{F})$

作用在线性空间 $\mathscr{V}_{\mathbb{F}}$ 上的线性变换 $\mathcal{A} : \mathscr{V}_{\mathbb{F}} \longrightarrow \mathscr{W}_{\mathbb{F}}$ 在选定了 $\mathscr{V}_{\mathbb{F}}$ 的基与线性空间 $\mathscr{W}_{\mathbb{F}}$ 的基之后的具体表示将是由具体的数构成的矩阵 $\boldsymbol{A}$。当 $\dim \mathscr{V}_{\mathbb{F}} = n$ 且 $\dim \mathscr{W}_{\mathbb{F}} = m$ 时，$\mathcal{A}$ 的矩阵表示为

$$\boldsymbol{A} = (a_{ij})_{m \times n} = \begin{bmatrix} a_{11} & a_{12} & \cdots & a_{1n} \\ a_{21} & a_{22} & \cdots & a_{2n} \\ \vdots & \vdots & & \vdots \\ a_{m1} & a_{m2} & \cdots & a_{mn} \end{bmatrix} \in \mathbb{F}^{m \times n}$$

在代数同构的意义下，对于 $|x\rangle \in \mathscr{V}_{\mathbb{F}}$ 与 $|y\rangle \in \mathscr{W}_{\mathbb{F}}$ 有 $|y\rangle = \mathcal{A}|x\rangle \Longleftrightarrow \boldsymbol{y} = \boldsymbol{A}\boldsymbol{x}$。所有线性变换 $\mathcal{A} : \mathscr{V}_{\mathbb{F}} \longrightarrow \mathscr{W}_{\mathbb{F}}$ 构成的集合在加法与数乘变换之下构成线性同态变换群 $\mathrm{Hom}(\mathscr{V}_{\mathbb{F}}, \mathscr{W}_{\mathbb{F}})$，而且有同构关系 $\mathrm{Hom}(\mathscr{V}_{\mathbb{F}}, \mathscr{W}_{\mathbb{F}}) \cong \mathbb{F}^{m \times n}$，其中符号 $\cong$ 代表同构。

特别地，如果 $\mathscr{V}_{\mathbb{F}} = \mathscr{W}_{\mathbb{F}}$ 并且群 $\mathrm{Hom}(\mathscr{V}_{\mathbb{F}}, \mathscr{V}_{\mathbb{F}})$ 中每一个元素都有逆变换，那么所有可逆的线性变换都必定是同构映射，它们在映射的复合 (composition) 运算下也构成一个群，称为一般线性变换群 (group of general linear transform)，即 $\mathrm{GL}(n, \mathscr{V}_{\mathbb{F}})$，其矩阵表示为 $\mathrm{GL}(n, \mathbb{F})$，并且有

$$\mathrm{GL}(n, \mathscr{V}_{\mathbb{F}}) \cong \mathrm{GL}(n, \mathbb{F}) \triangleq \left\{ \boldsymbol{A} \in \mathbb{F}^{n \times n} : \det(\boldsymbol{A}) \neq 0 \right\} \tag{1.7}$$

其中，$\det(\boldsymbol{A})$ 表示取矩阵 $\boldsymbol{A}$ 的行列式。

多数情况下，计算机视觉问题中遇到的数域是实数域 $\mathbb{R}$、复数域 $\mathbb{C}$ 或有限域 $\mathrm{GF}(2)$，在上述概念中，只需把符号 $\mathbb{F}$ 替换成具体的数域即可。

$\mathrm{GL}(n, \mathbb{F})$ 有一个子群，其中每个元素的行列式为 1，称为特殊线性变换群 (group of special linear transform)，即

$$\mathrm{SL}(n, \mathbb{R}) = \left\{ \boldsymbol{A} \in \mathrm{GL}(n, \mathbb{R}) : \det(\boldsymbol{A}) = 1 \right\} \tag{1.8}$$

进一步，当 $n = 2, \mathbb{F} = \mathbb{R}$ 时，$\mathrm{SL}(2, \mathbb{R})$ 中的矩阵都是辛变换：

$$\mathrm{SL}(2, \mathbb{R}) \subset \mathrm{Sp}(2, \mathbb{R}) = \left\{ \boldsymbol{A} \in \mathrm{GL}(2, \mathbb{R}) : \boldsymbol{A}^{\mathrm{T}} \boldsymbol{J}_2 \boldsymbol{A} = \boldsymbol{A} \boldsymbol{J}_2 \boldsymbol{A}^{\mathrm{T}} = \boldsymbol{J}_2 \right\} \tag{1.9}$$

其中，$\boldsymbol{J}_2 = \begin{bmatrix} 0 & 1 \\ -1 & 0 \end{bmatrix}$ 是二阶标准辛矩阵。对于光学工程领域而言，$\mathrm{SL}(2, \mathbb{R})$ 也是很重要的，其中的矩阵元素都是行列式为 1 的矩阵，这对应于光学成像中的 ABCD 定律。顺便说一句，机器视觉与计算机视觉都离不开摄像机，而摄像机的成像系统 (镜头) 设计是光学工程的基本主题。

1.3.2 射影变换群 $\mathbf{PGL}(n, \mathbb{F})$

n 维实射影空间 $\mathrm{R}\mathbb{P}^n$ 上的射影变换矩阵可以表示为

$$\begin{aligned} \mathbf{A}_{\mathrm{projective}} &= (a_{ij})_{(n+1) \times (n+1)} \\ &= \begin{bmatrix} a_{11} & a_{12} & \cdots & a_{1n} & t_1 \\ a_{21} & a_{22} & \cdots & a_{2n} & t_2 \\ \vdots & \vdots & & \vdots & \vdots \\ a_{n1} & a_{n2} & \cdots & a_{nn} & t_n \\ c_1 & c_2 & \cdots & c_n & d \end{bmatrix} \end{aligned} \tag{1.10}$$

采用齐次坐标，射影变换

$$\mathbf{A}_{\mathrm{projective}} : \mathrm{R}\mathbb{P}^n \to \mathrm{R}\mathbb{P}^n,$$

$$\mathbf{A}_{\mathrm{projective}} : \mathbf{x} \mapsto \lambda \mathbf{x}', \quad \lambda \in \mathrm{GL}(1, \mathbb{R}) = \mathbb{R} - \{\mathbf{0}\}$$

的矩阵形式为

$$\lambda \mathbf{x}' = \mathbf{A}_{\text{projective}} \mathbf{x}$$

$$\lambda \begin{bmatrix} x_1' \\ x_2' \\ \vdots \\ x_n' \\ w' \end{bmatrix} = \begin{bmatrix} a_{11} & a_{12} & \cdots & a_{1n} & t_1 \\ a_{21} & a_{22} & \cdots & a_{2n} & t_2 \\ \vdots & \vdots & & \vdots & \vdots \\ a_{n1} & a_{n2} & \cdots & a_{nn} & t_n \\ c_1 & c_2 & \cdots & c_n & d \end{bmatrix} \begin{bmatrix} x_1 \\ x_2 \\ \vdots \\ x_n \\ w \end{bmatrix} \tag{1.11}$$

特别地，当 $n = 2$ 时，在图像拼接中会遇到单应变换 (homography) 矩阵的概念。

　　如果讨论的是复数域上的射影变换，形式是完全一样的，只需把矩阵的元素换成复数即可。全体射影变换构成射影变换群，记为

$$\text{PGL}(n, \mathbb{F}) = \{ \mathbf{A} : \mathbf{A} \in \text{GL}(n+1, \mathbb{F}), \mathbf{A} \sim \lambda \mathbf{A}, \lambda \in \text{GL}(1, \mathbb{F}) \} \tag{1.12}$$

$$= \text{GL}(n+1, \mathbb{F}) / \text{GL}(1, \mathbb{F}) \tag{1.13}$$

式 (1.13) 说明 $\text{PGL}(n, \mathbb{F})$ 是群 $\text{GL}(n+1, \mathbb{F})$ 与 $\text{GL}(1, \mathbb{F})$ 的商群。

1.3.3　平移变换群 $\mathbf{GT}(n, \mathbb{F})$

　　线性空间 $\mathscr{V}_{\mathbb{F}}$ 上的线性变换中有一个特别简单的变换，称为平移变换 (translation transform)，采用 Dirac 符号，其定义是

$$\mathcal{A} : \mathscr{V}_{\mathbb{F}} \to \mathscr{V}_{\mathbb{F}}$$
$$|x\rangle \mapsto |x\rangle + |t\rangle \tag{1.14}$$

选定了基之后，其非齐次坐标向量表示为

$$\boldsymbol{A} : \mathbb{F}^n \to \mathbb{F}^n$$
$$\boldsymbol{x} \mapsto \boldsymbol{x} + \boldsymbol{t} \tag{1.15}$$

相应的齐次坐标向量表示为

$$\mathbf{A} : \mathbb{FP}^n \to \mathbb{FP}^n$$
$$\mathbf{x} = \begin{bmatrix} \boldsymbol{x} \\ 1 \end{bmatrix} \mapsto \mathbf{A}\mathbf{x} = \begin{bmatrix} \mathbb{1}_n & \boldsymbol{t} \\ \mathbf{0}^{\mathrm{T}} & 1 \end{bmatrix} \begin{bmatrix} \boldsymbol{x} \\ 1 \end{bmatrix} = \begin{bmatrix} \boldsymbol{x} + \boldsymbol{t} \\ 1 \end{bmatrix} \tag{1.16}$$

$\mathbb{F}^n$ 上的全体平移变换构成一个群，称为平移变换群，用矩阵符号可以记为

$$\text{GT}(n, \mathbb{F}) = \left\{ \begin{bmatrix} \mathbb{1}_n & \boldsymbol{t} \\ \mathbf{0}^{\mathrm{T}} & 1 \end{bmatrix} : \boldsymbol{t} \in \mathbb{F}^{n \times 1} \right\} \cong \mathbb{F}^n \tag{1.17}$$

容易发现，$\mathbb{F}^n$ 上的任何平移变换都不会改变 $\mathbb{F}^n$，因为它是一个简单的自同构映射。在物理学中，$\mathbb{R}^3$ 的平移不变性对应于动量守恒定律，$\mathbb{R}^3$ 的旋转不变性对应于角动量守恒定律，时间的平移不变性对应于能量守恒定律。对于视觉建模中遇到的特征抽取算法而言，通常需要满足平移不变性。

1.3.4 仿射变换群 $\mathrm{GA}(n, \mathbb{F})$

n 维实射影空间 $\mathbb{RP}^n$ 上的仿射变换矩阵可以写为

$$
\begin{aligned}
\mathbf{A}_{\text{affine}} &= (a_{ij})_{(n+1)\times(n+1)} \\
&= \begin{bmatrix}
a_{11} & a_{12} & \cdots & a_{1n} & t_1 \\
a_{21} & a_{22} & \cdots & a_{2n} & t_2 \\
\vdots & \vdots & & \vdots & \vdots \\
a_{n1} & a_{n2} & \cdots & a_{nn} & t_n \\
0 & 0 & \cdots & 0 & 1
\end{bmatrix}
\end{aligned}
\tag{1.18}
$$

仿射变换 $\mathbf{A}_{\text{affine}} : \mathbf{x} = [\boldsymbol{x}^{\mathrm{T}}, 1]^{\mathrm{T}} = [x_1, x_2, \cdots, x_n, 1]^{\mathrm{T}} \mapsto \mathbf{x}' = [\boldsymbol{x}'^{\mathrm{T}}, 1]^{\mathrm{T}} = [x_1', x_2', \cdots, x_n', 1]^{\mathrm{T}}$
可以写为

$$
\mathbf{x}' = \mathbf{A}_{\text{affine}} \mathbf{x}
$$
$$
\begin{bmatrix}
x_1' \\
x_2' \\
\vdots \\
x_n' \\
1
\end{bmatrix}
=
\begin{bmatrix}
a_{11} & a_{12} & \cdots & a_{1n} & t_1 \\
a_{21} & a_{22} & \cdots & a_{2n} & t_2 \\
\vdots & \vdots & & \vdots & \vdots \\
a_{n1} & a_{n2} & \cdots & a_{nn} & t_n \\
0 & 0 & \cdots & 0 & 1
\end{bmatrix}
\begin{bmatrix}
x_1 \\
x_2 \\
\vdots \\
x_n \\
1
\end{bmatrix}
\tag{1.19}
$$

如果换用非齐次坐标向量 $\boldsymbol{x} \in \mathbb{R}^{n\times 1}$ 与 $\boldsymbol{x}' \in \mathbb{R}^{n\times 1}$，可以写为

$$
\boldsymbol{x}' = \boldsymbol{A}\boldsymbol{x} + \boldsymbol{t}
$$
$$
\begin{bmatrix}
\boldsymbol{x}' \\
1
\end{bmatrix}
=
\begin{bmatrix}
\boldsymbol{A} & \boldsymbol{t} \\
\mathbf{0}^{\mathrm{T}} & 1
\end{bmatrix}
\begin{bmatrix}
\boldsymbol{x} \\
1
\end{bmatrix}
\tag{1.20}
$$

其中，$\boldsymbol{A} \in \mathbb{R}^{n\times n}$ 是作用于非齐次向量上的线性变换；$\boldsymbol{t} \in \mathbb{R}^{n\times 1}$ 是平移向量。为了简单起见，可以将仿射变换矩阵 $\mathbf{A}_{\text{affine}}$ 记为 $\mathbf{A}_{\text{affine}} \simeq [\boldsymbol{A}, \boldsymbol{t}]$。仿射变换的表达形式表明，在研究考虑仿射变换时，既可以在更广的射影空间框架里考虑，也可以在更狭小的 Euclid 空间里考虑。

仿射变换的集合构成仿射变换群，其符号表示为

$$
\mathrm{GA}(n, \mathbb{F}) = \left\{
\begin{bmatrix}
\boldsymbol{A} & \boldsymbol{t} \\
\mathbf{0}^{\mathrm{T}} & 1
\end{bmatrix}
: \boldsymbol{A} \in \mathrm{GL}(n, \mathbb{F}), \boldsymbol{t} \in \mathbb{F}^{n\times 1}
\right\}
\tag{1.21}
$$

对于两个仿射变换 $\mathbf{T}_1 \simeq [\boldsymbol{A}_1, \boldsymbol{t}_1]$ 与 $\mathbf{T}_2 \simeq [\boldsymbol{A}_2, \boldsymbol{t}_2]$，容易发现

$$
\mathbf{T}_1 \cdot \mathbf{T}_2 =
\begin{bmatrix}
\boldsymbol{A}_1 & \boldsymbol{t}_1 \\
\mathbf{0}^{\mathrm{T}} & 1
\end{bmatrix}
\begin{bmatrix}
\boldsymbol{A}_2 & \boldsymbol{t}_2 \\
\mathbf{0}^{\mathrm{T}} & 1
\end{bmatrix}
=
\begin{bmatrix}
\boldsymbol{A}_1\boldsymbol{A}_2 & \boldsymbol{A}_1\boldsymbol{t}_2 + \boldsymbol{t}_1 \\
\mathbf{0}^{\mathrm{T}} & 1
\end{bmatrix}
\simeq [\boldsymbol{A}_1\boldsymbol{A}_2, \boldsymbol{A}_1\boldsymbol{t}_2 + \boldsymbol{t}_1]
\tag{1.22}
$$

这说明群 $\mathrm{GA}(n, \mathbb{F})$ 是 $\mathrm{GL}(n, \mathbb{F})$ 与 $\mathbb{R}^n$ 的半直积，可以记为

$$
\mathrm{GA}(n, \mathbb{F}) = \mathrm{GL}(n, \mathbb{F}) \ltimes \mathbb{R}^n
\tag{1.23}
$$

1.3.5　正交变换群 $\mathrm{O}(n, \mathbb{R})$ 与特殊正交变换群 $\mathrm{SO}(n, \mathbb{R})$

对于 $\mathbb{R}$ 上的 n 维线性空间 $\mathscr{V}_{\mathbb{R}}$，当一般线性变换群 $\mathrm{GL}(n, \mathscr{V}_{\mathbb{R}})$ 的群元素都是正交变换 (orthogonal transform)，即满足条件

$$A \, \mathbb{1}_n \, A^{\mathrm{T}} = A^{\mathrm{T}} \, \mathbb{1}_n \, A = \mathbb{1}_n \tag{1.24}$$

或其等价条件

$$A^{-1} = A^{\mathrm{T}} \tag{1.25}$$

时可以得到正交变换群

$$\mathrm{O}(n, \mathscr{V}_{\mathbb{R}}) \cong \mathrm{O}(n, \mathbb{R}) = \left\{ A \in \mathrm{GL}(n, \mathbb{R}) : A \, \mathbb{1}_n \, A^{\mathrm{T}} = A^{\mathrm{T}} \, \mathbb{1}_n \, A = \mathbb{1}_n \right\} \tag{1.26}$$

$$= \left\{ A \in \mathrm{GL}(n, \mathbb{R}) : A^{-1} = A^{\mathrm{T}} \right\} \tag{1.27}$$

其中，A^{-1} 是矩阵 A 的逆矩阵。正交变换的特点是保持向量的范数不变，而辛变换的特点则是保持相空间的体积不变。

正交变换虽然保持范数 (由其可以诱导出距离) 不变，但是它不能保持空间的定向性，可能会把左手坐标系变换成右手坐标系，或是反过来。定向性的代数描述由行列式的正负号给出，正号与负号各自对应一个等价类，分别描述右手系与左手系。正交变换的行列式要么是 $+1$，要么是 -1。从拓扑的角度来看，作为拓扑空间的 $\mathrm{O}(n, \mathbb{R})$ 有两个不连通的分支。

行列式取值为 $+1$ 时，正交变换矩阵的各列按照自然的顺序构成一个右手坐标系，该正交矩阵相应于绕 $\mathbb{R}^n$ 原点的旋转变换。行列式取值为 -1 的正交矩阵相应于反射变换。

行列式取值为 $+1$ 的正交矩阵称为特殊的正交矩阵 (special orthogonal matrix)。所有特殊的正交变换也构成一个群，称为特殊正交变换群 (group of special orthogonal transforms)，记为 $\mathrm{SO}(n, \mathscr{V}_{\mathbb{R}})$，相应的矩阵表示就是特殊正交矩阵群 (group of special orthogonal matrices)，记为 $\mathrm{SO}(n, \mathbb{R})$。很显然

$$\mathrm{SO}(n, \mathscr{V}_{\mathbb{R}}) \cong \mathrm{SO}(n, \mathbb{R}) \triangleq \left\{ A \in \mathrm{O}(n, \mathbb{R}) : \det(A) = 1 \right\} \tag{1.28}$$

当 $n = 3$ 时，$\mathrm{SO}(3, \mathbb{R})$ 的元素 R 是三维旋转矩阵，通常用来描述刚体的姿态，如摄像机的姿态。在很多实际问题中，一个常见的任务就是估计三维旋转矩阵，称为姿态估计。$\mathbb{R}^3$ 上的旋转变换不会改变 $\mathbb{R}^3$ 自身，因为旋转变换也是一个自同构映射。在物理学中，$\mathbb{R}^3$ 的旋转不变性是角动量 (动量矩) 守恒的根源。

$\mathrm{SO}(3, \mathbb{R})$ 是 $\mathrm{O}(3, \mathbb{R})$ 的子群，有陪集分解

$$\mathrm{O}(3, \mathbb{R}) = \mathrm{SO}(3, \mathbb{R}) \cup (-\mathbb{1}_3) \mathrm{SO}(3, \mathbb{R})$$

$\mathrm{SO}(3, \mathbb{R})$ 是 $\mathrm{O}(3, \mathbb{R})$ 的不变子群（正规子群），商空间

$$\mathrm{O}(3, \mathbb{R}) / \mathrm{SO}(3, \mathbb{R}) = \left\{ \mathbb{1}_3, -\mathbb{1}_3 \right\} \tag{1.29}$$

是商群。$\mathrm{SO}(3, \mathbb{R})$ 中的转动是真转动，而 $(-\mathbb{1}_3) \mathrm{SO}(3, \mathbb{R})$ 中的转动是假转动 (相差一个反射变换)。

1.3.6　相似变换群 $\mathrm{GS}(n,\mathbb{R})$ 与特殊相似变换群 $\mathrm{Sim}(n,\mathbb{R})$

当仿射变换 $\mathbf{A}_{\mathrm{affine}} \simeq [\boldsymbol{A},\boldsymbol{t}]$ 中的矩阵 $\boldsymbol{A}$ 是旋转矩阵乘上一个尺度因子，即 $\boldsymbol{A}=s\boldsymbol{O},\boldsymbol{O}\in\mathrm{O}(n,\mathbb{R}),s\in\mathrm{GL}(1,\mathbb{R}^+)$ 时，仿射变换退化为相似变换

$$\mathbf{x}' = \mathbf{A}_{\mathrm{similarity}}\mathbf{x}$$
$$\boldsymbol{x}' = s\boldsymbol{O}\boldsymbol{x}+\boldsymbol{t}$$
$$\begin{bmatrix}\boldsymbol{x}'\\1\end{bmatrix}=\begin{bmatrix}s\boldsymbol{O}&\boldsymbol{t}\\\boldsymbol{0}^{\mathrm{T}}&1\end{bmatrix}\begin{bmatrix}\boldsymbol{x}\\1\end{bmatrix} \tag{1.30}$$

空间中不同的两点 $\boldsymbol{x},\boldsymbol{y}$ 在相似变换下会使长度发生尺度上的改变，即

$$\|\boldsymbol{x}'-\boldsymbol{y}'\| = \|(s\boldsymbol{O}\boldsymbol{x}+\boldsymbol{t})-(s\boldsymbol{O}\boldsymbol{y}+\boldsymbol{t})\|$$
$$=\|s\boldsymbol{O}(\boldsymbol{x}-\boldsymbol{y})\|$$
$$=s\,\|\boldsymbol{x}-\boldsymbol{y}\|$$

$\mathbb{R}^n$ 上的全体相似变换构成一个群，称为相似变换群，记为

$$\mathrm{GS}(n,\mathbb{R}) = \left\{\begin{bmatrix}s\boldsymbol{O}&\boldsymbol{t}\\\boldsymbol{0}^{\mathrm{T}}&1\end{bmatrix}:s\in\mathrm{GL}(1,\mathbb{R}^+),\boldsymbol{O}\in\mathrm{O}(n,\mathbb{R}),\boldsymbol{t}\in\mathbb{R}^{n\times1}\right\}$$
$$=(\mathrm{O}(n,\mathbb{R})/\mathrm{GL}(1,\mathbb{R}^+))\ltimes\mathbb{R}^n \tag{1.31}$$

对于实际问题而言，最重要的是当相似变换中的正交矩阵是旋转矩阵，此时的相似变换群记为

$$\mathrm{Sim}(n,\mathbb{R}) = \left\{\begin{bmatrix}s\boldsymbol{R}&\boldsymbol{t}\\\boldsymbol{0}^{\mathrm{T}}&1\end{bmatrix}:s\in\mathrm{GL}(1,\mathbb{R}^+),\boldsymbol{R}\in\mathrm{SO}(n,\mathbb{R}),\boldsymbol{t}\in\mathbb{R}^{n\times1}\right\}$$
$$=(\mathrm{SO}(n,\mathbb{R})/\mathrm{GL}(1,\mathbb{R}^+))\ltimes\mathbb{R}^n \tag{1.32}$$

对于 $\mathbf{T}_1 \simeq [s_1\boldsymbol{R}_1,\boldsymbol{t}_1]$ 与 $\mathbf{T}_2 \simeq [s_2\boldsymbol{R}_2,\boldsymbol{t}_2]$，它们的积为

$$\mathbf{T}_1\mathbf{T}_2 = \begin{bmatrix}s_1\boldsymbol{R}_1&\boldsymbol{t}_1\\\boldsymbol{0}^{\mathrm{T}}&1\end{bmatrix}\begin{bmatrix}s_2\boldsymbol{R}_2&\boldsymbol{t}_2\\\boldsymbol{0}^{\mathrm{T}}&1\end{bmatrix}=\begin{bmatrix}s_1s_2\boldsymbol{R}_1\boldsymbol{R}_2&s_1\boldsymbol{R}_1\boldsymbol{t}_2+\boldsymbol{t}_1\\\boldsymbol{0}^{\mathrm{T}}&1\end{bmatrix}$$
$$\simeq [s_1s_2\boldsymbol{R}_1\boldsymbol{R}_2,s_1\boldsymbol{R}_1\boldsymbol{t}_2+\boldsymbol{t}_1] \tag{1.33}$$

相似变换群元素的乘积计算规则对于度量三维重建与坐标配准是非常关键的。

在做管道与腔室场景内镜图像的特征分析时，选择特征抽取算法的一个很重要的因素就是必须满足图像特征在相似变换下保持不变，SIFT 算法就是典型代表。当 SIFT 算法难以抽取特征点时，采用的光流计算模型也需要使用相似变换。

对于三维重建而言，确定相似变换是度量重建步骤之后进行三维点云配准的关键。在 SfM 问题与 SLAM 问题中，做三维坐标配准所用的相似变换矩阵形式有相互等价的两种不同形式。这种等价形式可以归结为下面的定理。

定理 **1.3.1** (相似变换的等价形式)　相似变换矩阵在 Euclid 空间 $\mathbb{R}^3$ 与实射影空间 $\mathbb{RP}^3$ 上有两种等价的形式，即

$$\mathbf{T}_{es} = \begin{bmatrix} s_{es}\boldsymbol{R}_{es} & \boldsymbol{t}_{es} \\ \mathbf{0}^T & 1 \end{bmatrix} \tag{1.34}$$

与

$$\mathbf{T}_{ps} = \begin{bmatrix} \boldsymbol{R}_{ps} & \boldsymbol{t}_{ps} \\ \mathbf{0}^T & s_{ps} \end{bmatrix} \cong \begin{bmatrix} s_{ps}^{-1}\boldsymbol{R}_{ps} & s_{ps}^{-1}\boldsymbol{t}_{ps} \\ \mathbf{0}^T & 1 \end{bmatrix} \tag{1.35}$$

不同参数间的关系是

$$\begin{cases} \boldsymbol{R}_{es} = \boldsymbol{R}_{ps} \\ s_{es} = s_{ps}^{-1} \\ \boldsymbol{t}_{es} = s_{ps}^{-1}\boldsymbol{t}_{ps} \end{cases} \tag{1.36}$$

对于摄像机矩阵 $\mathbf{P} = \boldsymbol{K}[\boldsymbol{R}, \boldsymbol{t}]$，由射影重建定理可以得到 $\mathbf{PX} = (\mathbf{PT}) \cdot (\mathbf{T}^{-1}\mathbf{X})$。如果取 $\mathbf{T} = \mathbf{T}_{ps}$，那么

$$\mathbf{PT}_{ps} = \boldsymbol{K}[\boldsymbol{R}, \boldsymbol{t}] \begin{bmatrix} \boldsymbol{R}_{ps} & \boldsymbol{t}_{ps} \\ \mathbf{0}^T & s_{ps} \end{bmatrix} = \boldsymbol{K}[\boldsymbol{R}\boldsymbol{R}_{ps}, \boldsymbol{R}\boldsymbol{t}_{ps} + s_{ps}\boldsymbol{t}] \tag{1.37}$$

因为 $\boldsymbol{R}\boldsymbol{R}_{ps} \in \mathrm{SO}(3, \mathbb{R})$，$\boldsymbol{R}\boldsymbol{t}_{ps} + s_{ps}\boldsymbol{t} \in \mathbb{R}^{3 \times 1}$，因此 $\mathbf{PT}_{ps}$ 能代表度量重建意义下的新摄像机矩阵。不过，如果取 $\mathbf{T} = \mathbf{T}_{es}$，那么

$$\mathbf{PT}_{es} = \boldsymbol{K}[\boldsymbol{R}, \boldsymbol{t}] \begin{bmatrix} s_{es}\boldsymbol{R}_{es} & \boldsymbol{t}_{es} \\ \mathbf{0}^T & 1 \end{bmatrix} = \boldsymbol{K}[s_{es}\boldsymbol{R}\boldsymbol{R}_{ps}, \boldsymbol{R}\boldsymbol{t}_{es} + \boldsymbol{t}] \tag{1.38}$$

遗憾的是，通常来说 $s_{es} \neq 1$，于是 $s_{es}\boldsymbol{R}\boldsymbol{R}_{ps} \notin \mathrm{SO}(3, \mathbb{R})$，这意味着 $\mathbf{PT}_{es}$ 不能代表度量重建意义下的摄像机矩阵。可见，数学上正确的关系式 $\mathbf{PX} = (\mathbf{PT}_{es})(\mathbf{T}_{es}^{-1}\mathbf{X})$，不一定能保证物理上是正确的，因为 $\mathbf{PT}_{es}$ 不是度量重建意义下的摄像机矩阵。在实际的系统设计与算法实现中，需要注意相似变换矩阵所采用的具体形式，必要时需要做等价的形式转化。

1.3.7　Euclid 变换群 $\mathbf{E}(3, \mathbb{R})$ 与特殊 Euclid 变换群 $\mathbf{SE}(3, \mathbb{R})$

当仿射变换 $\mathbf{A}_{affine} \simeq [\boldsymbol{A}, \boldsymbol{t}]$ 中的矩阵 $\boldsymbol{A}$ 是正交矩阵，即 $\boldsymbol{A} \in \mathrm{O}(n, \mathbb{R})$ 时，仿射变换退化为刚体变换。刚体变换是正交变换与平移变换的组合变换，也称为刚体运动或 Euclid 运动。如果相应的正交矩阵为 $\boldsymbol{A} \in \mathrm{O}(n, \mathbb{R})$，平移量为 $\boldsymbol{t} \in \mathbb{R}^{n \times 1}$，那么在非齐次坐标下刚体运动用 $(\boldsymbol{A}, \boldsymbol{t})$ 来描述。

$$\begin{aligned} \mathbf{x}' &= \mathbf{A}_{rigid}\mathbf{x} \\ \boldsymbol{x}' &= \boldsymbol{A}\boldsymbol{x} + \boldsymbol{t} \\ \begin{bmatrix} \boldsymbol{x}' \\ 1 \end{bmatrix} &= \begin{bmatrix} \boldsymbol{A} & \boldsymbol{t} \\ \mathbf{0}^T & 1 \end{bmatrix} \begin{bmatrix} \boldsymbol{x} \\ 1 \end{bmatrix} \end{aligned} \tag{1.39}$$

容易发现，空间中不同的两点 $\boldsymbol{x}, \boldsymbol{y}$ 在刚体变换下保持距离不变：

$$\|\boldsymbol{x}' - \boldsymbol{y}'\| = \|(\boldsymbol{A}\boldsymbol{x} + \boldsymbol{t}) - (\boldsymbol{A}\boldsymbol{y} + \boldsymbol{t})\| = \|\boldsymbol{A}(\boldsymbol{x} - \boldsymbol{y})\|$$

$$= \sqrt{[\boldsymbol{A}(\boldsymbol{x}-\boldsymbol{y})]^{\mathrm{T}}\boldsymbol{A}(\boldsymbol{x}-\boldsymbol{y})} = \sqrt{(\boldsymbol{x}-\boldsymbol{y})^{\mathrm{T}}\boldsymbol{A}^{\mathrm{T}}\boldsymbol{A}(\boldsymbol{x}-\boldsymbol{y})}$$

$$= \sqrt{(\boldsymbol{x}-\boldsymbol{y})^{\mathrm{T}}\mathbb{1}_n(\boldsymbol{x}-\boldsymbol{y})} \qquad (\text{由}\,\boldsymbol{A}\in\mathrm{O}(n,\mathbb{R})\text{可以得到}\,\boldsymbol{A}^{\mathrm{T}}\boldsymbol{A}=\mathbb{1}_n)$$

$$= \|\boldsymbol{x}-\boldsymbol{y}\|$$

刚体变换的全体构成刚体运动群，也称为 Euclid 群，记为

$$\mathrm{E}(n,\mathbb{R}) = \left\{ \begin{bmatrix} \boldsymbol{A} & \boldsymbol{t} \\ \boldsymbol{0}^{\mathrm{T}} & 1 \end{bmatrix} : \boldsymbol{A}\in\mathrm{O}(n,\mathbb{R}), \boldsymbol{t}\in\mathbb{R}^{n\times 1} \right\} \tag{1.40}$$

很显然，刚体运动群是群 $\mathrm{O}(n,\mathbb{R})$ 与平移变换群 $\mathrm{GT}(n,\mathbb{R})\cong\mathbb{R}^n$ 半直积的结果：

$$\mathrm{E}(n,\mathbb{R}) = \mathrm{O}(n,\mathbb{R}) \ltimes \mathbb{R}^n \tag{1.41}$$

从物理上的可实现性来看，由于没有实际的物体能通过刚体运动实现反射作用[①]，通常重点关注的是由旋转与平移运动复合而成的特殊的刚体运动。相应的群是特殊的 Euclid 运动群 (special Euclidean group)，其记号如下：

$$\mathrm{SE}(n,\mathbb{R}) = \{(\boldsymbol{R},\boldsymbol{t}) : \boldsymbol{R}\in\mathrm{SO}(n,\mathbb{R}), \boldsymbol{t}\in\mathbb{R}^n, (\boldsymbol{R},\boldsymbol{t})(\boldsymbol{x}) = \boldsymbol{R}\boldsymbol{x}+\boldsymbol{t}\} \tag{1.42}$$

$$= \left\{ \begin{bmatrix} \boldsymbol{R} & \boldsymbol{t} \\ \boldsymbol{0}^{\mathrm{T}} & 1 \end{bmatrix} : \boldsymbol{R}\in\mathrm{SO}(n,\mathbb{R}), \boldsymbol{t}\in\mathbb{R}^n \right\} \tag{1.43}$$

与前面的讨论类似，$\mathrm{SE}(n,\mathbb{R})$ 可以用半直积形式表示：

$$\mathrm{SE}(n,\mathbb{R}) = \mathrm{SO}(n,\mathbb{R}) \ltimes \mathbb{R}^n \tag{1.44}$$

在实际应用中，$n=3$ 时的 $\mathrm{SE}(3,\mathbb{R})$ 是许多问题的焦点。

1.3.8　酉变换群 $\mathrm{U}(n)$ 与特殊酉变换群 $\mathrm{SU}(n)$

如果把实数域换成复数域，那么正交矩阵的概念就升格为酉矩阵 (unitary matrix)，正交变换群的概念相应地升格为酉变换群，特殊正交变换群的概念升格为特殊酉变换群。相应的数学符号描述如下：

(1) 酉变换群

$$\mathrm{U}(n) = \left\{ \boldsymbol{A}\in\mathbb{C}^{n\times n} : \boldsymbol{A}^{\mathrm{H}}\mathbb{1}_n\boldsymbol{A} = \boldsymbol{A}\mathbb{1}_n\boldsymbol{A}^{\mathrm{H}} = \mathbb{1}_n \right\} \tag{1.45}$$

(2) 特殊酉变换群

$$\mathrm{SU}(n) = \left\{ \boldsymbol{A}\in\mathbb{C}^{n\times n} : \boldsymbol{A}^{\mathrm{H}}\mathbb{1}_n\boldsymbol{A} = \boldsymbol{A}\mathbb{1}_n\boldsymbol{A}^{\mathrm{H}} = \mathbb{1}_n, \det\boldsymbol{A} = 1 \right\} \tag{1.46}$$

对于在物理和工程技术领域常用的矩阵奇异值分解而言，这两个群是至关重要的。

---

① 物理上的完全弹性碰撞是不同的问题。

U(n) 与 SU(n) 的差异从形式上看无非是 SU(n) 多了一个行列式为 1 的条件。对于任意的 $\boldsymbol{P} \in$ U(n) 和任意的 $\boldsymbol{A} \in$ SU(n)，共轭变换 $h: \boldsymbol{A} \mapsto \boldsymbol{P}\boldsymbol{A}\boldsymbol{P}^{-1}$ 只能把行列式为 1 的矩阵转换到另一个行列式为 1 的矩阵，理由是：

$$\det(\boldsymbol{P}\boldsymbol{A}\boldsymbol{P}^{-1}) = \det(\boldsymbol{P})\det(\boldsymbol{A})\det(\boldsymbol{P}^{-1}) = \det(\boldsymbol{A})$$

行列式函数

$$\begin{aligned} \det : \text{U}(n) &\to \text{U}(n)/\text{SU}(n) \\ \boldsymbol{P} &\mapsto \det(\boldsymbol{P}) \end{aligned} \tag{1.47}$$

是 U(n) 到商 U(n)/SU(n) 的映射。可以证明：

$$\text{U}(n)/\text{SU}(n) = \text{U}(1) \tag{1.48}$$

1.3.9　Möbius 变换群

Möbius 变换是复分析与物理学中经常遇到的一类变换，它本质上是复数域上的一维射影变换，也称为分式线性变换或 Möbius 自同构 [8,12]。

定义 1.3.1 (Möbius 变换)　对于 $z \in \mathbb{C}$ 以及满足 $ad - bc \neq 0$ 的复常数 a, b, c, d，映射

$$\begin{aligned} \psi : \mathbb{CP}^1 &\to \mathbb{CP}^1 \\ \psi(z) &= \frac{az+b}{cz+d} \\ \lambda \begin{bmatrix} \psi(z) \\ 1 \end{bmatrix} &= \begin{bmatrix} a & b \\ c & d \end{bmatrix} \begin{bmatrix} z \\ 1 \end{bmatrix} \end{aligned} \tag{1.49}$$

称为 Möbius 变换。

Möbius 变换有许多独特的代数与几何性质，为了讨论管道流形场景拼接算法的需要，这里给出三条有用的结论 [8,12]。

引理 1.3.1　Möbius 变换是共形映射，能保持圆、角度以及对称性不变。如果把映射的复合运算规定为抽象乘法，则所有 Möbius 变换在此乘法之下构成一个群 (称为 Möbius 变换群)。

引理 1.3.2　设 $\mathcal{D}$ 是复平面 $\mathbb{C}$ 上的单位圆盘，$\mathcal{C} = \partial\mathcal{D}$ 是圆盘的边界圆，$\bar{z}$ 是复数 z 的复共轭，则 $\mathcal{D}$ 上的自同构必定具有如下形式：

$$\Psi_a^\phi(z) = \mathrm{e}^{\mathrm{i}\phi} \cdot \frac{z-a}{1-\bar{a}z} \tag{1.50}$$

其中，$(\bar{\cdot})$ 代表复数的共轭，$a \in \mathcal{D}, |a| < 1$，而且

$$\phi = \left[\arg \frac{\mathrm{d}\,\Psi_a^\phi(z)}{\mathrm{d}\,z}\right]_{z=a}$$

进一步，$\Psi_a^\phi(z)$ 的逆映射

$$\Phi_a^\phi(z) = \mathrm{e}^{-\mathrm{i}\phi} \cdot \frac{z + a\mathrm{e}^{\mathrm{i}\phi}}{1 + \overline{(a\mathrm{e}^{\mathrm{i}\phi})} \cdot z} \tag{1.51}$$

也是自同构的。

引理 1.3.3 设 $|a| < 1$，令 $z = x + \mathrm{i}y, w = u + \mathrm{i}v = \Psi_a^\phi(z)$，$c_1, c_2$ 是常数，那么在单位圆盘 $\mathcal{D}$ 内以 $w = 0$ 为中心的圆簇 $|w| = c_1 \leqslant 1$ 与径向直线 $\arg w = c_2 \in [-\pi, \pi]$ 将被 $\Phi_a^\phi = (\Psi_a^\phi)^{-1}$ 变换成位于 $z = a$ 的正交曲线簇。

1.4 拓扑与流形

1.4.1 拓扑空间与连续映射

定义 1.4.1 (拓扑) 设 $\mathcal{X}$ 是任意非空集合，$\mathcal{T}(\mathcal{X}) = \{U_\alpha\}$ 是 $\mathcal{X}$ 的子集类，则 $\mathcal{T}(\mathcal{X})$ 是 $\mathcal{X}$ 上的拓扑，当且仅当如下条件满足：

① 空集 $\varnothing$ 与全集 $\mathcal{X}$ 都是 $\mathcal{T}(\mathcal{X})$ 中的元素；

② $\mathcal{T}(\mathcal{X})$ 中任意个元素的并集是 $\mathcal{T}(\mathcal{X})$ 中的元素；

③ $\mathcal{T}(\mathcal{X})$ 中任意有限个元素的交集是 $\mathcal{T}(\mathcal{X})$ 中的元素。

如果 $\mathcal{T}(\mathcal{X})$ 是 $\mathcal{X}$ 上的拓扑，则称 $(\mathcal{X}, \mathcal{T}(\mathcal{X}))$ 是拓扑空间，元素 $U_\alpha \in \mathcal{T}(\mathcal{X})$ 称为开集。符号 $\mathcal{X}_{\mathcal{T}(\mathcal{X})}$ 表示集合 $\mathcal{X}$ 上具有拓扑 $\mathcal{T}(\mathcal{X})$。

与拓扑概念密切相关的几个概念是连续映射、同胚、微分同胚、r-阶连续 (C^r) 以及共形映射，这些概念是各种图像变换与几何操作的基础。

定义 1.4.2 设 $f: \mathcal{X} \longrightarrow \mathcal{Y}$ 是从拓扑空间 $(\mathcal{X}, \mathcal{T}(\mathcal{X}))$ 到拓扑空间 $(\mathcal{Y}, \mathcal{S}(\mathcal{Y}))$ 的映射，对 $\mathcal{S}$ 中的任意开集 V，如果集合 $f^{-1}(V) = \{x \mid f(x) = y \in V\}$ 是 $\mathcal{T}(\mathcal{X})$ 中的开集，则称 f 是连续映射或连续函数。进一步，

① 如果连续映射 f 是双射，其逆 f^{-1} 也是连续映射，则称 f 是同胚映射 (homeomorphism)，由同胚映射 f 所联系的两个集合 U 以及 $V = f(U)$ 称为相互同胚的集合；

② 如果同胚映射 f 是可微的映射，则称 f 是微分同胚 (diffeomorphism)；

③ 如果连续映射 f 具有 r 次的导数连续，则称 f 是 C^r 映射；

④ 如果连续映射 f 能够保持角度不变，则称 f 是共形映射或保角变换 (conformal transform)。

定义 1.4.3 设 Ω 是复平面 $\mathbb{C}$ 上的区域，定义在 Ω 上的双射 f 如果同时是连续映射，则称 f 是 Ω 上的自同构映射。

需要指出的是，C^0- 连续函数通常简称为连续函数，它在计算机视觉优化计算问题中对于设计鲁棒的代价函数极为有用[13]。视觉问题中涉及的射影变换、仿射变换、刚体变换和相似变换都是连续映射，共形映射在计算机图形学与医学图像中还有独特的应用[14-15]，管道图像拼接中将会用到的 Möbius 映射就是一个共形映射，而且是一个自同构映射。

定义 1.4.4 (强连续映射/商映射) 设 $\mathcal{X}$ 和 $\mathcal{Y}$ 是拓扑空间，映射 $f: \mathcal{X} \to \mathcal{Y}$ 是满射。如果 $\mathcal{Y}$ 中的子集 U 是 $\mathcal{Y}$ 中的开集合，当且仅当 $f^{-1}(U)$ 是 $\mathcal{X}$ 中的开集合，则称 f 是强连续映射或商映射。

定义 1.4.5 (商拓扑空间) 设 $(\mathcal{X}, \mathcal{T}(\mathcal{X}))$ 是一个拓扑空间，$\mathcal{Y}$ 是任意一个集合，$f: \mathcal{X} \to \mathcal{Y}$ 是一个满射，且 $\mathcal{Y}$ 上恰好存在一个拓扑 $\mathcal{T}(\mathcal{Y})$，使得 f 是商映射，则称 $\mathcal{T}(\mathcal{Y})$ 是由 f 导出的商拓扑，而称 $(\mathcal{Y}, \mathcal{T}(\mathcal{Y}))$ 是 $(\mathcal{X}, \mathcal{T}(\mathcal{X}))$ 关于 f 的商拓扑空间。

定义 1.4.6 (实射影空间 $\mathbb{RP}^n$ 的等价描述)　实射影空间 $\mathbb{RP}^n$ 是 $\mathbb{R}^{n+1}$ 中过原点的非平凡平面的集合, 它也可以采用商拓扑空间进行等价描述: 在 $\mathbb{R}^{n+1} - \{0\}$ 中定义等价关系

$$\boldsymbol{x} \sim \boldsymbol{y} \Longleftrightarrow \exists \lambda \in \mathbb{R}, \boldsymbol{x} = \lambda \boldsymbol{y}, \quad \forall \boldsymbol{x}, \boldsymbol{y} \in \mathbb{R}^{n+1} - \{0\} \tag{1.52}$$

用齐次坐标向量记号

$$\mathbf{x} = [\boldsymbol{x}] = \left\{ \boldsymbol{y} \in \mathbb{R}^{n+1} : \boldsymbol{y} \sim \boldsymbol{x} \right\} \tag{1.53}$$

标记非齐次向量构成的等价类, 那么

$$\begin{aligned}
\mathbb{RP}^n &= \left(\mathbb{R}^{n+1} - \{0\} \right) / \sim \\
&= \left\{ \mathbf{x} = [\boldsymbol{x}] : \boldsymbol{x} \in \mathbb{R}^{n+1} - \{0\} \right\}
\end{aligned} \tag{1.54}$$

称为商拓扑空间。

1.4.2　距离空间

在线性空间中定义距离或范数是相对容易的, 在更一般的拓扑空间上也可以装配上距离, 它是向量范数概念的泛化或推广。

定义 1.4.7 (距离与距离空间)　设 $\mathscr{X}$ 是非空集合, 二元映射 $d: \mathscr{X} \times \mathscr{X} \to \mathbb{R}^+$ 称为距离, 二元组 $(\mathscr{X}, d)$ 称为距离空间或度规拓扑空间, 如果 d 满足如下三个条件:

① 距离为零的两个点是不可区分的:

$$d(x, y) = 0 \Longleftrightarrow x = y \tag{1.55}$$

② 对称性:

$$\forall x, y \in \mathscr{X}, \quad d(x, y) = d(y, x) \tag{1.56}$$

③ 三角不等式:

$$\forall x, y, z \in \mathscr{X} \quad d(x, y) + d(y, z) \geqslant d(x, z) \tag{1.57}$$

对于 $\mathbb{F} = \mathbb{R}$ 或 $\mathbb{F} = \mathbb{C}$, 赋范线性空间 $(\mathscr{V}_{\mathbb{F}}, \|\cdot\|)$ 是一种特殊的距离空间, 因为可以用范数诱导出距离, 即

$$d(\boldsymbol{x}, \boldsymbol{y}) = \|\boldsymbol{x} - \boldsymbol{y}\|, \quad \forall \boldsymbol{x}, \boldsymbol{y} \in \mathscr{V}_{\mathbb{F}} \tag{1.58}$$

内积空间 $(\mathscr{V}_{\mathbb{R}}, \langle \cdot | \cdot \rangle)$ 自然也是特殊的距离空间, 因为由内积可以诱导出范数, 进而诱导出距离, 即

$$d(\boldsymbol{x}, \boldsymbol{y}) = \sqrt{\langle \boldsymbol{x} - \boldsymbol{y} | \boldsymbol{x} - \boldsymbol{y} \rangle}, \quad \forall \boldsymbol{x}, \boldsymbol{y} \in \mathscr{V}_{\mathbb{F}} \tag{1.59}$$

距离空间 $(\mathscr{X}, d)$ 中的开球

$$B(x; r) = \{ y \in \mathscr{X} : d(x, y) < r \} \tag{1.60}$$

构成了 $x \in \mathscr{X}$ 的邻域系, 由此构建的拓扑称为 $\mathscr{X}$ 上的度规拓扑。

1.4.3　流形

1. 拓扑流形

与拓扑空间密切相关的一个概念是流形[14,16-17]，它在三维建模中极为重要，是流形建模与流形拼接算法的数学基础。直观地说，拓扑流形把平直的线性空间概念扩展到了弯曲的情形，扩展的代价是丧失了全局坐标，转而引进了局部坐标与转换映射。

定义 1.4.8（流形）　设 $(\mathcal{M},\mathcal{T})$ 是 Hausdorff 空间，若对任意一点 $x \in \mathcal{M}$ 都存在 $U \subset \mathcal{M}, A \subset \mathbb{R}^{n\times 1}$ 使得 $x \in U$ 且邻域 U 同胚于开集 A，则称 $\mathcal{M}$ 是一个 n 维流形 (manifold) 或拓扑流形 (topological manifold)。

一般意义下的流形与线性空间之间的一个重要差别是：流形没有整体坐标，需要用多个局部坐标来进行描述；线性空间的任何一个局部坐标系都可以是其整体坐标系，用一个坐标系描述就足够了，不同坐标系之间可以通过基变换矩阵 (过渡矩阵) 联系起来。流形的描述少不了众多的局部坐标系，由此引出的坐标卡与坐标卡集概念是比较独特的。

定义 1.4.9（坐标卡）　设 $(\mathcal{M},\mathcal{T})$ 是拓扑空间，$U \in \mathcal{T}$ 是 $\mathcal{M}$ 上的开集，同胚映射

$$\varphi : U \to \mathbb{R}^{n\times 1}$$
$$x \mapsto [x^1, x^2, \cdots, x^n]^{\mathrm{T}}$$

称为一个坐标卡 (chart) 或局部坐标 (local coordinates)，可以简单地标记为 (U,φ)。对于 U 中的每个点 x，都有唯一的 n-数串 (n-tuple) 与之对应，集合 U 称为坐标卡 (coordinate patch)。

定义 1.4.10（坐标卡集）　对于流形 $\mathcal{M}$ 的一个开覆盖 $\{U_\alpha\}$ 以及每个坐标片 U_α 上的局部坐标

$$\varphi_\alpha : U_\alpha \to \mathbb{R}^{n\times 1}$$

坐标卡构成的集合 $\mathscr{A} = \{(U_\alpha,\varphi_\alpha)\}$ 称为 $\mathcal{M}$ 上的坐标卡集 (atlas)。

定义 1.4.11（转换映射）　对于流形 $\mathcal{M}$ 上的两个局部坐标 $(U_\alpha,\varphi_\alpha)$ 与 (U_β,φ_β)，如果 $U_\alpha \cap U_\beta \neq \varnothing$，那么 $\varphi_\alpha(U_\alpha \cap U_\beta) \subset \mathbb{R}^{n\times 1}, \varphi_\beta(U_\alpha \cap U_\beta) \subset \mathbb{R}^{n\times 1}$。映射

$$\begin{aligned} h_\alpha^\beta \equiv h_{\alpha\beta} = \varphi_\alpha \circ \varphi_\beta^{-1} : \varphi_\beta(U_\alpha \cap U_\beta) \to \varphi_\alpha(U_\alpha \cap U_\beta) \\ h_\beta^\alpha \equiv h_{\beta\alpha} = \varphi_\beta \circ \varphi_\alpha^{-1} : \varphi_\alpha(U_\alpha \cap U_\beta) \to \varphi_\beta(U_\alpha \cap U_\beta) \end{aligned} \tag{1.61}$$

称为两个局部坐标间的转换映射 (transition map)，并且满足 $h_\beta^\alpha = (h_\alpha^\beta)^{-1}$。

需要说明的是，符号 $h_{\alpha\beta}$ 与 $h_{\beta\alpha}$ 是数学文献中常用的记号，而符号 h_β^α 与 h_α^β 更适合工程应用，这一点在后文讨论的坐标配准与图像拼接问题中会表现得淋漓尽致。

2. 微分流形

对于拓扑流形，虽然其上建立了局部坐标与转换映射，但是却没办法做微积分计算，切线、导数与积分的概念还无法指派，自然也无法讨论流形上的优化问题。为了解决这个问题，需要在拓扑流形上进一步引进微分结构以描述拓扑流形的各个局部是怎样黏合在一起的，刻画其光滑程度。这其中的关键就是转换映射的光滑性或高阶连续性以及由此带来的坐标卡的 C^r-相容性。

定义 1.4.12 (C^r-相容)　两个坐标卡 $(U_\alpha,\varphi_\alpha)$ 与 (U_β,φ_β) 是 C^r-相容的, 如果当 $U_\alpha\cap U_\beta=\varnothing$ 或者 $U_\alpha\cap U_\beta\neq\varnothing$ 时, 两个转换映射 $h_{\alpha\beta}$ 与 $h_{\beta\alpha}$ 都是 C^r-连续的。

定义 1.4.13 (C^r 微分结构)　设 M 是一个 n 维流形, 如果在 M 上给定一个坐标卡集

$$\mathscr{A}=\{(U_\alpha,\varphi_\alpha),(U_\beta,\varphi_\beta),(U_\gamma,\varphi_\gamma),\cdots\}$$

满足下列条件:

① $\{U_\alpha,U_\beta,U_\gamma,\cdots\}$ 是 M 的一个开覆盖;

② 属于 $\mathscr{A}$ 的任意两个坐标卡是 C^r-相容的;

③ $\mathscr{A}$ 是极大的, 即: 对于 M 的任意一个坐标卡 (U_i,φ_i), 若其与属于 $\mathscr{A}$ 的每一个坐标卡都是 C^r-相容的, 则它自身必属于 $\mathscr{A}$。

则称 $\mathscr{A}$ 是 M 的一个 C^r 微分结构。

流形的微分结构表明了流形开覆盖中各开集是如何黏合在一起的, 表明了流形整体的光滑程度。在全景图像拼接中, 借助于摄像机投影的多对一特性, 往往将场景视为足够光滑的流形, 各个开集的黏合通常通过图像配准与缝合来实现。

定义 1.4.14 (线性流形)　$\mathbb{R}$ 上的线性空间 $\mathscr{V}$ 在取定基以后, $\mathscr{V}$ 的每一个元素都与 n 个实数构成的向量对应, 也就是说 $\mathscr{V}$ 同构于 $\mathbb{R}^n$, 由此可在 $\mathscr{V}$ 中导入 C^∞ 流形结构。因此, 线性空间又称为线性流形。

例 1.4.1 (非齐次线性代数方程与流形)　对于 $\boldsymbol{A}\in\mathbb{R}^{m\times n},\boldsymbol{x}\in\mathbb{R}^{n\times1},\boldsymbol{b}\in\mathbb{R}^{m\times1}$ 且 $\mathrm{rank}(\boldsymbol{A})=r<\min(m,n)$, 非齐次线性方程组 $\boldsymbol{A}\boldsymbol{x}=\boldsymbol{b}$ 的通解构成的集合是

$$V=\boldsymbol{\eta}+\ker(\boldsymbol{A})=\left\{\boldsymbol{\eta}+\sum_{i=1}^{n-r}c^i\boldsymbol{\xi}_i:c^i\in\mathbb{R}\right\} \tag{1.62}$$

其中, $\boldsymbol{\eta}$ 是非齐次方程的特解 (即满足条件 $\boldsymbol{A}\boldsymbol{\eta}=\boldsymbol{b}$)。$V$ 具有多重身份: 从拓扑流形的角度, 它是一个线性流形; 在代数上是一个由子群 $\ker(\boldsymbol{A})$ 与向量 $\boldsymbol{\eta}$ 构建出来的陪集; 在几何上它称为仿射子空间。特别地,

$$\mathscr{W}_\mathbb{R}=\ker(\boldsymbol{A})=\mathrm{span}\{\boldsymbol{\xi}_1,\boldsymbol{\xi}_2,\cdots,\boldsymbol{\xi}_{n-r}\}=\{\boldsymbol{x}\in\mathbb{R}^{n\times1}:\boldsymbol{A}\boldsymbol{x}=\boldsymbol{0}\} \tag{1.63}$$

既是线性空间, 也是线性流形。线性流形 $\mathscr{V}_\mathbb{R}$ 与 $\mathscr{W}_\mathbb{R}$ 均存在全局坐标系, 可以用线性无关的向量组 $\{\boldsymbol{\xi}_i\}_{i=1}^{n-r}$ 来表示, 它们之间相差一个平移变换。

定义 1.4.15 (C^r 流形与微分流形)　具有 C^r 微分结构的流形 M 称为 C^r 流形。特别地, 如果 $r=0$, C^0 流形被称为拓扑流形; $r=\infty$, C^∞ 流形被称为微分流形。

我们感兴趣的通常是 C^∞ 流形, 即微分流形, 它与 Lie 群密切相关。

例 1.4.2 (射影空间 $\mathbb{RP}^n$ 是微分流形)　对于实射影空间 $\mathbb{RP}^n$, 如果令

$$U_i=\{\boldsymbol{a}=[a_1,a_2,\cdots,a_{i-1},a_i,a_{i+1},\cdots,a_{n+1}]^\mathrm{T}\in\mathbb{RP}^n:a_i\neq0\} \tag{1.64}$$

构造映射

$$\phi_i:U_i\to\mathbb{R}^n$$
$$\boldsymbol{a}\mapsto\boldsymbol{a}=\left[\frac{a_1}{a_i},\frac{a_2}{a_i},\cdots,\frac{a_{i-1}}{a_i},\frac{a_{i+1}}{a_i},\cdots,\frac{a_{n+1}}{a_i}\right]^\mathrm{T} \tag{1.65}$$

那么 $\{(U_i,\phi_i)\}_{i=1}^{n+1}$ 给出 $\mathbb{RP}^n$ 的一个 C^∞ 的流形结构，因此 $\mathbb{RP}^n$ 是一个微分流形。

定义 1.4.16 (微分同胚)　设 $\mathcal{M}$ 与 $\mathcal{N}$ 都是微分流形，$f:\mathcal{M}\to\mathcal{N}$ 是双射，若 f 与 f^{-1} 都是 C^∞ 映射，则称 f 是一个 C^∞ 微分同胚 (diffeomorphism)。此时，$\mathcal{M}$ 与 $\mathcal{N}$ 互为同胚，即作为 C^∞ 流形，它们在本质上是一样的。

通常采用 $\mathrm{Diff}(\mathcal{M},\mathcal{N})$ 表示所有从 $\mathcal{M}$ 到 $\mathcal{N}$ 的 C^∞ 微分同胚构成的集合，它在映射的结合运算下构成一个群。

对于非奇异的线性映射 $\boldsymbol{A}:\mathbb{R}^n\to\mathbb{R}^n, \boldsymbol{y}=\boldsymbol{A}\boldsymbol{x}$，矩阵形式的映射 $\boldsymbol{A}\in\mathrm{GL}(n,\mathbb{R})$ 是微分同胚映射。

1.5　Lie 群与 Lie 代数

1.5.1　Lie 群

Lie 群是代数、几何与分析概念的综合体，其定义包含三个要素：群、微分流形以及光滑的群运算。

定义 1.5.1 (Lie 群)　如果集合 G 满足下列条件，则称它为 Lie 群：
① G 是一个群；
② G 是一个 C^∞ 流形 (即微分流形)；
③ 群运算是 C^∞ 的，即乘法运算

$$\cdot:G\times G\to G$$
$$(x,y)\mapsto x\cdot y \tag{1.66}$$

与逆运算

$$(\cdot)^{-1}:G\to G$$
$$x\mapsto x^{-1} \tag{1.67}$$

都是 C^∞ 运算。

如果 G 是 n 维流形且是 Lie 群，则称其是 n 维 Lie 群。

例 1.5.1 ($\mathbb{R}^n$ 是 n 维 Lie 群)　n 维向量空间 $\mathbb{R}^n$，在通常的加法下构成 n 维向量群 $G=(\mathbb{R}^n,+)$，群运算

$$\boldsymbol{x}+\boldsymbol{y}=(x_1,x_2,\cdots,x_n)+(y_1,y_2,\cdots,y_n)=(x_1+y_1,x_2+y_2,\cdots,x_n+y_n)$$
$$\boldsymbol{x}^{-1}=(x_1,x_2,\cdots,x_n)^{-1}=(-x_1,-x_2,\cdots,-x_n)$$

都是光滑映射 (C^∞ 映射)。

例 1.5.2 (一般线性变换群 $\mathrm{GL}(n,\mathbb{R})$ 是 Lie 群)　对于群

$$\mathrm{GL}(n,\mathbb{R})=\left\{\boldsymbol{A}=(a_{ij})_{n\times n}\in\mathbb{R}^{n\times n}:\det(\boldsymbol{A})\neq 0\right\}$$

只需要验证它是一个流形并且群运算是光滑的。

验证过程如下：

(1) 把矩阵 $\boldsymbol{A} = [\boldsymbol{a}_1, \boldsymbol{a}_2, \cdots, \boldsymbol{a}_n]$ 按列堆栈，得到

$$\boldsymbol{A} \leftrightarrow \mathrm{vec}(\boldsymbol{A}) = [a_{11}, a_{21}, \cdots, a_{n1}, a_{12}, a_{22}, \cdots, a_{n2}, \cdots, a_{1n}, a_{2n}, \cdots, a_{nn}]^{\mathrm{T}}$$

函数 $\det : \mathbb{R}^{n^2 \times 1} \to \mathbb{R}, \boldsymbol{A} = (a_{ij}) \mapsto \sum\limits_{\sigma \in S_n} (-1)^{\sigma} \prod\limits_{i=1}^{n} a_{i\sigma(i)}$ 是连续的，由于 $\mathbb{R} - \{0\}$ 是 $\mathbb{R}$ 中的一个开集合，可见 $\det^{-1}(\mathbb{R} - \{0\}) = \mathrm{GL}(n, \mathbb{R})$ 是 $\mathbb{R}^{n^2}$ 中的一个开集合。由此可以给予 $\mathrm{GL}(n, \mathbb{R})$ 一个 C^∞ 结构，使之成为 $\mathbb{R}^{n^2}$ 中的一个开子流形，即 $\mathrm{GL}(n, \mathbb{R})$ 是一个流形。

(2) 从矩阵乘法 $\boldsymbol{AB} = (a_{ij})(b_{ij}) = \boldsymbol{C} = (c_{ij})$ 可得 $c_{ij} = \sum\limits_k a_{ik} b_{kj}$，很显然 c_{ij} 是 a_{ij} 与 b_{ij} 的可微函数。此外，从 $\boldsymbol{A}^{-1} = \dfrac{1}{\det(\boldsymbol{A})} \boldsymbol{A}^* = (a_{ij})^{-1} = \boldsymbol{D} = (d_{ij})$ 可知 d_{ij} 是 a_{ij} 的函数，其中 $\boldsymbol{A}^*$ 是由代数余子式构成的伴随矩阵。

用类似的方式可以证明 $\mathrm{GL}(n, \mathbb{C})$ 也是一个 Lie 群。

1.5.2　代数与 Lie 代数

定义 1.5.2 (代数)　在数域 $\mathbb{F}$ 上的线性空间 $\mathscr{V}_{\mathbb{F}}$ 上定义二元运算

$$\star : \mathscr{V}_{\mathbb{F}} \times \mathscr{V}_{\mathbb{F}} \to \mathscr{V}_{\mathbb{F}}$$
$$(\alpha, \beta) \mapsto \alpha \star \beta$$

如果运算 $\star$ 满足如下两个性质:

① 封闭性:

$$\forall \alpha, \beta \in \mathscr{V}_{\mathbb{F}}, \quad \alpha \star \beta \in \mathscr{V}_{\mathbb{F}}$$

② 分配律:

$$\forall \alpha, \beta_1, \beta_2 \in \mathscr{V}_{\mathbb{F}}, \forall c_1, c_2 \in \mathbb{F}, \quad \alpha \star (c_1 \beta_1 + c_2 \beta_2) = c_1 \alpha \star \beta_1 + c_2 \alpha \star \beta_2$$

则称 $(\mathscr{V}_{\mathbb{F}}, \star)$ 是一个代数。

请注意这里的 "代数" 是狭义的，不是我们习惯上理解的 "代数学"，虽然英文单词都是 algebra，但是狭义的 "代数" 只是一种结构——装配了向量之间的抽象乘法 $\star$ 的线性空间。

定义 1.5.3 (Lie 代数)　如果代数 $(\mathscr{V}_{\mathbb{F}}, \star)$ 上的抽象乘法 $\star$ 满足 Jacobi 恒等式

$$\forall \alpha, \beta, \gamma \in \mathscr{V}_{\mathbb{F}}, \quad \alpha \star (\beta \star \gamma) + \beta \star (\gamma \star \alpha) + \gamma \star (\alpha \star \beta) = 0 \tag{1.68}$$

则称其为 Lie 代数。

通常把 Lie 代数上的抽象乘法 $\alpha \star \beta$ 用 Lie 括号 $[\alpha, \beta]$ 来标记，即

$$[\cdot, \cdot] : \mathscr{V}_{\mathbb{F}} \times \mathscr{V}_{\mathbb{F}} \to \mathscr{V}_{\mathbb{F}}$$
$$(\alpha, \beta) \mapsto [\alpha, \beta] \tag{1.69}$$

于是，Jacobi 恒等式就变为如下的新形式：

$$[\alpha, [\beta, \gamma]] + [\beta, [\gamma, \alpha]] + [\gamma, [\alpha, \beta]] = 0 \tag{1.70}$$

Lie 代数可以记为 $(\mathscr{V}, \mathbb{F}, [\cdot, \cdot])$ 或 $(\mathscr{V}_\mathbb{F}, [\cdot, \cdot])$。利用 Lie 括号的反对称性，可以将 Jacobi 恒等式改写为

$$[\alpha, [\beta, \gamma]] = [[\alpha, \beta], \gamma] + [\beta, [\alpha, \gamma]] \tag{1.71}$$

引进记号

$$L_\alpha(\cdot) = [\alpha, \cdot] \tag{1.72}$$

则有

$$L_\alpha([\beta, \gamma]) = [L_\alpha(\beta), \gamma] + [\beta, L_\alpha(\gamma)] \tag{1.73}$$

这本质上是乘积表达式的求导运算规则——Leibnitz 公式，也就是说 L_α 是个求导算子，它称为 Lie 导数。如果 α 是向量场 $\boldsymbol{X}$，得到的就是向量场 $\boldsymbol{X}$ 的 Lie 导数 $L_{\boldsymbol{X}}$。

例 1.5.3 (($\mathbb{R}^3, \times$) 是 Lie 代数) $\mathbb{R}^3$ 中除了通常的向量加法与数乘运算之外，还有叉乘运算，其定义为

$$\times: \mathbb{R}^3 \times \mathbb{R}^3 \to \mathbb{R}^3$$
$$(\boldsymbol{a}, \boldsymbol{b}) \mapsto \boldsymbol{a} \times \boldsymbol{b} = \sum_{j,k} \epsilon_{ijk} a_j b_k \boldsymbol{e}_i \tag{1.74}$$

其中，ϵ_{ijk} 是三阶反对称张量，满足关系式

$$\epsilon_{ijk} = \begin{cases} +1, & \begin{pmatrix} 1 & 2 & 3 \\ i & j & k \end{pmatrix} \in S_3^{\text{even}} \\ -1, & \begin{pmatrix} 1 & 2 & 3 \\ i & j & k \end{pmatrix} \in S_3^{\text{odd}} \\ 0, & ijk\text{中有重复指标} \end{cases} = \begin{cases} \text{sign}(\sigma), & \sigma \in S_3 \\ 0, & ijk\text{中有重复指标} \end{cases} \tag{1.75}$$

($\mathbb{R}^3, \times$) 是一个代数，而且是 Lie 代数，它被称为矢量代数。

对于叉乘，Jacobi 恒等式经常被表示为

$$\boldsymbol{a} \times (\boldsymbol{b} \times \boldsymbol{c}) + \boldsymbol{b} \times (\boldsymbol{c} \times \boldsymbol{a}) + \boldsymbol{c} \times (\boldsymbol{a} \times \boldsymbol{b}) = \boldsymbol{0} \tag{1.76}$$

如果考虑叉乘 $\boldsymbol{c} = \boldsymbol{a} \times \boldsymbol{b}$ 的分量表示形式 $c_i = \sum_{jk} \epsilon_{ijk} a_j b_k$，可以令

$$\boldsymbol{W} = (w_{ik})_{3\times 3}, \quad w_{ik} = \sum_j \epsilon_{ijk} a_j \tag{1.77}$$

则有 $w_{11} = w_{22} = w_{33} = 0$，$w_{12} = \epsilon_{132} a_3 = -a_3$，$w_{13} = \epsilon_{123} a_2 = a_2$，$w_{21} = \epsilon_{231} a_3 = a_3$，$w_{23} = \epsilon_{213} a_1 = -a_1$，$w_{31} = \epsilon_{321} a_2 = -a_2$，$w_{32} = \epsilon_{312} a_1 = a_1$。写成矩阵形式，则有

$$\boldsymbol{c} = \boldsymbol{a} \times \boldsymbol{b} = \boldsymbol{W}\boldsymbol{b}$$
$$\begin{bmatrix} c_1 \\ c_2 \\ c_3 \end{bmatrix} = \begin{bmatrix} 0 & -a_3 & a_2 \\ a_3 & 0 & -a_1 \\ -a_2 & a_1 & 0 \end{bmatrix} \begin{bmatrix} b_1 \\ b_2 \\ b_3 \end{bmatrix} \tag{1.78}$$

从形式上看，这就是把符号 $\boldsymbol{a}\times$ 看成一个整体，将其等价为由向量 $\boldsymbol{a}$ 唯一确定的一个反对称矩阵 $\boldsymbol{W}$，即

$$\boldsymbol{W} = \begin{bmatrix} 0 & -a_3 & a_2 \\ a_3 & 0 & -a_1 \\ -a_2 & a_1 & 0 \end{bmatrix} \tag{1.79}$$

换句话说，这给出了线性空间 $\mathbb{R}^3$ 与 $\mathscr{W}_{\mathbb{R}} = \left\{ \boldsymbol{W} \in \mathbb{R}^{3\times3} : \boldsymbol{W}^{\mathrm{T}} = -\boldsymbol{W} \right\}$ 之间的一个线性同构映射：

$$\psi : \mathbb{R}^3 \to \mathcal{W} = \left\{ \boldsymbol{W} \in \mathbb{R}^{3\times3} : \boldsymbol{W}^{\mathrm{T}} = -\boldsymbol{W} \right\}$$

$$\boldsymbol{a} = \begin{bmatrix} a_1 \\ a_2 \\ a_3 \end{bmatrix} \mapsto \boldsymbol{W} = \begin{bmatrix} 0 & -a_3 & a_2 \\ a_3 & 0 & -a_1 \\ -a_2 & a_1 & 0 \end{bmatrix} \tag{1.80}$$

理由是：

(1) $\psi : \mathbb{R}^3 \to \mathscr{W}_{\mathbb{R}}$ 是双射。

(2) ψ 是线性同态映射：对于 $\forall \alpha, \beta \in \mathbb{R}$，$\forall \boldsymbol{a}, \boldsymbol{b} \in \mathbb{R}^3$，有 $\psi(\alpha\boldsymbol{a} + \beta\boldsymbol{b}) = \alpha\psi(\boldsymbol{a}) + \beta\psi(\boldsymbol{b})$。
在计算机视觉领域，通常采用简略符号 $[\boldsymbol{a}]_{\times}$ 来标记这种将 $\mathbb{R}^3$ 中的向量提升为 $\mathscr{W}_{\mathbb{F}}$ 中的反对称矩阵的操作：

$$[\boldsymbol{a}]_{\times} = \begin{bmatrix} 0 & -a_3 & a_2 \\ a_3 & 0 & -a_1 \\ -a_2 & a_1 & 0 \end{bmatrix} \tag{1.81}$$

记号 $\psi(\boldsymbol{a})$ 除了采用记号 $[\boldsymbol{a}]_{\times}$ 之外，有时候也会采用不同的形式，例如：

$$\boldsymbol{W} = \psi(\boldsymbol{a}) = [\boldsymbol{a}\times] = \begin{bmatrix} 0 & -a_3 & a_2 \\ a_3 & 0 & -a_1 \\ -a_2 & a_1 & 0 \end{bmatrix} \tag{1.82}$$

$$\boldsymbol{W} = \psi(\boldsymbol{a}) = \boldsymbol{a}^{\wedge} = \begin{bmatrix} 0 & -a_3 & a_2 \\ a_3 & 0 & -a_1 \\ -a_2 & a_1 & 0 \end{bmatrix} \tag{1.83}$$

如果采用符号 $\boldsymbol{W} = \boldsymbol{a}^{\wedge}$，那么其逆映射还可以方便地写成

$$\boldsymbol{a} = \boldsymbol{W}^{\vee} \tag{1.84}$$

由此还可以得到

$$(\boldsymbol{a}^{\wedge})^{\vee} = \boldsymbol{a}, \quad (\boldsymbol{W}^{\vee})^{\wedge} = \boldsymbol{W} \tag{1.85}$$

可见 $(\cdot)^{\wedge}$ 与 $(\cdot)^{\vee}$ 的互逆操作表现得非常直观。

标准的映射记号，如 $\psi(\boldsymbol{a})$，在数学文献里是没有任何问题的记法，在不同的专业领域，存在不同的记法习惯。在代数学领域，常用的是来自代数表示理论中的记号 $\mathrm{ad}(\boldsymbol{a})$，其含义是矩阵伴随表示 (adjoint representation)；记号 $[\boldsymbol{a}]_{\times}$ 是计算机视觉领域惯用的形式；$[\boldsymbol{a}\times]$

在机器人学领域很常见；而 $a^{\wedge}$ 在机器人导航的 SLAM 技术中常常遇到。如果是同时涉及计算机视觉、机器人以及视觉导航的问题，采用统一的符号可能更加方便与合理，不过这并不容易做到。

三阶反对称矩阵在求解三维旋转矩阵中是重要的，一个重要的结果是下面的定理。

定理 1.5.1 (Rodrigues)　对于向量 $\boldsymbol{w} = [w_1, w_2, w_3]^{\mathrm{T}}$ 以及 $\boldsymbol{W} = [\boldsymbol{w}]_{\times}$，有

$$\exp(\boldsymbol{W}) = \exp([\boldsymbol{w}]_{\times}) = \mathbb{1}_3 + \frac{\sin\theta}{\theta}\boldsymbol{W} + \frac{1-\cos\theta}{\theta^2}\boldsymbol{W}^2 \tag{1.86}$$

其中，$\theta = \|\boldsymbol{w}\| = \sqrt{w_1^2 + w_2^2 + w_3^2}$ 是 $\boldsymbol{w}$ 的模。

在实际计算中，还有一个常用的关于 $\boldsymbol{W}^2 = ([\boldsymbol{w}]_{\times})^2$ 的恒等式：

$$([\boldsymbol{w}]_{\times})^2 = \boldsymbol{w}\boldsymbol{w}^{\mathrm{T}} - \mathbb{1}_3 = \|\boldsymbol{w}\|^2\,\hat{\boldsymbol{w}}\hat{\boldsymbol{w}}^{\mathrm{T}} - \mathbb{1}_3 \tag{1.87}$$

其中

$$\hat{\boldsymbol{w}} = \frac{\boldsymbol{w}}{\|\boldsymbol{w}\|} = \frac{\boldsymbol{w}}{\theta} \tag{1.88}$$

是归一化的方向向量。由此可以得到

$$([\hat{\boldsymbol{w}}]_{\times})^2 = \hat{\boldsymbol{w}}\hat{\boldsymbol{w}}^{\mathrm{T}} - \mathbb{1}_3, \quad ([\hat{\boldsymbol{w}}]_{\times})^3 = -[\hat{\boldsymbol{w}}]_{\times} \tag{1.89}$$

利用这个结果，可以将式 (1.86) 改写为等价的形式

$$\begin{aligned}
\exp(\theta[\hat{\boldsymbol{w}}]_{\times}) &= \mathbb{1}_3 + \sin\theta[\hat{\boldsymbol{w}}]_{\times} + (1-\cos\theta)([\hat{\boldsymbol{w}}]_{\times})^2 \\
&= \cos\theta\,\mathbb{1}_3 + \sin\theta[\hat{\boldsymbol{w}}]_{\times} + (1-\cos\theta)\hat{\boldsymbol{w}}\hat{\boldsymbol{w}}^{\mathrm{T}}
\end{aligned} \tag{1.90}$$

按照矩阵指数的定义，上式的左侧展开以后是一个无穷级数，但是利用矩阵 $[\boldsymbol{w}]_{\times}$ 的性质，则可以将此无穷级数转换为三个矩阵相加。这种形式的特点是计算简单而且计算复杂性低，在应用中更受欢迎。

1.6　三种矩阵运算

1.6.1　奇异值分解

定理 1.6.1 (奇异值分解 SVD)　对于任意的复矩阵 $\boldsymbol{A} \in \mathbb{C}^{m \times n}$，总存在酉矩阵 $\boldsymbol{U} \in \mathrm{U}(m)$ 与 $\boldsymbol{V} \in \mathrm{U}(n)$，使得

$$\boldsymbol{A} = \boldsymbol{U}\boldsymbol{D}\boldsymbol{V}^{\mathrm{H}} \tag{1.91}$$

$$= \begin{bmatrix} \boldsymbol{u}_1 & \boldsymbol{u}_2 & \cdots & \boldsymbol{u}_m \end{bmatrix} \begin{bmatrix} \boldsymbol{\Sigma}_{r \times r} & \boldsymbol{O}_{r \times (n-r)} \\ \boldsymbol{O}_{(m-r) \times r} & \boldsymbol{O}_{(m-r) \times (n-r)} \end{bmatrix} \begin{bmatrix} \boldsymbol{v}_1^{\mathrm{H}} \\ \boldsymbol{v}_2^{\mathrm{H}} \\ \vdots \\ \boldsymbol{v}_n^{\mathrm{H}} \end{bmatrix} \tag{1.92}$$

$$= \sum_{k=1}^{r} \sigma_k \boldsymbol{u}_k \boldsymbol{v}_k^{\mathrm{H}} \tag{1.93}$$

其中, $r = \text{rank}(\boldsymbol{A})$ 是矩阵的秩, $\boldsymbol{\Sigma} = \text{diag}(\sigma_1, \sigma_2, \cdots, \sigma_r)$ 是对角矩阵, $\sigma_1 \geqslant \sigma_2 \geqslant \cdots \geqslant \sigma_r$, r 个正数 $\sigma_1, \sigma_2, \cdots, \sigma_r$ 称为矩阵 $\boldsymbol{A}$ 的奇异值, $\boldsymbol{O}$ 是零矩阵, $\boldsymbol{u}_i$ 称为奇异值 σ_i 的左奇异向量, $\boldsymbol{v}_i$ 称为 σ_i 的右奇异向量。

当 $r < n$ 时, 由 $\boldsymbol{A}$ 确定的 $n - r$ 个向量 $\boldsymbol{v}_{r+1}, \boldsymbol{v}_{r+2}, \cdots, \boldsymbol{v}_n$ 均满足线性方程

$$\boldsymbol{A}\boldsymbol{x} = \boldsymbol{0} \tag{1.94}$$

因此 $\boldsymbol{A}$ 的右零空间 (也称为核) 为

$$\text{Null}(\boldsymbol{A}) = \ker(\boldsymbol{A}) = \text{span}\{\boldsymbol{v}_{r+1}, \boldsymbol{v}_{r+2}, \cdots, \boldsymbol{v}_n\} \tag{1.95}$$

当 $r < m$ 时, 由 $\boldsymbol{A}$ 确定的 $m - r$ 个向量 $\boldsymbol{u}_{r+1}, \boldsymbol{u}_{r+2}, \cdots, \boldsymbol{u}_m$ 均满足线性方程

$$\boldsymbol{y}^{\text{H}}\boldsymbol{A} = \boldsymbol{0} \iff \boldsymbol{A}^{\text{H}}\boldsymbol{y} = \boldsymbol{0} \tag{1.96}$$

因此 $\boldsymbol{A}$ 的左零空间为

$$\ker(\boldsymbol{A}^{\text{H}}) = \text{span}\{\boldsymbol{u}_{r+1}, \boldsymbol{u}_{r+2}, \cdots, \boldsymbol{u}_m\} \tag{1.97}$$

特别地, 如果 $\boldsymbol{A}$ 是非奇异的实矩阵, 那么 SVD 就变成了正交对角分解。

定理 1.6.2 (正交对角分解)　对于 $\boldsymbol{A} \in \text{GL}(n, \mathbb{R})$, 存在矩阵 $\boldsymbol{P}, \boldsymbol{Q} \in \text{O}(n, \mathbb{R})$, 使得

$$\boldsymbol{A} = \boldsymbol{P}\,\text{diag}(\sigma_1, \sigma_2, \cdots, \sigma_n)\boldsymbol{Q}^{\text{T}} \tag{1.98}$$

其中, $\sigma_i > 0$ 是正的奇异值。

进一步, 如果 $\boldsymbol{A} \in \text{GL}(n, \mathbb{R})$ 是正规矩阵, 即满足条件 $\boldsymbol{A}\boldsymbol{A}^{\text{T}} = \boldsymbol{A}^{\text{T}}\boldsymbol{A}$, 那么 $\boldsymbol{A}$ 就是可对角化的, 此时 SVD 就变成了 EVD:

$$\boldsymbol{A} = \boldsymbol{P}\,\text{diag}(\sigma_1, \sigma_2, \cdots, \sigma_n)\boldsymbol{P}^{\text{T}} = \boldsymbol{P}\,\text{diag}(\sigma_1, \sigma_2, \cdots, \sigma_n)\boldsymbol{P}^{-1} \tag{1.99}$$

1.6.2　矩阵的张量积

定义 1.6.1 (矩阵的张量积 Kronecker 积)　对于 $m \times n$ 矩阵 $\boldsymbol{A}$ 与 $p \times q$ 矩阵 $\boldsymbol{B}$, 它们的张量积为

$$\boldsymbol{A} \otimes \boldsymbol{B} = (a_{ij}\boldsymbol{B})_{mp \times nq} = \begin{bmatrix} a_{11}\boldsymbol{B} & a_{12}\boldsymbol{B} & \cdots & a_{1n}\boldsymbol{B} \\ a_{21}\boldsymbol{B} & a_{22}\boldsymbol{B} & \cdots & a_{2n}\boldsymbol{B} \\ \vdots & \vdots & & \vdots \\ a_{m1}\boldsymbol{B} & a_{m2}\boldsymbol{B} & \cdots & a_{mn}\boldsymbol{B} \end{bmatrix} \tag{1.100}$$

如果采用 Einstein 求和规则, 矩阵 $\boldsymbol{A} \in \mathbb{R}^{m \times n}$ 与 $\boldsymbol{B} \in \mathbb{R}^{p \times q}$ 可以分别写成 $\boldsymbol{A} = (a_j^i)$ 与 $\boldsymbol{B} = (b_\ell^k)$, 相应的张量积为

$$\boldsymbol{A} \otimes \boldsymbol{B} = (a_j^i b_\ell^k) \in \mathbb{R}^{mp \times nq} \tag{1.101}$$

如果张量的分量表达式中有 p 个上指标, q 个下指标, 则称为 (p, q)-型张量。这里有几点注意事项:

(1) $(1,1)$-型张量本质上有两种，即 $\boldsymbol{A} = (a^{i\diamond}_{\diamond j}) \in \mathscr{V} \otimes \mathscr{V}^*$ 与 $\boldsymbol{A} = (a^{\diamond i}_{j\diamond}) \in \mathscr{V}^* \otimes \mathscr{V}$，其中 $\mathscr{V}^*$ 是 $\mathscr{V}$ 的对偶线性空间。

(2) 如果 $\boldsymbol{A} = (a^i_j)$ 与 $\boldsymbol{B} = (b^k_\ell)$ 均是 $(1,1)$-型张量，那么 $\boldsymbol{A} \otimes \boldsymbol{B} = (a^i_j b^k_\ell)$ 就是 $(2,2)$-型张量，因为独立的上下指标各有 2 个。特殊地，如果参与张量积运算的矩阵是行或列，最终的张量类型会相应地降低阶数。

(3) 从符号 $\boldsymbol{A} \otimes \boldsymbol{B}$ 无法读出张量类型，但是从分量式 $(a^i_j b^k_\ell)$ 却可以读出张量类型。

(4) 张量积不满足交换律，即 $\boldsymbol{A} \otimes \boldsymbol{B} \neq \boldsymbol{B} \otimes \boldsymbol{A}$，这本质上是由张量积的分量元素 $c^{i\diamond k \diamond}_{\diamond j \diamond \ell}$ 中指标的不可交换性决定的，不过在计算具体分量元素的时候显然满足 $a^i_j b^k_\ell = b^k_\ell a^i_j$。

表 1.2 给出了常用的矩阵张量积的具体形式和类型。

表 1.2　矩阵张量积 $(\boldsymbol{A} \otimes \boldsymbol{B})$ 的具体形式和类型

$\boldsymbol{A}$	$\boldsymbol{B}$		
	(b^k), $(1,0)$-型	(b_ℓ), $(0,1)$-型	(b^k_ℓ), $(1,1)$-型
(a^i), $(1,0)$-型	$(a^i b^k)$, $(2,0)$-型	$(a^i b_\ell)$, $(1,1)$-型	$(a^i b^k_\ell)$, $(2,1)$-型
(a_j), $(0,1)$-型	$(a_j b^k)$, $(1,1)$-型	$(a_j b_\ell)$, $(0,2)$-型	$(a_j b^k_\ell)$, $(1,2)$-型
(a^i_j), $(1,1)$-型	$(a^i_j b^k)$, $(2,1)$-型	$(a^i_j b_\ell)$, $(1,2)$-型	$(a^i_j b^k_\ell)$, $(2,2)$-型

1.6.3　矩阵向量化

在三维重建中，常常需要依据给定的图像匹配点进行参数估计，而含参数的矩阵通常满足某种线性约束。为了求解方便，需要借助矩阵张量积与矩阵按列堆栈构造线性方程，然后利用奇异值分解进行计算。对于一些涉及矩阵函数的最优化问题，在计算其 Jacobi 矩阵时，需要用到矩阵按列堆栈、按行堆栈以及两者之间的相互转换关系。

矩阵按列堆栈的定义如下[18-19]：

定义 1.6.2　一个 $mn \times 1$ 向量 $\boldsymbol{a} = [a_1, a_2, \cdots, a_{mn}]^{\mathrm{T}}$ 的矩阵化函数 $\mathrm{vec}^{-1}(\cdot, m, n)$：$\mathbb{R}^{mn \times 1} \to \mathbb{R}^{m \times n}, a \mapsto \boldsymbol{A}$ 是一个将 mn 个元素的列向量转化为 $m \times n$ 矩阵的算子，即

$$\mathrm{vec}^{-1}(\boldsymbol{a}, m, n) = \boldsymbol{A}_{m \times n} = \begin{bmatrix} a_1 & a_{m+1} & \cdots & a_{m(n-1)+1} \\ a_2 & a_{m+2} & \cdots & a_{m(n-1)+2} \\ \vdots & \vdots & & \vdots \\ a_m & a_{2m} & \cdots & a_{mn} \end{bmatrix} \tag{1.102}$$

相反，若 $\boldsymbol{A} = (a_{ij})_{m \times n} \in \mathbb{R}^{m \times n}$，则 $\boldsymbol{A}$ 的向量化函数 $\mathrm{vec}(\boldsymbol{A})$ 是一个 $mn \times 1$ 向量，其元素是 $\boldsymbol{A}$ 的元素按列堆栈的结果，即

$$\mathrm{vec}(\boldsymbol{A}) = [a_{11}, a_{21}, \cdots, a_{m1}, \cdots, a_{1n}, a_{2n}, \cdots, a_{mn}]^{\mathrm{T}} \tag{1.103}$$

定理 1.6.3　设 $\boldsymbol{A} \in \mathbb{R}^{m \times p}$，$\boldsymbol{B} \in \mathbb{R}^{p \times q}$，$\boldsymbol{C} \in \mathbb{R}^{q \times n}$，则有

$$\mathrm{vec}(\boldsymbol{ABC}) = (\boldsymbol{C}^{\mathrm{T}} \otimes \boldsymbol{A}) \mathrm{vec}(\boldsymbol{B}) \tag{1.104}$$

特别地，对于 $\boldsymbol{x}, \boldsymbol{y} \in \mathbb{R}^{n \times 1}$，$\boldsymbol{B} \in \mathbb{R}^{n \times n}$，有

$$\langle \boldsymbol{x} | \boldsymbol{B} | \boldsymbol{y} \rangle = \boldsymbol{x}^{\mathrm{T}} \boldsymbol{B} \boldsymbol{y} = (\boldsymbol{y}^{\mathrm{T}} \otimes \boldsymbol{x}^{\mathrm{T}}) \mathrm{vec}(\boldsymbol{B}) = (\boldsymbol{y} \otimes \boldsymbol{x})^{\mathrm{T}} \mathrm{vec}(\boldsymbol{B}) \tag{1.105}$$

对于 $\boldsymbol{A} \in \mathbb{R}^{m \times n}$，向量 $\text{vec}(\boldsymbol{A})$ 与 $\text{vec}(\boldsymbol{A}^{\mathrm{T}})$ 具有相同的元素，但是排列次序不同。存在一个唯一的置换矩阵 $\boldsymbol{K}_{(m,n)} \in \mathbb{R}^{mn \times mn}$ 使得

$$\text{vec}(\boldsymbol{A}^{\mathrm{T}}) = \boldsymbol{K}_{(m,n)} \text{vec}(\boldsymbol{A}) \tag{1.106}$$

矩阵 $\boldsymbol{K}_{(m,n)}$ 的逆矩阵记为 $\boldsymbol{K}_{(n,m)}$，它使得

$$\text{vec}(\boldsymbol{A}) = \boldsymbol{K}_{(n,m)} \text{vec}(\boldsymbol{A}^{\mathrm{T}}) \tag{1.107}$$

很自然地，有

$$\boldsymbol{K}_{(n,m)}\boldsymbol{K}_{(m,n)} = \mathbb{1}_{mn}, \boldsymbol{K}_{(m,n)}^{-1} = \boldsymbol{K}_{(m,n)}^{\mathrm{T}} = \boldsymbol{K}_{(n,m)} \tag{1.108}$$

如果记 $\mathbb{1}_n = [\boldsymbol{e}_1, \boldsymbol{e}_2, \cdots, \boldsymbol{e}_j, \cdots, \boldsymbol{e}_n]$，则有

$$\boldsymbol{K}_{(m,n)} = \sum_{j=1}^{n} \boldsymbol{e}_j^{\mathrm{T}} \otimes \mathbb{1}_m \otimes \boldsymbol{e}_j \tag{1.109}$$

对于 $\mathbb{R}^{n \times n}$ 中的对称矩阵 $\boldsymbol{A}$，对称性的充分必要条件是 $\boldsymbol{A}^{\mathrm{T}} = \boldsymbol{A}$，这意味着矩阵元素之间满足关系式 $a_{ij} = a_{ji}$，其上三角矩阵 $\boldsymbol{U}$ 与下三角矩阵 $\boldsymbol{L} = \boldsymbol{U}^{\mathrm{T}}$ 有相同的元素并且 $\boldsymbol{A} = \text{diag}(a_{11}, a_{22}, \cdots, a_{nn}) + \boldsymbol{U} + \boldsymbol{U}^{\mathrm{T}}$。因此，独立元素的个数为 $N = n + (n-1) + \cdots + 2 + 1 = n(n+1)/2$。相比之下，非对称方矩阵的独立元素个数为 n^2，反对称方矩阵中的独立元素个数为 $(n-1) + (n-2) + \cdots + 1 + 0 = (n-1)n/2$。

1.7　Cayley 变换

1.7.1　Cayley 变换的定义与基本性质

复数域 $\mathbb{C}$ 上的 Cayley 变换是扩充的复平面 $\overline{\mathbb{C}} = \mathbb{C} \cup \{\infty\}$ 上的一个共形映射。

定义 1.7.1（复数的 Cayley 变换）

$$w = \phi(z) \equiv \frac{1-z}{1+z}, \quad z = x + \mathrm{i}y \in \mathbb{C} \tag{1.110}$$

$$z = \phi^{-1}(w) = \frac{1-w}{1+w} = \phi(w) \tag{1.111}$$

很显然：

(1) Cayley 变换的逆变换是其自身；

(2) $\forall z \in \mathbb{C}, \phi(-z)\phi(z) \equiv 1$。

定义 1.7.2（矩阵的 Cayley 变换）　对于特征为 0 的数域 $\mathbb{F}$ 以及 $\boldsymbol{A} \in \mathbb{F}^{n \times n}$ 并且 $\boldsymbol{A} + \mathbb{1}_n \in \text{GL}(n, \mathbb{F})$，变换

$$\boldsymbol{S} = \phi(\boldsymbol{A}) = (\mathbb{1}_n - \boldsymbol{A})(\mathbb{1}_n + \boldsymbol{A})^{-1} = (\mathbb{1}_n + \boldsymbol{A})^{-1}(\mathbb{1}_n - \boldsymbol{A}) = \frac{\mathbb{1}_n - \boldsymbol{A}}{\mathbb{1}_n + \boldsymbol{A}} \tag{1.112}$$

称为矩阵 $\boldsymbol{A}$ 的 Cayley 变换，相应的逆变换也是 Cayley 变换

$$\boldsymbol{A} = \phi^{-1}(\boldsymbol{S}) = \frac{\mathbb{1}_n - \boldsymbol{S}}{\mathbb{1}_n + \boldsymbol{S}} = \phi(\boldsymbol{S}) \tag{1.113}$$

在 H. Weyl 关于典型群的经典著作中，矩阵的 Cayley 变换称为 non-exceptional 变换，满足条件 $\boldsymbol{A} + \mathbb{1}_n \in \mathrm{GL}(n, \mathbb{F})$ 的矩阵称为 non-exceptional 矩阵[20]。

矩阵的 Cayley 变换具有一些基本性质，可以用来简化实际问题中的一些计算或是降低计算复杂性。

定理 1.7.1 对于满足条件 $\mathbb{1}_n + \boldsymbol{A} \in \mathrm{GL}(n, \mathbb{R})$ 的任意矩阵 $\boldsymbol{A} \in \mathbb{R}^{n \times n}$，一定有

① $\lambda \in \sigma(\boldsymbol{A}) \Leftrightarrow \beta = \dfrac{1 - \lambda}{1 + \lambda} \in \sigma(\phi(\boldsymbol{A}))$，因此 $\phi(\boldsymbol{A})$ 与 $\boldsymbol{A}$ 有相同的特征向量。

② 对于 $n \in \mathbb{N}$，$\phi^{2n}(\boldsymbol{A}) = \boldsymbol{A}, \phi^{2n-1}(\boldsymbol{A}) = \phi(\boldsymbol{A})$。

③ 如果 $\boldsymbol{A} \in \mathrm{GL}(n, \mathbb{R})$，则 $\phi(\boldsymbol{A}^{-1}) = -\phi(\boldsymbol{A})$。

④ 如果 $\phi(\boldsymbol{A}) \in \mathrm{GL}(n, \mathbb{R})$，则 $[\phi(\boldsymbol{A})]^{-1} = \phi(-\boldsymbol{A})$。

⑤ $\phi(\boldsymbol{A}) = 2(\mathbb{1}_n + \boldsymbol{A})^{-1} - \mathbb{1}_n = -2\boldsymbol{A}(\mathbb{1}_n + \boldsymbol{A})^{-1} + \mathbb{1}_n$。

注记 1.7.1(Cayley 变换的最佳计算方法) 从计算来看，利用 $\phi(\boldsymbol{A}) = 2(\mathbb{1}_n + \boldsymbol{A})^{-1} - \mathbb{1}_n$ 计算 Cayley 变换具有最低的计算复杂性，因此是最佳的计算方法。

1.7.2 Cayley 变换与不变量

互为 Cayley 变换的两个矩阵与矩阵形式的二次型的不变量密切相关。

引理 1.7.1 对于互为 Cayley 变换的两个矩阵 $\boldsymbol{A}$ 与 $\boldsymbol{S}$ 以及特定的 $\boldsymbol{G} \in \mathbb{R}^{n \times n}$，可以得到

$$\boldsymbol{A}^{\mathrm{T}} \boldsymbol{G} \boldsymbol{A} = \boldsymbol{G} \Longleftrightarrow \boldsymbol{S}^{\mathrm{T}} \boldsymbol{G} + \boldsymbol{G} \boldsymbol{S} = 0 \tag{1.114}$$

如果已知矩阵 $\boldsymbol{G}$，利用这个引理可以将非线性方程 $\boldsymbol{A}^{\mathrm{T}} \boldsymbol{G} \boldsymbol{A} = \boldsymbol{G}$ 转化为关于 $\boldsymbol{S} = \phi(\boldsymbol{A})$ 的线性方程 $\boldsymbol{S}^{\mathrm{T}} \boldsymbol{G} + \boldsymbol{G} \boldsymbol{S} = 0$。事实上，由式 (1.106) 可得

$$\begin{aligned}
\mathrm{vec}(\boldsymbol{S}^{\mathrm{T}} \boldsymbol{G} + \boldsymbol{G} \boldsymbol{S}) &= \mathrm{vec}(\mathbb{1}_n \boldsymbol{S}^{\mathrm{T}} \boldsymbol{G} + \boldsymbol{G} \boldsymbol{S} \mathbb{1}_n) \\
&= (\boldsymbol{G}^{\mathrm{T}} \otimes \mathbb{1}_n) \mathrm{vec}(\boldsymbol{S}^{\mathrm{T}}) + (\mathbb{1}_n \otimes \boldsymbol{G}) \mathrm{vec}(\boldsymbol{S}) \\
&= [(\boldsymbol{G}^{\mathrm{T}} \otimes \mathbb{1}_n) \boldsymbol{K}_{(nn)} + (\mathbb{1}_n \otimes \boldsymbol{G})] \mathrm{vec}(\boldsymbol{S})
\end{aligned}$$

可以得到一个简单的线性齐次方程:

$$\boldsymbol{M} \cdot \mathrm{vec}(\boldsymbol{S}) = 0 \tag{1.115}$$

其中，

$$\boldsymbol{M} = (\boldsymbol{G}^{\mathrm{T}} \otimes \mathbb{1}_n) \boldsymbol{K}_{(nn)} + \mathbb{1}_n \otimes \boldsymbol{G}$$

由矩阵 $\boldsymbol{G}$ 唯一确定，$\mathrm{vec}(\boldsymbol{S})$ 是矩阵 $\boldsymbol{S}$ 按列堆栈的结果。得到 $\mathrm{vec}(\boldsymbol{S})$ 之后，重新整形可得 $\boldsymbol{S} = \mathrm{vec}^{-1}(\mathrm{vec}(\boldsymbol{S}), n, n)$，最后利用 Cayley 变换就得到 $\boldsymbol{A} = \phi(\boldsymbol{S})$。

特殊地，如果取 $\boldsymbol{G} = \mathbb{1}_n$，那么条件 $\boldsymbol{A}^{\mathrm{T}} \mathbb{1}_n \boldsymbol{A} = \mathbb{1}_n$ 表明 $\boldsymbol{A} \in \mathrm{O}(n, \mathbb{R})$ 是正交矩阵，$\boldsymbol{S}^{\mathrm{T}} \mathbb{1}_n + \mathbb{1} \boldsymbol{S} = \boldsymbol{0}$ 意味着 $\boldsymbol{S}$ 是一个反对称矩阵。对于反对称矩阵，显然有

$$\det(\mathbb{1}_n - \boldsymbol{S}) = \det[(\mathbb{1}_n - \boldsymbol{S})^{\mathrm{T}}] = \det[\mathbb{1}_n + \boldsymbol{S}]$$

因此

$$\det(\boldsymbol{A}) = \det\left(\frac{\mathbb{1}_n - \boldsymbol{S}}{\mathbb{1}_n + \boldsymbol{S}}\right) = \frac{\det(\mathbb{1}_n - \boldsymbol{S})}{\det(\mathbb{1}_n + \boldsymbol{S})} = 1$$

这表明 $\boldsymbol{A} \in \mathrm{SO}(n, \mathbb{R})$。

定理 1.7.2（正交矩阵的 Cayley 表示）　如果 $\boldsymbol{S} \in \mathbb{R}^{n \times n}, \mathbb{1}_n + \boldsymbol{S} \in \mathrm{GL}(n, \mathbb{R})$ 并且 $\boldsymbol{A} = \phi(\boldsymbol{S}) = \dfrac{\mathbb{1}_n - \boldsymbol{S}}{\mathbb{1}_n + \boldsymbol{S}}$，那么有

$$\boldsymbol{A} \in \mathrm{SO}(n, \mathbb{R}) \Longleftrightarrow \boldsymbol{S}^{\mathrm{T}} = -\boldsymbol{S}$$

对于 n 阶反对称矩阵 $\boldsymbol{S}^{\mathrm{T}} = -\boldsymbol{S}$，其独立元素的数目是 $\dfrac{n(n-1)}{2}$。当 $n = 2$ 时，独立元素个数是 1；当 $n = 3$ 时，独立元素个数是 3。这两种情形恰好可以用来将二维与三维旋转矩阵参数化，此时的参数空间是线性空间，对于优化计算问题非常有利，便于寻找线性可行方向。

例 1.7.1［$\mathrm{SO}(2, \mathbb{R})$ 的 Cayley 表示］　取反对称矩阵

$$\boldsymbol{S}_2 = \begin{bmatrix} 0 & -a \\ a & 0 \end{bmatrix}$$

其 Cayley 变换是

$$\boldsymbol{A} = \frac{\mathbb{1}_2 - \boldsymbol{S}_2}{\mathbb{1}_2 + \boldsymbol{S}_2} = \begin{bmatrix} 1 & a \\ -a & 1 \end{bmatrix}^{-1} \begin{bmatrix} 1 & a \\ -a & 1 \end{bmatrix} = \begin{bmatrix} \dfrac{1 - a^2}{1 + a^2} & -\dfrac{2a}{1 + a^2} \\ \dfrac{2a}{1 + a^2} & \dfrac{1 - a^2}{1 + a^2} \end{bmatrix}$$

如果令 $a = \tan \dfrac{\theta}{2}$，即 $\theta = 2 \arctan a$，那么就得到

$$\boldsymbol{A} = \begin{bmatrix} \dfrac{1 - a^2}{1 + a^2} & -\dfrac{2a}{1 + a^2} \\ \dfrac{2a}{1 + a^2} & \dfrac{1 - a^2}{1 + a^2} \end{bmatrix} = \begin{bmatrix} \cos \theta & -\sin \theta \\ \sin \theta & \cos \theta \end{bmatrix} \in \mathrm{SO}(2, \mathbb{R})$$

不难发现，如果用角度 θ 作为二维旋转矩阵的参数得到 $\boldsymbol{R} = \boldsymbol{R}(\theta)$，会存在一个周期 2π，但是如果参数空间取一维线性空间 $\mathbb{R}$ 得到 $\boldsymbol{R} = \boldsymbol{R}(a)$，就不存在周期性现象。实际上，旋转角 θ 构成的参数空间是个一维的紧致商拓扑空间 $\mathbb{R}/\sim$，等价关系 $\sim$ 由 $\mathrm{mod} 2\pi$ 操作来定义；相比之下，一维线性空间 $\mathbb{R}$ 则是非紧致的拓扑线性空间，没有求同余运算 [6,16]。

对于二维图像拼接中遇到的单应矩阵估计问题，如果涉及二维旋转矩阵的估计，采用 Cayley 表示比采用三角函数表示更加优越，估计的参数少而且得到的是简单的线性方程，估计精度会更高。

例 1.7.2［$\mathrm{SO}(3, \mathbb{R})$ 的 Cayley 表示］　3 阶反对称矩阵与三维向量是一一对应的，即

$$\boldsymbol{w} = [w_1, w_2, w_3]^{\mathrm{T}} \Longleftrightarrow [\boldsymbol{w}]_\times = \begin{bmatrix} 0 & -w_3 & w_2 \\ w_3 & 0 & -w_1 \\ -w_2 & w_1 & 0 \end{bmatrix} \tag{1.116}$$

反对称矩阵 $[\boldsymbol{w}]_\times$ 满足以下恒等式:

$$[\boldsymbol{w}]_\times^2 = \boldsymbol{w}\boldsymbol{w}^{\mathrm{T}} - \boldsymbol{w}^{\mathrm{T}}\boldsymbol{w}\,\mathbb{1}_3 \Longleftrightarrow [\boldsymbol{w}]_\times^2 + \|\boldsymbol{w}\|^2\,\mathbb{1}_3 = \boldsymbol{w}\boldsymbol{w}^{\mathrm{T}} \tag{1.117}$$

$[\boldsymbol{w}]_\times$ 经过 Cayley 变换后得到的矩阵

$$\begin{aligned}
\boldsymbol{R} &= \phi([\boldsymbol{w}]_\times) = \frac{\mathbb{1}_3 - [\boldsymbol{w}]_\times}{\mathbb{1}_3 + [\boldsymbol{w}]_\times} \\
&= \frac{1}{1 + \boldsymbol{w}^{\mathrm{T}}\boldsymbol{w}}(\mathbb{1}_3 - [\boldsymbol{w}]_\times + \boldsymbol{w}\boldsymbol{w}^{\mathrm{T}})(\mathbb{1}_3 - [\boldsymbol{w}]_\times) \\
&= \frac{1}{1 + \boldsymbol{w}^{\mathrm{T}}\boldsymbol{w}}\left((1 - \boldsymbol{w}^{\mathrm{T}}\boldsymbol{w})\,\mathbb{1}_3 - 2[\boldsymbol{w}]_\times + 2\boldsymbol{w}\boldsymbol{w}^{\mathrm{T}}\right)
\end{aligned} \tag{1.118}$$

一定是特殊的正交矩阵, 即 $\phi([\boldsymbol{w}]_\times) \in \mathrm{SO}(3, \mathbb{R})$, 因此 $\phi([\boldsymbol{w}]_\times)$ 是旋转矩阵, 这是摄像机姿态估计的关键之一。

本章小结

在视觉场景建模领域的学习与研究中, 会遇到较多的数学概念。按照目前国内理工科非数学专业的本科生与研究生数学课程大纲来看, 许多概念并不在所学课程的范围之内。这导致在阅读文献时容易困惑。由于篇幅的限制, 本章简要介绍了实射影空间与齐次坐标、群的直积与半直积、变换群、拓扑与流形、Lie 群与 Lie 代数、矩阵的奇异值分解与张量积、矩阵向量化以及 Cayley 变换的基本概念与结论。需要说明的是, 对于基本数学概念的掌握程度直接决定了能否理解视觉场景建模领域的专业概念以及相应的算法。

对于张量运算与流形的切空间和余切空间的概念有更多需要的读者可以阅读陈省身先生的著作《微分几何讲义》[16]。对于矩阵分析不熟悉的读者可以阅读张贤达先生的著作《矩阵分析与应用》[18] 以及文献 [21]。

第 2 章
多视图几何基本概念

以射影几何与数字图像为基础的多视图几何是计算机视觉的基础。从数学上看，射影空间的代数描述与几何解释构成视觉变换的基础；从物理上看，小孔成像与透视投影确立了摄像机成像的线性模型；从工程应用的实际上看，想要获得高精度的三维重建结果依赖于求解大规模非线性优化问题的稳健且高效的数值算法以及相应的软硬件实现。数字图像的数学描述、摄像机模型、两视点下的透视投影与极几何、图像帧间单应变换以及三维重建的基本概念是视觉建模中的基础性概念。

2.1　图像的数学描述

图像处理、计算机视觉、机器视觉、视觉导航等领域的科学与技术问题都与数字图像关联。图像采集设备，也称图像传感器，能够获得物理场景的真实记录。在本书中，我们仅讨论光学成像系统获得的数字图像[①]。除非特别指明，默认本书中所讨论的图像都是数字图像。对于实际的图像采集系统，成像原理、成像设备以及成像的特点可能有很大的差异。从数学上看，不同类型的图像既有其共性，也有其个性。从抽象的角度看，数字图像可以借助数学概念进行抽象描述，既便于定量分析与计算，也便于采用软件与硬件进行操作。

2.1.1　图像与二元函数

工业界所用的数字摄像机，由于成像芯片的形状是矩形，因此采集的图像也是矩形，其长 (水平方向) 与宽 (竖直方向) 分别记为 W 与 H。一般来说，数字图像用一个离散变量的二元函数来描述，即

$$\mathcal{I} : \Omega \to R \tag{2.1}$$

其中，Ω 是定义域，即图像的纵横尺寸；R 是图像的数字像素的基本信息集合，通常包含 $1 \sim 4$ 个参数，即 (n_1, n_2, n_3, d)。

图像的定义域是由左手坐标系刻画的矩形区域

$$\Omega = \{(y, x) : 0 \leqslant y \leqslant H, 0 \leqslant x \leqslant W\} \tag{2.2}$$

图像函数的值域 $R = R(n_1, n_2, n_3, d)$ 存在多种可能：

---

① 成像设备有很多，例如还有微波遥感影像、CT/PET 影像、扫描电镜影像等。光学成像系统所获得的图像，早期都是依赖于显影与定影过程的模拟图像而非数字图像。数字技术的兴起以及 CCD/CMOS 器件的出现带来了数码摄像技术的蓬勃发展。近几年来出现的光场摄像机，又带来了新的成像形式。

(1) 灰度图像：$n_1 = 8, n_2 = n_3 = d = 0$，此时 $R = \{0, 1, 2, \cdots, 255\}$。灰度图像俗称黑白图像。常用的图像特征抽取算法的输入都是灰度图像。如果集合 R 中只有两种可能的数值，如 $R = \{0, 255\}$，则相应的图像称为二值图像。摄像机标定过程中常用的棋盘格图像就是二值图像。

(2) 彩色图像：$n_1, n_2, n_3 \in \{2, 3, 4, 5, 6, 7, 8\}, d = 0$，此时

$$R = \{0, 1, 2, \cdots, 2^{n_1} - 1\} \times \{0, 1, 2, \cdots, 2^{n_2} - 1\} \times \{0, 1, 2, \cdots, 2^{n_3} - 1\}$$

典型的彩色图像是 RGB 图像，含有红 (red)、绿 (green) 和蓝 (blue) 三个分量，数字图像由三个分量矩阵构成。由于色彩空间模型不同，彩色图像有多种类型，除了 RGB 模式，还有 HSI、HSV 等多种模式，它们之间可以互相转换，但是在不同的场合有不同的优势。对于彩色图像，编码/存储一个像素需要的二进制位数是 $n_1 + n_2 + n_3$，这个和数称为位深 (bit depth)[①]，位深决定了最多能表示的颜色种类是 $2^{n_1 + n_2 + n_3}$ 种。例如，对于 RGB 图像，如果 $(n_1, n_2, n_3) = (4, 4, 2)$，则表明最多可以表示 $2^{10} = 1024$ 种颜色。

(3) RGB-D 图像：对应于 RGB-D 深度摄像机的图像，简单地说，它是 "RGB 图像 + 深度图像 (depth map)"。第四个参数 $z \in \mathbb{R}^+$ 代表摄像机坐标系下场景点离摄像机坐标系原点的距离，它通过飞行时间 (time of flight，TOF) 或红外结构光来测定，此时

$$R = \{0, 1, 2, \cdots, 2^{n_1} - 1\} \times \{0, 1, 2, \cdots, 2^{n_2} - 1\} \times \{0, 1, 2, \cdots, 2^{n_3} - 1\} \times \{z\}$$

通常 RGB 图像和深度图像 "可以认为或默认" 是配准的，因而像素点之间具有一对一的对应关系，即 $(x, y) \leftrightarrow z$，图像点坐标 (x, y) 与深度坐标构成了三维坐标 (x, y, z)。不过在实际的问题中，有时候会有一点小误差，需要进行配准校正。

2.1.2　图像点的坐标描述

图像 $\mathcal{I}$ 对应 $1 \sim 4$ 个矩阵，一个通道一个矩阵，而且各个矩阵的行数与列数相同。对于图像区域 Ω，其中的点可以用齐次坐标 $\mathbf{x}$ 或非齐次坐标 $\boldsymbol{x}$ 来描述。理论上，用非齐次点 $\boldsymbol{x} = [x, y]^{\mathrm{T}} \in \mathcal{I}$ 或齐次点 $\mathbf{x} = [x, y, w]^{\mathrm{T}} \in \mathcal{I}$ 来描述。在编程实践上，由于图像坐标系是左手坐标系，数学描述中的 $\mathcal{I}(x, y)$ 在编程时通常有两种写法：在 C/C++/Java/Python 中写为 $I[y][x]$，在 MATLAB 中写为 $I(y, x)$，因为 y 坐标对应矩阵的行，x 坐标对应矩阵的列。

2.2　小孔成像与针孔摄像机模型

2.2.1　摄像机投影与摄像机矩阵

在计算机视觉领域，常用的摄像机模型是线性模型，摄像机投影操作采用一个射影变换描述。对于实际的三维物理场景，采用世界坐标系描述，它是三维的实线性空间 $\mathbb{R}^{3 \times 1}$，其

---

① 还有一个容易混淆的概念是色深（color depth），也被称为色位深度，表示在某一分辨率下，每一个像素点可以用多少种色彩来描述，它的单位是 bit(位)。典型的色深是 8bit、16bit、24bit 和 32bit。深度数值越大，可以获得的色彩越多。

中的点用坐标向量 $\boldsymbol{X} = [X, Y, Z]^{\mathrm{T}}$ 描述，相应的齐次坐标向量表示为 $\mathbf{X} = [X, Y, Z, W] = [\boldsymbol{X}^{\mathrm{T}}, W]$，其中 $W = 1$ 或 $W = 0$。$W = 0$ 时对应的空间点在射影几何中称为无穷远点。

对于由针孔摄像机模型给出的简单透视投影，摄像机投影 $\mathbf{P} : \mathbb{RP}^3 \to \mathbb{RP}^2$ 是从三维射影空间到二维射影空间的投影变换，是多对一的线性映射，其矩阵形式为

$$\mathbf{P} = (p_{ij})_{3 \times 4} = \begin{bmatrix} p_{11} & p_{12} & p_{13} & p_{14} \\ p_{21} & p_{22} & p_{23} & p_{24} \\ p_{31} & p_{32} & p_{33} & p_{34} \end{bmatrix} \tag{2.3}$$

在采用张量记号的场合，摄像机矩阵会写成以下形式

$$\mathbf{P} = (p_j^i) = \begin{bmatrix} p_1^1 & p_2^1 & p_3^1 & p_4^1 \\ p_1^2 & p_2^2 & p_3^2 & p_4^2 \\ p_1^3 & p_2^3 & p_3^3 & p_4^3 \end{bmatrix} \tag{2.4}$$

多数情况下，人们采用针孔摄像机模型来描述，也就是说，一幅视图是通过将三维空间中的点透视变换投影到图像平面上的。经过摄像机投影以后，世界坐标系中的空间点 $\mathbf{X}$ 变为图像坐标系中的图像点 $\mathbf{x} = [u, v, w]$。当 $\mathbf{x}$ 不是无穷远点时，其非齐次坐标表示为 $\boldsymbol{x} = \left[\frac{u}{w}, \frac{v}{w}\right]^{\mathrm{T}}$。摄像机投影确立了世界点 $\mathbf{X}$ 与图像点 $\mathbf{x}$ 之间的关系：

$$\begin{aligned} \mathbf{x} &\sim \mathbf{PX} \\ \lambda\mathbf{x} &= \mathbf{PX} \end{aligned} \tag{2.5}$$

其中，λ 表示射影深度；符号 $\sim$ 表示在等价类意义下的相等，有时为了简单起见会直接使用等号。

针孔摄像机投影模型 (物理模型) 下的摄像机的数学描述为 [13,22-23]

$$\mathbf{P} = \boldsymbol{K}[\boldsymbol{R} \mid \boldsymbol{t}] : \mathbb{RP}^3 \longrightarrow \mathbb{RP}^2 \tag{2.6}$$

其中，$\boldsymbol{K}$ 是摄像机内参数矩阵；$\boldsymbol{R} \in \mathrm{SO}(3, \mathbb{R})$ 是摄像机的姿态矩阵，描述其光轴相对于世界坐标系的相对取向；$\boldsymbol{t} \in \mathbb{R}^{3 \times 1}$ 是摄像机光心 (optical center) 相对于世界坐标系的位移向量；$[\boldsymbol{R} \mid \boldsymbol{t}]$ 合称摄像机的外参数矩阵，用来描述摄像机相对于一个固定场景的运动，或者是物体围绕摄像机的刚性运动，它本质上是描述从世界坐标系到摄像机坐标系的坐标变换：

$$\boldsymbol{X}_{\mathrm{cam}} = \begin{bmatrix} x_1 \\ x_2 \\ w \end{bmatrix} = \begin{bmatrix} \boldsymbol{R} & \boldsymbol{t} \end{bmatrix} \begin{bmatrix} X \\ Y \\ Z \\ 1 \end{bmatrix} = \boldsymbol{R} \begin{bmatrix} X \\ Y \\ Z \end{bmatrix} + \boldsymbol{t} \tag{2.7}$$

很显然这是刚体变换。从摄像机矩阵到图像坐标系的转换由摄像机的内参数矩阵来实现。内参数矩阵 $\boldsymbol{K}$ 可以表示为 [24]

$$K = \begin{bmatrix} \dfrac{f}{p_x} & \dfrac{f\tan\alpha}{p_y} & c_x \\ 0 & \dfrac{f}{p_x} & c_y \\ 0 & 0 & 1 \end{bmatrix} = \begin{bmatrix} f_x & s & c_x \\ 0 & f_y & c_y \\ 0 & 0 & 1 \end{bmatrix} \tag{2.8}$$

其中，f 是摄像机的焦距；p_x 与 p_y 是像素的宽与高；$\mathbf{c} = [c_x, c_y, 1]^T$ 是摄像机主点的齐次坐标；α 是像素的倾斜角；f_x 是 x 方向的等效数字焦距 (量纲一)；f_y 是 y 方向的等效数字焦距；s 是倾斜因子 (或者叫扭曲因子)，一般来说 $s \approx 0$，在 OpenCV 给出的算法中[25]，取 $s = 0$。

2.2.2　摄像机标定与畸变参数

在三维重建中一个重要的问题是摄像机矩阵并非是直接给定的，一般情况下不同视点下的摄像机矩阵 $\{\mathbf{P}_\alpha\}_{\alpha=1}^N$ 都是未知的，需要有一个明确的确定摄像机内参数与外参数的过程，这被称为摄像机标定，目前已经有不少可用的算法[25-27]。对于针孔摄像机的标定，不但需要定出内参数矩阵 K 中的参数 f_x, f_y, c_x, c_y，还需要考虑镜头的非线性畸变，此时所用的成像模型可以写为

$$\lambda\mathbf{x} = K\boldsymbol{X}_{\text{cam}} \tag{2.9}$$

其中，$\mathbf{x} = [u, v, 1]^T$ 是图像点，$\boldsymbol{X}_{\text{cam}} = R\boldsymbol{X} + \boldsymbol{t} = [x_1, x_2, w]^T$ 是摄像机坐标系中的点。令

$$x = \frac{x_1}{w}, \quad y = \frac{x_2}{w}, \quad \rho^2 = x^2 + y^2 \tag{2.10}$$

以及

$$\begin{cases} \bar{x} = x(1 + k_1\rho^2 + k_2\rho^4) + 2p_1xy + p_2(\rho^2 + 2x^2) \\ \bar{y} = y(1 + k_1\rho^2 + k_2\rho^4) + p_1(\rho^2 + 2y^2) + 2p_2xy \\ u = f_x \cdot \bar{x} + c_x \\ v = f_y \cdot \bar{y} + c_y \end{cases} \tag{2.11}$$

其中，$(\bar{x}, \bar{y})$ 是摄像机坐标系中的非齐次坐标，既包含径向畸变，也包含切向畸变；k_1, k_2 是径向畸变系数；p_1, p_2 是切向畸变系数。OpenCV 中采用的是式 (2.11) 所示的没有高阶畸变系数的成像模型[25]。Tsai[27] 指出，过多的畸变系数不仅不能提高摄像机标定的精度，还会引起解的不稳定。事实上，计算机视觉语境下的 "镜头畸变" 在光学设计中是像差理论考虑的问题，严格的描述需要用到 Zernike 函数[28-29]。

2.2.3　匹配点对与三角原理

对于世界坐标系中的场景点 $\mathbf{X}$，可以在不同的视点下进行投影。如图 2.1 所示，设两个不同视点下对应的摄像机矩阵分别为 $\mathbf{P}_\alpha, \mathbf{P}_\beta$，两视点下的图像为 $\mathcal{I}_\alpha, \mathcal{I}_\beta$，场景点对应的图像点分别为 $\mathbf{x}_\alpha, \mathbf{x}_\beta$，则有

$$\begin{cases} \mathbf{P}_\alpha\mathbf{X} = \lambda_\alpha\mathbf{x}_\alpha \\ \mathbf{P}_\beta\mathbf{X} = \lambda_\beta\mathbf{x}_\beta \end{cases} \tag{2.12}$$

同一场景点 $\mathbf{X}$ 在图像 $\mathcal{I}_\alpha$ 与 $\mathcal{I}_\beta$ 中对应的图像点对 $(\mathbf{x}_\alpha, \mathbf{x}_\beta)$ 称为图像匹配点对,简称匹配点或匹配对。

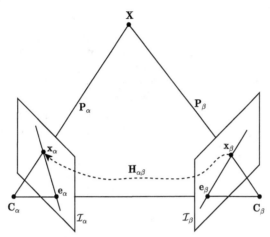

图 2.1　摄像机投影与单应变换

从式 (2.12) 中消去场景点 $\mathbf{X}$ 可得

$$\mathbf{x}_\alpha = \frac{\lambda_\beta}{\lambda_\alpha}\mathbf{P}_\alpha\mathbf{P}_\beta^\dagger\mathbf{x}_\beta \tag{2.13}$$

其中,$(\cdot)^\dagger$ 表示取矩阵的广义逆。引入映射 $\mathbf{H}_{\alpha\beta} : \mathcal{I}_\beta \longrightarrow \mathcal{I}_\alpha$,即

$$\mathbf{H}_{\alpha\beta} = \frac{\lambda_\beta}{\lambda_\alpha}\mathbf{P}_\alpha\mathbf{P}_\beta^\dagger \sim \mathbf{P}_\alpha\mathbf{P}_\beta^\dagger$$
$$\mathbf{x}_\alpha \sim \mathbf{H}_{\alpha\beta}\mathbf{x}_\beta \tag{2.14}$$

称 $\mathbf{H}_{\alpha\beta}$ 为从图像 $\mathcal{I}_\beta$ 到图像 $\mathcal{I}_\alpha$ 的单应变换矩阵 (homography transformation matrix),它是一个 3×3 的二维射影变换矩阵,联系着匹配的图像点对 $(\mathbf{x}_\alpha, \mathbf{x}_\beta)$,在基于配准的图像拼接算法中至关重要。各种常用的摄像机标定方法都是依据匹配点对来确定摄像机的内参数与外参数的。

此外,如果在式 (2.12) 中已知摄像机矩阵 $\mathbf{P}_\alpha, \mathbf{P}_\beta$ 以及匹配点对 $(\mathbf{x}_\alpha, \mathbf{x}_\beta)$,那么可以构造线性方程

$$\begin{bmatrix} \mathbf{P}_\alpha & -\mathbf{x}_\alpha & \mathbf{0} \\ \mathbf{P}_\beta & \mathbf{0} & -\mathbf{x}_\beta \end{bmatrix} \begin{bmatrix} \mathbf{X} \\ \lambda_\alpha \\ \lambda_\beta \end{bmatrix} = \mathbf{0} \tag{2.15}$$

这是形如 $\mathbf{Ax} = \mathbf{0}$ 的线性代数方程,利用奇异值分解 (singular value decomposition,SVD) 即可求出场景点 $\mathbf{X}$ 以及射影深度 $\lambda_\alpha, \lambda_\beta$。这种从摄像机对与匹配点对求场景点的方法称为三角原理[13],它是三维重建的基础。

有关针孔摄像机模型与成像中常用的数学符号如表 2.1 所示。

表 2.1　针孔摄像机模型与成像中常用的数学符号

符号	含义
$\mathbb{R}^{m \times n}$	m 行 n 列 (尺寸为 $m \times n$) 的实数矩阵集合
$\mathcal{I}_\alpha$	摄像机在视点 α 下采集的图像
$\mathbf{H}_\alpha^\beta \equiv \mathbf{H}_{\alpha\beta} \in \mathrm{PGL}(2, \mathbb{R})$	二维单应变换矩阵，$\mathbf{H}_{\alpha\beta} : \mathcal{I}_\beta \to \mathcal{I}_\alpha$，$\mathbf{H}_{\alpha\beta} \in \mathrm{PGL}(2, \mathbb{R})$
$\boldsymbol{x} = [u, v]^{\mathrm{T}}$	图像点的非齐次坐标表示，$\boldsymbol{x} \in \mathbb{R}^{2 \times 1}$
$\mathbf{x} = [x_1, x_2, w]^{\mathrm{T}}$	图像点的齐次坐标表示，$\mathbf{x} \in \mathrm{R}\mathbb{P}^2$
$\boldsymbol{X} = [X, Y, Z]^{\mathrm{T}}$	世界点的非齐次坐标表示，$\boldsymbol{X} \in \mathbb{R}^{3 \times 1}$
$\mathbf{X} = [X_1, X_2, X_3, W]^{\mathrm{T}}$	世界点的齐次坐标表示，$\mathbf{X} \in \mathrm{R}\mathbb{P}^3$
$(\mathbf{x}, \mathbf{x}')$，$\left(\mathbf{x}_\alpha^j, \mathbf{x}_\beta^j\right)$	两幅图像上的匹配点：$\mathbf{x}, \mathbf{x}_\alpha^j \in \mathcal{I}_\alpha$；$\mathbf{x}', \mathbf{x}_\beta^j \in \mathcal{I}_\beta$
$d(\boldsymbol{x}, \boldsymbol{y}) = \|\boldsymbol{x} - \boldsymbol{y}\|$	两个图像点间的距离 (采用非齐次坐标计算)
$(\mathbf{x}, \mathbf{x}', \mathbf{x}'')$，$\left(\mathbf{x}_\alpha^j, \mathbf{x}_\beta^j, \mathbf{x}_\gamma^j\right)$	三幅图像上的匹配点：$\mathbf{x}, \mathbf{x}_\alpha^j \in \mathcal{I}_\alpha$；$\mathbf{x}', \mathbf{x}_\beta^j \in \mathcal{I}_\beta$；$\mathbf{x}'', \mathbf{x}_\gamma^j \in \mathcal{I}_\gamma$
$K \in \mathbb{R}^{3 \times 3}$	摄像机内参数矩阵
$R \in \mathrm{SO}(3, \mathbb{R})$	旋转矩阵，摄像机取向或姿态
$t \in \mathbb{R}^{3 \times 1}$	位移向量，摄像机位移
$[R \mid t]$	摄像机外参数矩阵
$\mathbf{P} = K[R \mid t]$	摄像机矩阵
f_x, f_y	摄像机内参数中的等效数字焦距
c_x, c_y	摄像机内参数中的主点在像面上的坐标
s	像素倾斜因子，$s \approx 0$
k_1, k_2	摄像机镜头的径向畸变系数
p_1, p_2	摄像机镜头的切向畸变系数

2.3　极几何与两视点图像三维重建

2.3.1　极几何

在三维重建中，对于基线长度不为零的两个不同视点下的两帧图像，极几何确立了两者间的约束关系，它不依赖于场景结构，只与摄像机矩阵有关 [13]。这种约束既可以用于模型参数估计，又可以用于射影三维重建。

如图 2.2 所示，假设摄像机在两个不同视点处采集的图像为 $\mathcal{I}_\alpha$、$\mathcal{I}_\beta$，相应的摄像机投影矩阵为 $\mathbf{P}_\alpha$、$\mathbf{P}_\beta$，场景点 $\mathbf{X}$ 在摄像机矩阵的投影下得到的图像点分别为 $\mathbf{x}_\alpha$、$\mathbf{x}_\beta$，$\mathbf{C}_\alpha$、$\mathbf{C}_\beta$ 是摄像机的光心，连线 $\overline{\mathbf{C}_\alpha \mathbf{C}_\beta}$ 是基线 (base line)。基线与像面的交点分别为 $\mathbf{e}_\alpha$、$\mathbf{e}_\beta$，这两个点称为极点 (epipole)。极点与图像点的连线 $\mathbf{l}_\alpha$、$\mathbf{l}_\beta$ 称为极线 (epipolar line)，而且满足

$$\begin{cases} \mathbf{l}_\alpha = \mathbf{e}_\alpha \times \mathbf{x}_\alpha = [\mathbf{e}_\alpha]_\times \mathbf{x}_\alpha \\ \mathbf{l}_\beta = \mathbf{e}_\beta \times \mathbf{x}_\beta = [\mathbf{e}_\beta]_\times \mathbf{x}_\beta \end{cases} \tag{2.16}$$

由于 $\mathbf{x}_\beta$ 在极线 $\mathbf{l}_\beta$ 上，所以 $\langle \mathbf{x}_\beta | \mathbf{l}_\beta \rangle = 0$。由式 (2.13) 可得

$$0 = \langle \mathbf{x}_\beta | \mathbf{l}_\beta \rangle = \mathbf{x}_\beta^{\mathrm{T}} \mathbf{l}_\beta = \mathbf{x}_\beta^{\mathrm{T}} [\mathbf{e}_\beta]_\times \mathbf{x}_\beta = \mathbf{x}_\beta^{\mathrm{T}} [\mathbf{e}_\beta]_\times \frac{\lambda_\alpha}{\lambda_\beta} \mathbf{P}_\beta \mathbf{P}_\alpha^\dagger \mathbf{x}_\alpha$$

令

$$\mathbf{F}_{\beta\alpha} \triangleq [\mathbf{e}_\beta]_\times \mathbf{P}_\beta \mathbf{P}_\alpha^\dagger = [\mathbf{e}_\beta]_\times \mathbf{H}_{\beta\alpha} \tag{2.17}$$

则有

$$\mathbf{x}_\beta^{\mathrm{T}} \mathbf{F}_{\beta\alpha} \mathbf{x}_\alpha = 0 \tag{2.18}$$

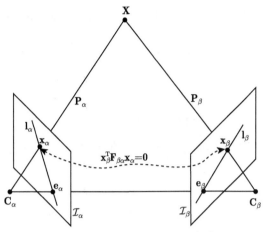

图 2.2 两视点下的极几何关系

矩阵 $\mathbf{F}_{\beta\alpha}$ 称为基本矩阵 (fundamental matrix)。由对称性可知

$$\mathbf{F}_{\beta\alpha} = \mathbf{F}_{\alpha\beta}^{\mathrm{T}} \tag{2.19}$$

对于极线与极点,则有

$$\mathbf{l}_{\beta} = \mathbf{F}_{\beta\alpha}\mathbf{x}_{\alpha} \tag{2.20}$$

$$\mathbf{l}_{\alpha} = \mathbf{F}_{\beta\alpha}^{\mathrm{T}}\mathbf{x}_{\beta} \tag{2.21}$$

$$\mathbf{F}_{\beta\alpha}\mathbf{e}_{\alpha} = \mathbf{0} \tag{2.22}$$

$$\mathbf{F}_{\beta\alpha}^{\mathrm{T}}\mathbf{e}_{\beta} = \mathbf{0} \tag{2.23}$$

由式 (2.18) 可得

$$(\mathbf{x}_{\beta} \otimes \mathbf{x}_{\alpha})^{\mathrm{T}} \operatorname{vec}(\mathbf{F}_{\beta\alpha}) = \mathbf{0} \tag{2.24}$$

当有 n 个匹配点对 $\left\{\left(\mathbf{x}_{\beta}^{k}, \mathbf{x}_{\alpha}^{k}\right)\right\}_{k=1}^{n}$ 时,利用式 (2.24),可以得到线性方程组

$$\begin{bmatrix} (\mathbf{x}_{\beta}^{1} \otimes \mathbf{x}_{\alpha}^{1})^{\mathrm{T}} \\ (\mathbf{x}_{\beta}^{2} \otimes \mathbf{x}_{\alpha}^{2})^{\mathrm{T}} \\ \vdots \\ (\mathbf{x}_{\beta}^{n} \otimes \mathbf{x}_{\alpha}^{n})^{\mathrm{T}} \end{bmatrix} \operatorname{vec}(\mathbf{F}_{\beta\alpha}) = \mathbf{0} \tag{2.25}$$

借助于奇异值分解即可估计出基本矩阵。常用的算法有 7 点算法 ($n = 7$)、8 点算法 ($n \geqslant$ 8) 以及归一化的 8 点算法 [7,13]。估计出基本矩阵之后即可利用式 (2.20)~式 (2.23) 得到极点与极线。

2.3.2 绝对二次曲线及其对偶

在三维建模中,利用基本矩阵只能恢复场景的射影结构,无法获得其度量结构。如果要将射影重建提升到度量重建,则必须给定绝对二次曲线的图像。在 Euclid 坐标系下,绝

对二次曲线 $\boldsymbol{\Omega}^*$ 是度量平面 $\boldsymbol{\pi}_\infty = [0,0,0,1]^{\mathrm{T}}$ 上的点二次曲线, 满足 [13,23]

$$
\begin{cases}
X_1^2 + X_2^2 + X_3^2 = 0 \\
X_4 = 0
\end{cases}
$$

即

$$
\boldsymbol{\Omega}^* = \mathrm{diag}(1,1,1,0) \tag{2.26}
$$

$\boldsymbol{\Omega}^*$ 在相似变换下会保持不变。对偶的绝对二次曲线在摄像机投影下的图像 (image of the absolute conic, IAC) 为

$$
\boldsymbol{\omega}^* = \boldsymbol{\omega}^{-1} = \mathbf{P}\boldsymbol{\Omega}^*\mathbf{P}^{\mathrm{T}} \tag{2.27}
$$

在 Euclid 坐标系下 IAC 直接与摄像机内参数相关, 其关系是

$$
\boldsymbol{\omega}^* = \boldsymbol{\omega}^{-1} = \boldsymbol{K}\boldsymbol{K}^{\mathrm{T}} \tag{2.28}
$$

IAC 与坐标基的选取无关, 这是其称呼中 "绝对" 二字的含义。矩阵 $\boldsymbol{\omega} = (\boldsymbol{K}\boldsymbol{K}^{\mathrm{T}})^{-1}$ 在三维重建中可以用来将仿射重建提升到度量重建。

2.3.3 射影重建定理

一般来说, 在多视点三维重建中有两种获得场景三维结构的方法 [13]: 一种是直接重建方法, 另一种是分层重建 (stratified reconstruction) 方法。直接重建方法是在已知摄像机矩阵 $\mathbf{P}$ 的情况下, 由图像对应关系计算出场景的三维度量结构, 这需要在场景中放置精密的标定物来确定摄像机的投影矩阵。分层重建方法则是 Faugeras [30] 在 1995 年提出的, 目前已经是三维重建中的最常用的办法 [7,13]。从二维图像空间到三维 Euclid 空间可以通过逐次提升得到, 先利用三角原理确立射影重建, 然后借助各种约束条件依次提升到仿射重建、度量重建 (Euclid 重建)。从理论上来看, 各种意义下的重建都基于下述定理 [13]。

定理 2.3.1 (射影重建定理) 假定 $\left\{\left(\mathbf{x}_\alpha^k, \mathbf{x}_\beta^k\right)\right\}_{k=1}^m$ 是两幅图像 $(\mathcal{I}_\alpha, \mathcal{I}_\beta)$ 中的对应点, 而且基本矩阵 $\mathbf{F}_{\beta\alpha}$ 由条件

$$
(\mathbf{x}_\beta^k)^{\mathrm{T}}\mathbf{F}_{\beta\alpha}\mathbf{x}_\alpha^k = \mathbf{0}, \quad \forall\, k \in \{1,2,\cdots,m\}
$$

唯一地确定。令 $\left\langle \mathbf{P}_\alpha, \mathbf{P}_\beta, \{X_{\mathrm{I}}^k\} \right\rangle$ 与 $\left\langle \mathbf{P}'_\alpha, \mathbf{P}'_\beta, \{X_{\mathrm{II}}^k\} \right\rangle$ 是对应于匹配点集合 $\left\{\left(\mathbf{x}_\alpha^k, \mathbf{x}_\beta^k\right)\right\}_{k=1}^m$ 的两个重建结果, 则存在矩阵 $\mathbf{H} \in \mathrm{GL}(4,\mathbb{R}) : \mathbb{RP}^3 \to \mathbb{RP}^3$ 使得

$$
\begin{cases}
\mathbf{P}_\alpha = \mathbf{P}'_\alpha \mathbf{H}^{-1} \\
\mathbf{P}_\beta = \mathbf{P}'_\beta \mathbf{H}^{-1}
\end{cases}
$$

并且除了使 $\mathbf{F}_{\beta\alpha}\mathbf{x}_\alpha^k = \mathbf{F}_{\beta\alpha}^{\mathrm{T}}\mathbf{x}_\beta^k = \mathbf{0}$ 的那些 k 以外, 对其余每个 k 都有

$$
\mathbf{X}_{\mathrm{I}}^k = \mathbf{H}\mathbf{X}_{\mathrm{II}}^k
$$

简单地说, 对于任意的可逆矩阵 $\mathbf{H}$, 摄像机投影方程具有的等价性:

$$
\mathbf{P}\mathbf{X} = \lambda\mathbf{x} \Longleftrightarrow (\mathbf{P}\mathbf{H}^{-1})(\mathbf{H}\mathbf{X}) = \lambda\mathbf{x} \tag{2.29}
$$

导致了"摄像机矩阵–场景点"对 $(\mathbf{P}, \mathbf{X})$ 与 $(\mathbf{PH}^{-1}, \mathbf{HX})$ 的等价性。这种等价性既导致了射影重建的含糊性，也带来了相当的好处：采用合适的约束条件来选择变换 $\mathbf{H}$，从而可以将射影重建提升到仿射重建、度量重建（Euclid 重建）。一般来说，射影重建定理在三维重建算法设计中具有两个基本作用：实现分层重建和实现三维坐标配准。

2.4　图像序列的三维重建

基于图像序列的三维表面重建的核心问题是利用图像序列中包含的几何约束关系来解算世界坐标系下的场景点坐标，确定摄像机在不同视点下的运动参数 (完整的摄像机矩阵)。摄像机在不同视点下确立的图像特征点间的对应关系可以用来确定物理场景的几何结构以及摄像机的运动参数，这个问题在计算机视觉中称为结构与运动恢复 (structure and motion recovery)。对于无线胶囊内镜 (wireless capsule endoscopy，WCE) 图谱的三维重建，同样存在结构与运动恢复问题。WCE 所在的管状消化道场景的特殊性使得在三维重建中结构与运动恢复问题变得更加困难。

2.4.1　结构与运动初始化

场景与运动恢复的第一个步骤是选择合适的两幅图像作为图像序列处理的基准，确立重建的基本类型与参考坐标系，为图像序列三维重建的递推算法提供初始化条件。Pollefeys 指出 [24,31]，在选择用于结构与运动计算的图像对时需要考虑两个基本准则。

(1) 对应点准则。

准则 1 (图像对应点数量)　相继的两视点图像应当具有足够多匹配的图像特征点。

(2) 基线准则。

准则 2 (三维重建与基线)　相继两视点的间距不能过短 (要有足够宽的基线)，否则初始的场景结构将是病态的结果。

对于一般的视频图像，相继的两帧图像相当接近，视点间的基线相对于光心到场景点的距离而言非常之小，极几何的计算是病态的结果。解决此问题的办法是通过选取关键帧来进行计算。对于 WCE 而言，由于帧率很低 (2 ～ 3 fps)，场景点离摄像机镜头非常近 (部分场景区域是几乎贴着内镜镜头)，而且胶囊摄像机在不停地运动，这使得相继两帧图像之间的极几何计算通常不会出现病态，关键帧的选取较为简单，多数情况下可以直接选取所有图像帧。

1. 初始帧与射影摄像机矩阵对

从视频序列中选取两帧具有良好极几何结构的图像即可确定一个三维参考坐标系。通常选第一帧图对应的摄像机光心位置为世界坐标系的原点，其余各帧图像点对应的场景点都按世界坐标系进行配准。在选取第一帧与第二帧图像对应的摄像机矩阵时，通常按照式 (2.18) 给出以下极几何约束：

$$\mathbf{x}_2^{\mathrm{T}} \mathbf{F}_{21} \mathbf{x}_1 = 0, \quad \mathbf{x}_1 \in \mathcal{I}_1, \mathbf{x}_2 \in \mathcal{I}_2$$

做如下规定：

$$
\begin{cases}
\mathbf{P}_1 = \begin{bmatrix} \mathbb{1}_3 & \mathbf{0}_{3 \times 1} \end{bmatrix} \\
\mathbf{P}_2 = \begin{bmatrix} [\mathbf{e}_2]_\times \mathbf{F}_{21} + \mathbf{e}_2 \boldsymbol{v}^\mathrm{T} & \sigma \mathbf{e}_2 \end{bmatrix} = \begin{bmatrix} \mathbf{H}_{21}(\boldsymbol{v}) & \sigma \mathbf{e}_2 \end{bmatrix}
\end{cases}
\tag{2.30}
$$

其中，$\boldsymbol{v} \in \mathbb{R}^{3 \times 1}, \sigma \in \mathbb{R}, \sigma > 0, \mathbf{e}_2 \in \mathcal{I}_2, \mathbf{F}_{12}\mathbf{e}_2 = \mathbf{F}_{21}^\mathrm{T}\mathbf{e}_2 = \mathbf{0}$。极几何只能确定基本矩阵 $\mathbf{F}_{21}$ 与极点 $\mathbf{e}_2$，向量 $\boldsymbol{v}$ 决定参考平面的位置 (即仿射重建或度量重建中的无穷远平面)，σ 决定重建中的全局尺度因子。对于仿射重建、度量重建以及图像拼接算法，可以取

$$
\begin{cases}
\mathbf{H}_{21} = [\mathbf{e}_2]_\times \mathbf{F}_{21} + \mathbf{e}_2 \boldsymbol{a}^\mathrm{T} \\
\boldsymbol{a} = \arg\min_{\boldsymbol{v}} \sum_i d(\mathbf{H}_{21}(\boldsymbol{v})\mathbf{x}_1^i, \mathbf{x}_2^i)
\end{cases}
\tag{2.31}
$$

其中，$\mathbf{x}_1^i$ 与 $\mathbf{x}_2^i$ 是场景点 $\mathbf{X}^i$ 在图像 $\mathcal{I}_1$ 与 $\mathcal{I}_2$ 上的投影。最简单的取法是采用如下默认的参数设置：

$$
\begin{cases}
\sigma = 1 \\
\boldsymbol{v} = \mathbf{0}
\end{cases}
\tag{2.32}
$$

这样一来，可以得到标准射影摄像机矩阵对

$$
\begin{cases}
\mathbf{P}_1 = \begin{bmatrix} \mathbb{1}_3 & \mathbf{0}_{3 \times 1} \end{bmatrix} \\
\mathbf{P}_2 = \begin{bmatrix} [\mathbf{e}_2]_\times \mathbf{F}_{21} & \mathbf{e}_2 \end{bmatrix}
\end{cases}
\tag{2.33}
$$

2. 结构初始化

在确定出射影摄像机矩阵对 $(\mathbf{P}_1, \mathbf{P}_2)$ 之后，可以采用式 (2.15) 给出的三角原理由匹配点对 $(\mathbf{x}_1, \mathbf{x}_2)$ 恢复出场景点 $\mathbf{X}$。不过由于图像噪声的影响，得到的是带有噪声污染的图像点，即

$$
\mathbf{P}_k \mathbf{X} \sim \hat{\mathbf{x}}_k = \mathbf{x}_k + \mathbf{n}_k
$$

其中，$\mathbf{n}_k$ 是图像噪声向量。为了抑制噪声带来的扰动，在实际计算时还要考虑非线性优化。对于未标定的射影摄像机矩形对，最小化应当在图像坐标域进行，即使得二维重投影误差最小[13,31]

$$
\min \sum_{k=1}^{2} |d(\mathbf{x}_k, \mathbf{P}_k\mathbf{X})|^2
\tag{2.34}
$$

其中，$d(\mathbf{x}, \mathbf{y})$ 代表两个图像点 $\mathbf{x}$ 与 $\mathbf{y}$ 间的距离①。为了降低计算复杂度，可以采用极线约束来寻求最优点，这可以将三维优化问题转化为一维优化问题。事实上，式 (2.34) 等价于

$$
\min_{\alpha} \sum_{k=1}^{2} |d(\mathbf{x}_k, \mathbf{l}_k(\alpha))|^2
\tag{2.35}
$$

---

① 考虑到图像点通常采用齐次坐标，实际计算时采用其非齐次坐标来计算，即

$$
d(\boldsymbol{x}, \boldsymbol{y}) = \|\boldsymbol{x} - \boldsymbol{y}\|
$$

其中，$l_1(\alpha)$ 与 $l_2(\alpha)$ 是极线，α 是确定极平面的参数，极线均依赖于参数 α。非线性约束将得到一个六次代数方程，可以求得数值解。在图像 $\mathcal{I}_1$ 中，从极线 l_1 上选取离 $\mathbf{x}_1$ 最近的点作为 $\mathbf{X}$ 在 $\mathcal{I}_1$ 上的投影点；在图像 $\mathcal{I}_2$ 中，从极线 l_2 上选取离 $\mathbf{x}_2$ 最近的点作为 $\mathbf{X}$ 在 $\mathcal{I}_2$ 上的投影点。

2.4.2　结构与运动更新

两视点图像下的三维重建方法可以扩展到图像序列，其关键是设计出合理的递推策略，使得在递推中逐次增加视点并重建出更多的三维场景点。

假设用于重建的图像序列是 $\{\mathcal{I}_k\}_{k=1}^{K}$，在第 k 次递推中已经处理了前 k 帧图像 $\{\mathcal{I}_j\}_{j=1}^{k}$，获得了 $k-1$ 个局部坐标系下的三维点集类 $\{\mathfrak{X}_{<j,j+1>}^{\mathrm{loc}}\}_{j=1}^{k-1}$ 及其全局坐标表示 $\{\mathfrak{X}_{<j,j+1>}^{\mathrm{glb}}\}_{j=1}^{k-1}$。所谓增加一个视点是指在第 $k+1$ 次递推中利用新增加的第 $k+1$ 帧图像 $\mathcal{I}_{k+1}$ 获得点集 $\mathfrak{X}_{<k,k+1>}^{\mathrm{loc}}$ 与 $\mathfrak{X}_{<k,k+1>}^{\mathrm{glb}}$。

重建中增加视点需要解决的第一个核心问题是依据射影重建定理确定出射影坐标变换矩阵 $\mathbb{R}^{4\times4} \ni \hat{\mathbf{T}}^k : \mathbb{RP}^3 \to \mathbb{RP}^3$ 与其逆矩阵 $\hat{\mathbf{S}}^k = (\hat{\mathbf{T}}^k)^{-1}$：

$$\begin{cases} \mathbf{P}_k^{\mathrm{glb}}\mathbf{X}_i^{\mathrm{glb}} = \mathbf{P}_k^{\mathrm{ref}}\hat{\mathbf{T}}^k \cdot \hat{\mathbf{S}}^k\mathbf{X}_k^{\mathrm{loc}} = \lambda_k^i\mathbf{x}_k^i \\ \mathbf{P}_{k+1}^{\mathrm{glb}}\mathbf{X}_i^{\mathrm{glb}} = \mathbf{P}_{k+1}^{\mathrm{loc}}\hat{\mathbf{T}}^k \cdot \hat{\mathbf{S}}^k\mathbf{X}_i^{\mathrm{loc}} = \lambda_{k+1}^i\mathbf{x}_{k+1}^i \end{cases} \tag{2.36}$$

其中，$\left(\mathbf{P}_k^{\mathrm{ref}}, \mathbf{P}_k^{\mathrm{loc}}\right)$ 是以第 k 个视点下的摄像机位置为参考点时的局部坐标系下的摄像机矩阵对；$\mathbf{X}_i^{\mathrm{loc}} \in \mathfrak{X}_{<k,k+1>}^{\mathrm{loc}}$ 是第 i 个场景点的局部坐标；$\left(\mathbf{P}_k^{\mathrm{glb}}, \mathbf{P}_k^{\mathrm{glb}}\right)$ 是以第 1 个视点下的摄像机位置为参考点的全局坐标系下的摄像机矩阵对；$\mathbf{X}_i^{\mathrm{glb}} \in \mathfrak{X}_{<k,k+1>}^{\mathrm{glb}}$ 是第 i 个场景点的全局坐标。由射影重建定理可得到摄像机与空间点的坐标配准变换关系：

$$\begin{cases} \mathbf{P}_k^{\mathrm{glb}} = \mathbf{P}_k^{\mathrm{loc}}\hat{\mathbf{T}}^k \\ \mathbf{X}_i^{\mathrm{glb}} = \hat{\mathbf{S}}^k\mathbf{X}_i^{\mathrm{loc}} \end{cases} \tag{2.37}$$

其中，$k = 1, 2, \cdots, N-1$。

在度量重建的意义下，式 (2.37) 中的配准矩阵 $\hat{\mathbf{T}}^k$ 与 $\hat{\mathbf{S}}^k$ 是相似变换，它们具有如下形式：

$$\hat{\mathbf{T}}^k = \begin{bmatrix} \boldsymbol{R}_k & \boldsymbol{t}_k \\ \mathbf{0} & s_k \end{bmatrix} = (\hat{\mathbf{S}}^k)^{-1} \tag{2.38}$$

$$\hat{\mathbf{S}}^k = \begin{bmatrix} \boldsymbol{R}_k^{\mathrm{T}} & -\boldsymbol{R}_k^{\mathrm{T}}\boldsymbol{t}_k s_k^{-1} \\ \mathbf{0} & s_k^{-1} \end{bmatrix} \cong \begin{bmatrix} s_k\boldsymbol{R}_k^{\mathrm{T}} & -\boldsymbol{R}_k^{\mathrm{T}}\boldsymbol{t}_k \\ \mathbf{0} & 1 \end{bmatrix} \tag{2.39}$$

其中，$\boldsymbol{R}_k \in \mathrm{SO}(3, \mathbb{R}), \boldsymbol{t}_k \in \mathbb{R}^{3\times1}, s_k > 0$。

2.4.3　结构与运动的全局优化

两视点重建与视点更新虽然可以解决整个图像序列的运动与结构计算问题，但其求得的结果只是一个初始解，还需要进行全局优化，以消除各个局部信息之间的不一致性以及各种误差,这就是有名的捆绑调整 (bundle adjustment,BA) 方法[32-33],它是典型的非线性大规模数值优化问题。在 SfM 与 SLAM 领域,有成熟的算法软件包可用,Google 公司开发的 CeresSolver[34] 就是其中之一。对于 K 个视点与 N 个空间场景点,捆绑调整指的是求解如下最优化问题:

$$\min_{\mathbf{P}_i, \mathbf{X}^j} \sum_{i=1}^{K} \sum_{j=1}^{N} \left| d(\mathbf{x}_i^j, \mathbf{P}_i \mathbf{X}^j) \right|^2 \tag{2.40}$$

其中,$\mathbf{P}_i \mathbf{X}^j \sim \hat{\mathbf{x}}_i^j = \mathbf{x}_i^j + \text{noise} \in \mathcal{I}_i$。如果图像特征所含的噪声误差是均值为零的独立的加性高斯白噪声,那么捆绑调整与最大似然估计等价。

给定视频图像序列,无须标定摄像机即可求解其仿射场景结构与摄像机矩阵,其算法可以描述如下[24]:

算法 1 射影结构与运动计算

---
1. 对整个图像序列进行特征点匹配或跟踪。
2. 计算初始的场景结构与摄像机运动信息。
   ① 选择合适的两个视点用于计算初始的结构信息与运动参数;
   ② 计算两视点下的基本矩阵以建立图像关联;
   ③ 设定全局参考坐标系;
   ④ 进行两视点重建以获得初始的场景结构。
3. 对每个新增加的视点。
   ① 采用鲁棒的估计算法确定图像匹配点并计算摄像机矩阵;
   ② 改善已重建好的场景结构的精确度;
   ③ (可选) 对于已经处理过的很 "接近" 的视点图像:
      a. 关联此视点与当前视点,计算两视点下的基本矩阵,
      b. 计算新的匹配点并加入 ① 中的特征点集合;
   ④ 利用所有的图像匹配点改善所得到的摄像机矩阵;
   ⑤ 计算新增加的场景点的初始值。
4. 利用捆绑调整进行场景结构与摄像机参数的优化。

2.4.4 度量重建

生活经验表明,人类的大脑可以直接通过二维图像序列判断物体的形状 (即大脑依据经验实现三维重建),但是在不给出比例尺或者是参照物的情况下难以确定其实际的尺寸。从计算机视觉的角度来看,这个问题的实质是三维重建所得的模型与实际情况相差一个整体的尺度变换。生活经验告诉我们的另一个事实是我们无法从图像中辨别绝对方向和绝对坐标 (相对地球参考系)。由此可见,理想的重建结果与实际情况相差一个相似变换,这个相似变换被称为度量重建 (metric reconstruction) 或欧氏重建 (Euclidean reconstruction)。定理 2.3.1 指出,可以通过一个三维射影变换 $\mathbf{H}_{\text{p2m}} = \mathbf{H}_{\text{a2m}} \mathbf{H}_{\text{p2a}} \in \mathbb{P}^3$ 将射影重建 $(\mathbf{P}_i, \mathbf{X}^j)$,$i = 1, 2, \cdots, N$ 提升到度量重建 $(\mathbf{P}_i \mathbf{H}, \mathbf{H}^{-1} \mathbf{X}^j)$,其中,$N$ 是视点个数,第 i 个视点对应的摄像机矩阵为

$$\begin{cases} \mathbf{P}_i = [\boldsymbol{A}_i \mid \boldsymbol{b}_i], & i = 2, 3, \cdots, N \\ \mathbf{P}_1 = [\mathbb{1}_3 \mid \mathbf{0}] \end{cases} \tag{2.41}$$

用摄像机的内参数矩阵 $\boldsymbol{K}$ 可以将 $\mathbf{H}$ 表示为

$$\mathbf{H} = \begin{bmatrix} \boldsymbol{K} & \mathbf{0} \\ -\boldsymbol{p}^{\mathrm{T}}\boldsymbol{K} & 1 \end{bmatrix} \tag{2.42}$$

其中，$\boldsymbol{p}$ 是待求的三维向量。由于 $\boldsymbol{K}$ 中有 5 个未知参数，$\boldsymbol{p}$ 中有 3 个未知参数，因此将射影重建提升到度量重建需要求解 8 个参数。度量重建对应的摄像机矩阵可以表示为 $\mathbf{P}_i = \boldsymbol{K}_i[\boldsymbol{R}_i \mid \boldsymbol{t}_i]$。由此可以得到

$$\boldsymbol{K}_i[\boldsymbol{R}_i, \boldsymbol{t}_i] = [\boldsymbol{A}_i, \boldsymbol{b}_i] \begin{bmatrix} \boldsymbol{K}_i & \mathbf{0} \\ -\boldsymbol{p}^{\mathrm{T}}\boldsymbol{K}_i & 1 \end{bmatrix} \tag{2.43}$$

利用分块矩阵乘法可以得到

$$\boldsymbol{K}_i\boldsymbol{R}_i = (\boldsymbol{A}_i - \boldsymbol{b}_i\boldsymbol{p}_i^{\mathrm{T}})\boldsymbol{K}_i \tag{2.44}$$

以及

$$\boldsymbol{K}_i\boldsymbol{t}_i = \boldsymbol{b}_i \tag{2.45}$$

对式 (2.44) 两边取矩阵转置可得

$$\boldsymbol{R}_i^{\mathrm{T}}\boldsymbol{K}_i^{\mathrm{T}} = \boldsymbol{K}_i^{\mathrm{T}}(\boldsymbol{A}_i - \boldsymbol{b}_i\boldsymbol{p}_i^{\mathrm{T}})^{\mathrm{T}} \tag{2.46}$$

由于 $\boldsymbol{R}_i \in \mathrm{SO}(3,\mathbb{R})$，因此 $\boldsymbol{R}_i^{\mathrm{T}}\boldsymbol{R}_i = \mathbb{1}_3$。式 (2.44) 与式 (2.46) 相乘可以得到

$$\boldsymbol{K}_i\boldsymbol{K}_i^{\mathrm{T}} = \boldsymbol{K}_i^{\mathrm{T}}(\boldsymbol{A}_i - \boldsymbol{b}_i\boldsymbol{p}_i^{\mathrm{T}})^{\mathrm{T}}(\boldsymbol{A}_i - \boldsymbol{b}_i\boldsymbol{p}_i^{\mathrm{T}})\boldsymbol{K}_i \tag{2.47}$$

由于绝对二次曲面 $\boldsymbol{Q}_\infty^*$ 的投影是 DIAC(绝对二次曲线的对偶图像)$\boldsymbol{\omega}_i^* = \boldsymbol{K}_i\boldsymbol{K}_i^{\mathrm{T}}$，即

$$\boldsymbol{\omega}_i^* \sim s\boldsymbol{\omega}_i^* = \mathbf{B}\boldsymbol{Q}_\infty^*\mathbf{B}^{\mathrm{T}} \tag{2.48}$$

其中，s 是显式的齐次因子，$\mathbf{B}: \mathbb{RP}^3 \to \mathbb{RP}^2$ 是一个 3×4 的射影摄像机矩阵。

DIAC 在射影坐标系下的形式为

$$\boldsymbol{Q}_\infty^* = \mathbf{H} \begin{bmatrix} \mathbb{1}_3 & \mathbf{0} \\ \mathbf{0}^{\mathrm{T}} & 0 \end{bmatrix} \mathbf{H}^{\mathrm{T}} \tag{2.49}$$

利用约束条件估计出 $\boldsymbol{Q}_\infty^*$ 即可估计出 $\mathbf{H}$。

2.4.5 分层重建：从射影重建到度量重建

考虑到诸如 WCE 图谱的三维建模与三维视觉测量的实际需求，重建中真正需要的是度量重建而非最一般意义下的射影重建。分层重建方法可以将射影重建提升为度量重建，提升的关键是获得摄像机内参数信息，即确定出每个视点下的内参数矩阵。鉴于胶囊内镜在拍摄视频图像时其镜头的焦距是完全固定的，体内环境对于镜头参数的影响可以忽略，因此可以认为内参数矩阵不随视点而改变，按第 1 章中的记号，可以将内参数矩阵记为 $\boldsymbol{K}$。

从射影重建提升到度量重建可以分为两步来实现：

(1) 从射影重建提升到仿射重建。先计算无穷远平面 $\boldsymbol{\pi}_\infty = [0,0,0,1]^{\mathrm{T}} \in \mathbb{R}^{4\times 1}$，确定出提升矩阵

$$\mathbf{H}_{\mathrm{p2a}} = \begin{bmatrix} \mathbb{1}_3 & | & \mathbf{0}_{3\times 1} \\ & \boldsymbol{\pi}_\infty^{\mathrm{T}} & \end{bmatrix} \in \mathbb{R}^{4\times 4} \tag{2.50}$$

这里下标 a 代表仿射重建 (affine reconstruction)，下标 p 代表射影重建 (projective reconstruction)。最后利用摄像机矩阵与提升矩阵确定仿射摄像机矩阵为

$$\mathbf{P}_{\mathrm{a}} = \mathbf{P} \cdot \mathbf{H}_{\mathrm{p2a}}^{-1} = [\boldsymbol{M} \mid \boldsymbol{m}] \in \mathbb{R}^{3\times 4} \tag{2.51}$$

其中，$\boldsymbol{M} \in \mathbb{R}^{3\times 3}, \boldsymbol{m} \in \mathbb{R}^{3\times 1}$。

(2) 从仿射重建提升到度量重建。先计算 IAC 矩阵 $\boldsymbol{\omega} = (\boldsymbol{KK}^{\mathrm{T}})^{-1} = \boldsymbol{K}^{-\mathrm{T}}\boldsymbol{K}^{-1}$，利用关系

$$\boldsymbol{AA}^{\mathrm{T}} = (\boldsymbol{M}^{\mathrm{T}}\boldsymbol{\omega}\boldsymbol{M})^{-1} \tag{2.52}$$

与矩阵的 Cholesky 分解求出矩阵 $\boldsymbol{A}$；然后确定提升矩阵为

$$\mathbf{H}_{\mathrm{a2m}} = \begin{bmatrix} \boldsymbol{A}^{-1} & \mathbf{0}_{3\times 1} \\ \mathbf{0}_{1\times 3} & 1 \end{bmatrix} \tag{2.53}$$

这里下标 m 代表度量重建 (metric reconstruction)。最后获得度量重建下的摄像机矩阵为

$$\begin{aligned} \mathbf{P}_{\mathrm{m}} &= \mathbf{P}_{\mathrm{a}} \cdot \mathbf{H}_{\mathrm{a2m}}^{-1} \\ &= \mathbf{P} \cdot \mathbf{H}_{\mathrm{p2a}}^{-1} \cdot \mathbf{H}_{\mathrm{a2m}}^{-1} \end{aligned} \tag{2.54}$$

图 2.3 给出了三视点下摄像机自标定与三维度量重建的两个示例。

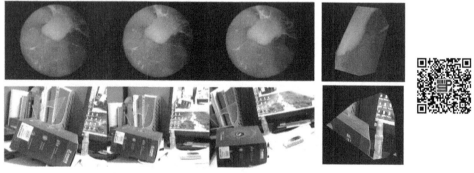

图 2.3　三视点摄像机内参数自标定与三维度量重建

2.4.6　稀疏重建与稠密重建

利用稀疏的特征匹配点对重建出的三维点云通常都是稀疏①的三维点集合。作为极好的演示工具，Noah Snavely 开发的工具包 Bundler[35] 能够实现同一个摄像机在不同视点

---

① 这里"稀疏"的含义与日常生活中的理解相同，不是数学理论中稀疏点集 (与稠密点集合相对应) 的含义。

处拍摄的无序图片序列的稀疏三维度量重建，肖健雄[36] 的 MATLAB 版三维重建演示程序 SFMedu 也是值得学习的入门材料。如果需要得到更密集的点，可以使用另外一个集成了 Bundler 的软件包 PMVS2，它由 Furukawa 等[37] 所开发，可以获得更加稠密的三维重建效果。PMVS2 的缺点是对于图片序列的数量与内存的使用有限制，为了解决这个问题，Furukawa[38] 又开发出集成了 Bundler 与 PMVS2 的新工具 CMVS。鉴于 GPU 的强大计算能力，Wu[39] 开发了基于 GPU 的 VisualSFM，该工具可谓博采众长，集成了 Bundler、PMVS、CMVS 和 GPU 的优势，而且做到了跨平台开发，支持 Windows、Linux 及 Mac OS 三大操作系统。比较新的开源的三维重建工具是 OpenMVG[40] 与 OpenMVS[41]，这两个工具也都是支持多种操作系统的好工具，虽然不是一个团队开发的，但是它们组合在一起却恰好完成了三维重建的整个流程。

本章小结

本章简要介绍了作为视觉场景二维与三维建模基础的多视图几何概念，主要内容包括：数字图像的数学描述、小孔成像与针孔摄像机模型、极几何与两视点图像三维重建以及针对图像序列的三维重建概念。理解全部内容的关键在于两视点图像的极几何以及射影重建定理。读者如果想继续深入了解多视图几何的基本知识，请参阅 Hartley 与 Zisserman 合著的经典著作 *Multiple View Geometry in Computer Vision* (2nd edition)[13]。对于三维重建过程的编程实现感兴趣的读者，可以试试本章提到的一些开源的三维重建工具，如 OpenMVG、OpenMVS、VisualSFM 等。

第 3 章
视觉建模的底层算法

对于视觉建模问题而言，底层算法的内容非常丰富，主要体现在最优化算法与特征分析 (含特征抽取与匹配) 两个方面。本章内容主要取材于本书作者课题组的部分研究成果 [42-47]，包括以下内容：

- 尺度最小二乘法与 Levenberg-Marquardt 算法；
- 彩色图像的帧间单应估计算法；
- 图像特征分析简介；
- 实时处理中的特征均匀化方法；
- SIFT 类特征的快速匹配算法。

3.1 线性模型参数估计的优化算法

Levenberg-Marquardt (LM) 算法 [7,33,48-51] 是介于 Newton 法与梯度下降法之间的一种非线性优化算法，对于过参数化问题不敏感，能有效处理冗余参数问题，使代价函数陷入局部最小值的机会大大减小，这些特性使得 LM 在计算机视觉 (三维重建，运动与结构计算) 等领域得到广泛应用。LM 算法本质上是在迭代过程中把原问题转化为多个最小二乘 (least squares，LS) 问题后再求解。但 LS 算法并不考虑系数矩阵中的噪声扰动，稳健性差。与此相反，数据最小二乘 (data least squares，DLS) 算法只考虑系数矩阵中的噪声扰动，而总体最小二乘 (total least squares，TLS)[19,52-55] 算法则同时考虑了系数矩阵与右端向量中都存在噪声的情况，在信号处理等很多领域得到广泛的应用。2002 年以来提出的尺度总体最小二乘 (scaled total least squares，STLS) 算法 [56-59] 则统一了 LS、DLS 与 TLS 这三种算法。有意思的是，STLS 算法不仅可以从信号处理与拓扑学两个角度解释，而且还可以用来重新解释 LM 算法 [42]。

3.1.1 最小二乘算法的三种基本形式

设 $\boldsymbol{A} \in \mathbb{R}^{m \times n}, \boldsymbol{x} \in \mathbb{R}^{n \times 1}, \boldsymbol{b} \in \mathbb{R}^{m \times 1}$ 分别为系数矩阵、未知向量和右端向量 (在参数估计问题中分别称为数据矩阵、参数向量与观测向量)。LS 是最早求解超定问题

$$\boldsymbol{A}\boldsymbol{x} = \boldsymbol{b} \tag{3.1}$$

的算法。引入右端扰动向量 $\boldsymbol{e} \in \mathbb{R}^{m \times 1}$，可以得到严格等式 $\boldsymbol{A}\boldsymbol{x} = \boldsymbol{b} - \boldsymbol{e}$。当矩阵 $\boldsymbol{A}$ 列满秩，即 $\text{rank}(\boldsymbol{A}) = n$ 时，式 (3.1) 的 LS 解为

$$\boldsymbol{x}_{\text{LS}} = \arg\min_{\boldsymbol{x}} \|\boldsymbol{A}\boldsymbol{x} - \boldsymbol{b}\|_{\text{F}} = \boldsymbol{A}^{\dagger}\boldsymbol{b} = (\boldsymbol{A}^{\text{T}}\boldsymbol{A})^{-1}\boldsymbol{A}^{\text{T}}\boldsymbol{b} \tag{3.2}$$

其中，$\|\cdot\|_{\mathrm{F}}$ 表示矩阵的 Frobenious 范数；$(\cdot)^{\dagger}$ 表示矩阵的广义逆；$(\cdot)^{\mathrm{T}}$ 表示矩阵的转置，对于更一般的复矩阵，则采用共轭转置 $\boldsymbol{A}^{\mathrm{H}}$ 代替 $\boldsymbol{A}^{\mathrm{T}}$。

LS 算法的一种改进形式是 Tikhonov 正则化[60]，在统计学领域也称为 Ridge 回归，其本质是引入阻尼因子对矩阵的条件数进行补偿，使 $\|\boldsymbol{A}\boldsymbol{x}-\boldsymbol{b}\|_{\mathrm{F}}^{2}+\mu\|\boldsymbol{x}\|_{\mathrm{F}}^{2}$ 最小化，即

$$\boldsymbol{x}_{\mathrm{LS}}(\mu)=\arg\min_{\boldsymbol{x}}\|\boldsymbol{A}\boldsymbol{x}-\boldsymbol{b}\|_{\mathrm{F}}^{2}+\mu\|\boldsymbol{x}\|_{\mathrm{F}}^{2}$$
$$=(\boldsymbol{A}^{\mathrm{H}}\boldsymbol{A}+\mu\boldsymbol{I})^{-1}\boldsymbol{A}^{\mathrm{T}}\boldsymbol{b} \tag{3.3}$$

如果在数据矩阵 $\boldsymbol{A}$ 中引入扰动矩阵 $\boldsymbol{E}$ 进行补偿，则可以得到 $(\boldsymbol{A}+\boldsymbol{E})\boldsymbol{x}=\boldsymbol{b}$，由此可得到 DLS 解[57]：

$$\boldsymbol{x}_{\mathrm{DLS}}=\arg\min_{\boldsymbol{E},\boldsymbol{x}}\|\boldsymbol{E}\|_{\mathrm{F}}\quad\text{s.t.}\quad(\boldsymbol{A}+\boldsymbol{E})\boldsymbol{x}=\boldsymbol{b} \tag{3.4}$$

一般情况下，数据矩阵 $\boldsymbol{A}$ 与右端向量同时被噪声污染，无论是 LS 算法还是 DLS 算法，其性能都不能满足实际要求，此时需要用 TLS 算法。TLS 的基本思想可以归纳为[19,53,59]：用扰动向量 $\boldsymbol{e}$ 与扰动矩阵 $\boldsymbol{E}$ 分别去补偿右端观测向量 $\boldsymbol{b}$ 与左端数据矩阵 (设计矩阵) $\boldsymbol{A}$ 中同时存在的噪声的影响，也就是在使 $\|[\boldsymbol{E},\boldsymbol{e}]\|_{\mathrm{F}}$ 最小的意义下求解线性方程：

$$(\boldsymbol{A}+\boldsymbol{E})\boldsymbol{x}=\boldsymbol{b}-\boldsymbol{e} \tag{3.5}$$

令 $\boldsymbol{B}=[\boldsymbol{A},-\boldsymbol{b}]$，$\boldsymbol{D}=[\boldsymbol{E},\boldsymbol{e}]$，$\mathbf{x}=[\boldsymbol{x}^{\mathrm{T}},1]^{\mathrm{T}}$，其中 $\boldsymbol{B}$ 是增广矩阵，$\boldsymbol{D}$ 是扰动矩阵，$\mathbf{x}$ 是 $\boldsymbol{x}$ 对应的齐次向量，式 (3.5) 可以等价为

$$(\boldsymbol{B}+\boldsymbol{D})\mathbf{x}=\mathbf{0} \tag{3.6}$$

求解齐次方程 (3.6) 的 TLS 算法可以表示为如下有约束的优化问题：

$$\min_{\boldsymbol{e},\boldsymbol{E},\boldsymbol{x}}\|[\boldsymbol{E},\boldsymbol{e}]\|_{\mathrm{F}}^{2}\quad\text{s.t.}\quad(\boldsymbol{A}+\boldsymbol{E})\boldsymbol{x}=\boldsymbol{b}-\boldsymbol{e} \tag{3.7}$$

在超定方程的 TLS 解中，可能的情况是：

(1) 矩阵 $\boldsymbol{B}$ 的有效秩为 $p=n$，此时有唯一解。

(2) 矩阵 $\boldsymbol{B}$ 的有效秩为 $p<n$，此时有 $n+1-p$ 个解，多解情况下可以找出某种意义下唯一的 TLS 解，可能的唯一解有两种情形：

① Golub 和 van Loan[19,51] 提出的最小范数解，解向量含 n 个参数；

② Cadzow[18,61] 提出的最优 LS 解，解向量仅包含 p 个参数。

对于 TLS 的解释，有几何解释[53]与子空间解释[62]两个重要方面：

(1) 几何解释涉及最佳线性流形的拟合，这与正交回归给出的结果一致。

(2) 子空间解释涉及噪声的剔除。

事实上，如果矩阵 $\boldsymbol{B}$ 的有效秩为 p，则问题 (3.1) 的 TLS 解属于 $\boldsymbol{B}$ 的 $n+1-p$ 个次奇异向量张成的噪声子空间。若 $\boldsymbol{A}$ 的奇异值为 $\hat{\sigma}_1,\hat{\sigma}_2,\cdots,\hat{\sigma}_n$ 且 $\hat{\sigma}_1\geqslant\hat{\sigma}_2\geqslant\cdots\geqslant\hat{\sigma}_n$，$\boldsymbol{B}$ 的奇异值为 $\sigma_1,\hat{\sigma}_2,\cdots,\sigma_n$ 且 $\sigma_1\geqslant\sigma_2\geqslant\cdots\geqslant\sigma_{n+1}$，则存在交织性质[18,57]：

$$\sigma_1\geqslant\hat{\sigma}_1\geqslant\sigma_2\geqslant\hat{\sigma}_2\geqslant\cdots\geqslant\sigma_n\geqslant\hat{\sigma}_n\geqslant\sigma_{n+1}$$

进一步，若 $\sigma_{n+1}+\varepsilon\geqslant\sigma_{p+1}\geqslant\cdots\geqslant\sigma_{n+1}$ 并且 ε 很小，即 $n+1-p$ 个次奇异值近似相等，则有

$$x_{\mathrm{TLS}} = (A^{\mathrm{T}}A - \sigma_{n+1}^2 I)^{\dagger} A^{\mathrm{T}} b \tag{3.8}$$

因此，TLS 可以解释为一种具有噪声消除作用的 LS 算法：先从协方差矩阵 $A^{\mathrm{T}}A$ 中减去噪声项 $\sigma_{n+1}^2 I$，然后进行矩阵求逆 (最一般情况下是广义逆)，得到 LS 解。考虑到 LS 的 Tikhonov 正则化方法 [60,63]，也可以说 TLS 算法是一种"反"正则化或"逆"Ridge 回归方法。如果无噪声数据矩阵 A_0 被噪声扰动后变为 $A_0 + \Delta A$，当各个维度的噪声不相关而且具有相同方差，即 $\mathrm{E}\{(\Delta A)^{\mathrm{T}}(\Delta A)\} = \sigma_{n+1}^2 I$ 时，TLS 算法非常有效，此时恰好有 $A^{\mathrm{T}}A - \sigma_{n+1}^2 I = A_0^{\mathrm{T}}A_0$。对于独立同分布的 Gauss 白噪声，必然满足这种情况。对于计算机视觉问题，尤其是利用图像进行三维重建这类问题，这一条件通常都能得到保证 [7,13,32-33]。对于 TLS 的性能，Huffel 等 [64] 指出，与 TLS 问题相关的奇异子空间对噪声的敏感度比与 LS 问题相关的奇异子空间对噪声的敏感度低，因此 TLS 解比 LS 解更加精确，更加稳健。Gleser[65] 证明了 TLS 解在观测样本数目 $m \to \infty$ 时，由不可观测的精确关系 $A_0 x = b_0$ 的 m 个观测值得到的 x_{TLS} 以概率 1 收敛于真实参数值 x，而 LS 的解 x_{LS} 不具备这个性质；观测值存在外点 (也叫坏点) 时，例如图像匹配时常发生错误匹配的情况，LS 与 TLS 的性能都会受到很大影响。尤其是 LS，当有外点时，估计性能急剧变差。避免这种问题的有效办法之一是用 RANSAC 方法 [7,13,66] 先剔除外点后再做参数估计，在外点比例大于 50% 时，RANSAC 方法的效果很好。

3.1.2 尺度总体最小二乘算法

LS、DLS 与 TLS 算法给出了求解问题 (3.1) 的三种补偿机制，LS 补偿 b，DLS 补偿 A，TLS 同时补偿 A 与 b，最一般的情形是引入非负因子 γ 以不同的比例同时补偿 A 与 b，这就是 STLS 算法的基本思想。STLS 可以描述为：给定非负因子 γ，求解优化问题

$$\min_{\tilde{E},\tilde{e},\tilde{x}} \|[E, \gamma \tilde{e}]\|_{\mathrm{F}} \quad \mathrm{s.t.} \quad (A + \tilde{E})\tilde{x} = b - \tilde{e} \tag{3.9}$$

对于任意的正有界因子 γ，令 $e \equiv \tilde{e}\gamma, x \equiv \tilde{x}, E \equiv \tilde{E}$，则式 (3.9) 等价于

$$\min_{E,e,x} \|[E, e]\|_{\mathrm{F}} \quad \mathrm{s.t.} \quad (A + E)x\gamma = b\gamma - e \tag{3.10}$$

称满足式 (3.10) 的 $x = x(\gamma)$ 为超定问题 (3.1) 的 STLS 解，此时 $x(\gamma) \cdot \gamma$ 恰好是问题 (3.1) 的 TLS 解，这表明所有求 TLS 解的算法都可以用于求 STLS 解，据此可以给出求解 STLS 问题的最小范数算法，即算法 2。

非负因子 γ 有明确的统计意义：假定 A 中元素受独立同分布且标准差为 σ_A 的噪声污染，b 中元素受独立同分布且标准差为 σ_b 的噪声污染，取

$$\gamma = \frac{\sigma_A}{\sigma_b} \tag{3.11}$$

则 STLS 解能确保模型中的误差具有相同的标准偏差，由此可知 γ 可以解释为噪声强度比。Paige 等 [57,59] 证明了如下结果：

(1) $\gamma = 0$ 时的 STLS 解即是 LS 解。

(2) $\gamma = 1$ 时的 STLS 解即是 TLS 解。

(3) $\gamma \to \infty$ 时的 STLS 解即是 DLS 解。

比较式 (3.7)、式 (3.8) 与式 (3.10)，可得

$$\boldsymbol{x}_{\mathrm{STLS}} = \left(\boldsymbol{A}^{\mathrm{T}}\boldsymbol{A} - \sigma_{n+1}^2(\gamma)\boldsymbol{I}\right)^{\dagger}\boldsymbol{A}^{\mathrm{T}}\boldsymbol{b} \tag{3.12}$$

其中，$\sigma_{n+1}^2(0) = 0$ (LS 算法)，$\sigma_{n+1}^2(1) = \sigma^2$（TLS 算法）。由此得到如下结论：

算法 2　STLS 最小范数解算法

输入： $\boldsymbol{A} \in \mathbb{C}^{m \times n}, \boldsymbol{b} \in \mathbb{C}^{m \times 1}, m \geqslant n$。

输出： 估计线性模型 $\boldsymbol{A}\boldsymbol{x} = \boldsymbol{b}$ 中的参数向量 $\boldsymbol{x}$。

1. 令 $\boldsymbol{b}_{\gamma} = \gamma\boldsymbol{b}, \boldsymbol{B}_{\gamma} = [-\boldsymbol{b}_{\gamma}, \boldsymbol{A}]$，得到新方程：

$$\boldsymbol{A}\boldsymbol{w} = \boldsymbol{b}_{\gamma}$$

2. 计算 $\boldsymbol{B}_{\gamma}$ 的奇异值分解

$$\boldsymbol{B}_{\gamma} = \boldsymbol{U} \cdot \mathrm{diag}(\sigma_1, \sigma_2, \cdots, \sigma_{n+1}) \cdot \boldsymbol{V}^{\mathrm{H}}$$

其中，

$$\boldsymbol{V} = [\boldsymbol{v}_1, \boldsymbol{v}_2, \cdots, \boldsymbol{v}_p, \boldsymbol{v}_{p+1}, \cdots, \boldsymbol{v}_{n+1}]$$

3. 确定 $\boldsymbol{B}_{\gamma}$ 的有效秩 p。

4. while TRUE do

　　① 令

$$\boldsymbol{W} = [\boldsymbol{v}_{p+1}, \boldsymbol{v}_{p+2}, \cdots, \boldsymbol{v}_{n+1}] = \begin{bmatrix} \bar{\boldsymbol{v}}_1 \\ \bar{\boldsymbol{V}} \end{bmatrix}$$

　　其中，$\bar{\boldsymbol{v}}_1$ 是 $\boldsymbol{W}$ 的第一行。

　　② 计算 $\alpha = \|\bar{\boldsymbol{v}}_1\|^2, \boldsymbol{y} = \bar{\boldsymbol{V}} \cdot \bar{\boldsymbol{v}}_1^{\mathrm{H}}$。

　　③ if $\alpha \neq 0$ then

　　　　$\boldsymbol{w}_{\mathrm{TLS}} = \boldsymbol{y}/\alpha$;

　　　　break;

　　else

　　　　$p \leftarrow p - 1$;

5. $\boldsymbol{x}_{\mathrm{STLS}} = \boldsymbol{w}_{\mathrm{TLS}}/\gamma$

定理 3.1.1　STLS 算法可以从信号处理与拓扑学两个角度进行解释：

① STLS 是一种剔除了噪声子空间的 LS 算法，噪声强度由 $\sigma_{n+1}^2(\gamma)$ 表征，噪声子空间则由矩阵 $\sigma_{n+1}^2(\gamma)\boldsymbol{I}$ 描述；

② 从拓扑的角度来看，γ 是个同伦参数，STLS 算法是由 $\gamma = 0$ 时的 LS 算法与 $\gamma = 1$ 时的 STLS 算法得到的一种同伦算法，而且参数的范围从闭区间 $[0,1]$ 扩展为 $[0,\infty]$，其统计意义在于描述了噪声强度比，因此可以认为 STLS 算法是拓扑与统计相结合的产物。

3.1.3　Levenberg-Marquardt 算法

LM 算法 [7, 32, 48] 是计算机视觉领域常用的非线性优化算法，也称为阻尼最小二乘算法 (damped least squares)，在光学设计软件 ZEMAX 中是进行光路优化设计的基本优化算法。

考虑函数关系 $\boldsymbol{x} = f(\boldsymbol{p})$，其中 $\boldsymbol{p} \in \mathbb{R}^{n \times 1}$ 是参数向量，$\boldsymbol{x} \in \mathbb{R}^{m \times 1}$ 是接近于真实值 $\bar{\boldsymbol{x}}$ 的观测向量。一个典型的实际例子是计算机视觉中利用匹配的图像特征去估计摄像机参数与

三维场景点坐标。由于存在测量误差，如抽取的图像特征含有噪声，不存在变量 $\boldsymbol{x}$ 使得前述关系式严格满足，而只有估计值 $\hat{\boldsymbol{x}} = f(\boldsymbol{p})$，因此需要使估计误差 $\boldsymbol{\epsilon} = \boldsymbol{x} - \hat{\boldsymbol{x}}$ 尽可能小，即求解如下优化问题：

$$\begin{aligned}\boldsymbol{p}_{\mathrm{opt}} &= \arg\min_{\boldsymbol{p}} \|\boldsymbol{x} - \hat{\boldsymbol{x}}\| \\ &= \arg\min_{\boldsymbol{p}} \|\boldsymbol{x} - f(\boldsymbol{p})\|\end{aligned} \tag{3.13}$$

给定一个初始解 $\boldsymbol{p}_k$，考虑 $f(\boldsymbol{p})$ 在 $\boldsymbol{p}_k$ 点附近的一阶近似

$$\begin{aligned}f(\boldsymbol{p}_k + \boldsymbol{\delta}_k) &= f(\boldsymbol{p}_k) + (\nabla f|_{\boldsymbol{p}_k})^{\mathrm{T}} \cdot \boldsymbol{\delta}_k \\ &= f(\boldsymbol{p}_k) + \boldsymbol{J}_k \boldsymbol{\delta}_k\end{aligned}$$

其中，$\boldsymbol{J}_k = (\nabla f|_{\boldsymbol{p}_k})^{\mathrm{T}}$ 是 Jacobi 矩阵在 $\boldsymbol{p}_k$ 点的值。寻找下一个迭代点

$$\boldsymbol{p}_{k+1} = \boldsymbol{p}_k + \boldsymbol{\delta}_k$$

使得

$$\begin{aligned}\|\boldsymbol{x} - f(\boldsymbol{p}_{k+1})\| &= \min_{\boldsymbol{\delta}_k} \|\boldsymbol{x} - f(\boldsymbol{p}_k) - \boldsymbol{J}_k \boldsymbol{\delta}_k\| \\ &= \min_{\boldsymbol{\delta}_k} \|\boldsymbol{J}_k \boldsymbol{\delta}_k - \boldsymbol{\epsilon}_k\|\end{aligned} \tag{3.14}$$

该最小化问题本质上就是已知 $\boldsymbol{J}_k$ 和 $\boldsymbol{\epsilon}_k$，求解超定线性方程 $\boldsymbol{J}_k \boldsymbol{\delta}_k = \boldsymbol{\epsilon}_k$，这正是式 (3.1) 所描述的标准问题，其 LS 解为

$$\begin{aligned}\boldsymbol{\delta}_{k_{\mathrm{LS}}} &= \boldsymbol{J}_k^{+} \boldsymbol{\epsilon}_k \\ &= (\boldsymbol{J}_k^{\mathrm{T}} \boldsymbol{J}_k)^{-1} \boldsymbol{J}_k^{\mathrm{T}} \boldsymbol{\epsilon}_k\end{aligned} \tag{3.15}$$

所谓 LM 方法，是用 $\bar{\boldsymbol{N}}_k = \boldsymbol{J}_k^{\mathrm{T}} \boldsymbol{J}_k + \lambda_k \boldsymbol{I}$ 代替 $\boldsymbol{N}_k = \boldsymbol{J}_k^{\mathrm{T}} \boldsymbol{J}_k$，得到

$$(\boldsymbol{\delta}_k)_{\mathrm{LM}} = (\boldsymbol{J}_k^{\mathrm{T}} \boldsymbol{J}_k + \lambda_k \boldsymbol{I})^{-1} \boldsymbol{J}_k^{\mathrm{T}} \boldsymbol{\epsilon}_k \tag{3.16}$$

在 LM 算法中，每一次迭代是寻找一个合适的阻尼因子 λ_k，$\lambda_k \boldsymbol{I}$ 称为阻尼项。当 λ_k 很小时，式 (3.16) 蜕化为 Gauss-Newton 法的最优步长计算式。当 λ_k 很大时，蜕化为梯度下降法的最优步长计算式。此外，LM 算法中的阻尼因子与 Tikhonov 正则化方法中的因子相似，差别仅在于 LM 方法中的阻尼因子通过试探来决定。LM 算法的伪代码描述如算法 3 所示。

LM 算法的重要之处在于它为大参数化问题提供了快速收敛的正则化方法，是介于 Newton 法与最速梯度下降法之间的一种方法，避免了二阶 Hessian 矩阵的计算和梯度下降法收敛慢的缺点，这种特性归功于在各次迭代中阻尼因子 λ_k 的合理选取。对于过参数问题，LM 算法的性能也很优越，如视觉计算中的运动与结构估计问题、捆绑调整问题[7,13,32,60]，通常都是过参数化，而且变量数目可以达到成千上万。在求解各次迭代中的最优步长时，涉及的 Jacobi 矩阵是稀疏矩阵，结合稀疏矩阵的具体形式设计的算法能大大降低计算复杂度[13,32]。

算法 3　Levenberg-Marquardt 算法

输入：对函数关系 $\boldsymbol{x} = f(\boldsymbol{p})$，给定 $f(\cdot)$ 与观测向量 $\boldsymbol{x}$。

输出：估计向量 $\boldsymbol{p}$。

1. 选取初始点 $\boldsymbol{p}_0$ 与终止控制常数 ε，设定最大迭代次数 $k_{\max}$，选阻尼倍数 $\nu = 10$（也可以是其他大于 1 的正数）。计算 $\varepsilon_0 = \|\boldsymbol{x} - f(\boldsymbol{p}_0)\|$，令 $k = 0, \boldsymbol{p} = \boldsymbol{p}_0, \lambda = \lambda_0 = 10^{-3}$。
2. **while** $k \leqslant k_{\max}$ **do**
   ① 计算 Jacobi 矩阵 $\boldsymbol{J} = \nabla f(\boldsymbol{p})$。
   ② 计算 $\bar{\boldsymbol{N}} = \boldsymbol{J}^{\mathrm{T}}\boldsymbol{J} + \lambda\boldsymbol{I}$，构造增量法方程 $\bar{\boldsymbol{N}}\boldsymbol{\delta} = \boldsymbol{J}^{\mathrm{T}}\boldsymbol{\epsilon}$。
   ③ 采用 LS 算法计算增量 $\boldsymbol{\delta}$。
   ④ **if** $\|\boldsymbol{x} - f(\boldsymbol{p} + \boldsymbol{\delta})\| < \varepsilon$ **then**
   　　　$\boldsymbol{p} \leftarrow \boldsymbol{p} + \boldsymbol{\delta}$;
   　　　if $\|\boldsymbol{\delta}\| < \varepsilon$ **then**
   　　　　　Return $\boldsymbol{p}$;
   　　　　　Stop;
   　　　else
   　　　　　$\lambda \leftarrow \lambda/\nu$;
   　　else
   　　　　$\lambda \leftarrow \lambda \cdot \nu$;
   ⑤ $k \leftarrow k + 1$。

3.1.4　LM 算法与 STLS 算法的关系

仔细比较式 (3.3)、式 (3.7)、式 (3.10) 与式 (3.16)，可以发现，它们的本质差别在于正负号。事实上，由式 (3.16) 可得

$$
\begin{aligned}
(\boldsymbol{\delta}_k)_{\mathrm{LM}} &= (\boldsymbol{J}_k{}^{\mathrm{T}}\boldsymbol{J}_k + \lambda_k\boldsymbol{I})^{-1}\boldsymbol{J}_k{}^{\mathrm{T}}\boldsymbol{\epsilon}_k \\
&= [\boldsymbol{J}_k{}^{\mathrm{T}}\boldsymbol{J}_k + (\lambda_k + \sigma_k^2)\boldsymbol{I} - \sigma_k^2\boldsymbol{I}]^{-1}\boldsymbol{J}_k{}^{\mathrm{T}}\boldsymbol{\epsilon}_k
\end{aligned}
\tag{3.17}
$$

其中，$\sigma_k = \sigma_k(\gamma_k)$，这表明算法中因子 λ_k 的引入导致 $\boldsymbol{N}_k = \boldsymbol{J}_k^{\mathrm{T}}\boldsymbol{J}_k$ 被补偿校正为如下形式：

$$
\begin{aligned}
\bar{\boldsymbol{N}}_k &= \boldsymbol{N}_k + \boldsymbol{N}_{kc} - \boldsymbol{N}_{kn} \\
&= \boldsymbol{J}_k{}^{\mathrm{T}}\boldsymbol{J}_k + (\lambda_k + \sigma_k^2)\boldsymbol{I} - \sigma_k^2\boldsymbol{I}
\end{aligned}
\tag{3.18}
$$

这种分解形式刻画了 LM 算法性能的各个方面，其意义分述如下：

(1) 第一项 $\boldsymbol{N}_k = \boldsymbol{J}_k{}^{\mathrm{T}}\boldsymbol{J}_k$ 是受噪声污染的正规矩阵，由于 $f(\boldsymbol{p})$ 在各次迭代中作为起始的 $\boldsymbol{p}_k$ 点处的 Hessian 矩阵可能难以计算或并不存在，用一阶近似来获得 Hessian 矩阵的估计可能会由于秩亏而无法求逆。

(2) 第二项 $\boldsymbol{N}_{kc} = (\lambda_k + \sigma_k^2)\boldsymbol{I}$ 的作用是补偿第 k 次迭代时近似的 Hessian 矩阵，改善第一项 $\boldsymbol{N}_k$ 的条件数，保障求逆能顺利进行，这与 LS 问题的 Tikhnonov 正则化一致。从 LM 算法的计算步骤可以发现，在迭代过程中需要寻找合适的阻尼因子，而"合适"的准则即是保证每一步迭代能使估计误差减小，这表明各次选取的"合适"的 λ_k 并不一定是效果最好的，这就导致在式 (3.18) 中的第二项会偏大或偏小，偏

大时会湮灭第一项的信息，使迭代步长接近最速梯度下降法的结果，收敛速度变慢 (Marquardt 算法是直接使用 Hessian 矩阵包含的曲率信息以保障快速收敛，但实际上 Hessian 矩阵不容易获得而且也不一定存在)；λ_k 偏小时对于第一项条件数的补偿不够好，多数情况下则是介于 Newton 法与最速梯度下降法的中间情况。

(3) 第三项 $-\boldsymbol{N}_{kn} = -\sigma_k^2 \boldsymbol{I}$ 的作用是剔除第 k 次迭代过程中 Jacobi 矩阵 $\boldsymbol{J}_k$ 与误差向量 $\boldsymbol{\epsilon}_k$ 中所含噪声的影响，这将使算法更加鲁棒，精度更高。虽然在很多问题中都假定噪声统计模型为加性高斯白噪声，但在实际中会有一些差异，即使是高斯白噪声，想确定噪声方差也不是件容易的事情。此外 Jacobi 矩阵 $\boldsymbol{J}_k$ 与误差向量 $\boldsymbol{\epsilon}_k$ 中所含噪声的方差通常也并不相同，使其均衡需要 STLS 算法中的标度因子 γ 来发挥作用。λ_k 的引入与其试探性确定方法，从工程的观点来看是通过 $\boldsymbol{N}_{kc}$ 以等效的方式给出一个合理的 $\sigma_k^2(\gamma_k)$ 估计，从而能在很大程度上抑制噪声的影响。LM 算法对于过参数化问题也能工作得很好，其本质的原因也在于 STLS 算法的优良特性，特别是噪声强度比 γ 接近于 1 (此时 STLS 解接近于 TLS 解) 的情形，这从 TLS 的最优最小二乘近似解 [18] 与处理过参数化问题的能力可以清晰地看出来。

由此可见，三项分解形式的式 (3.18) 揭示了 LM 算法与 STLS 算法的密切关系以及 LM 算法性能优越的本质原因。

3.2　图像特征分析简介

图像特征分析是三维建模的底层算法，包括特征抽取与特征匹配。对于图像配准中的单应矩阵估计算法与三维重建中的基本矩阵估计算法及三维场景点重建，都需要用图像对应点作为算法的基本输入。获得图像对应点有以下两种方法：

(1) 基于特征的方法，即先进行特征抽取，然后进行特征匹配，或者直接采用特征提取与跟踪。

(2) 基于图像点全局运动模型的方法，即先假设视频图像帧间图像点的运动模型 (如射影运动模型、仿射运动模型等)，然后利用光流方程与 STLS 算法计算模型参数。

本节主要考虑基于特征的方法，下一节则讨论基于图像点全局运动模型的方法。

图像特征分析的基础是图像特征点，这是计算机视觉中的重要概念，它在数学描述上的一个特点是图像平面上的一个坐标点，具有以下一些基本的特性：

(1) 在图像平面中有明确的位置，由图像坐标描述，图像 $\mathcal{I}_\alpha$ 中的第 i 个特征点用坐标向量 $\mathbf{x}_{\alpha i} \in \mathcal{I}_\alpha$ 标记。

(2) 特征点周围的局部图像结构包含丰富的信息，可以被编码用来设计特征描述子或通过做局部相关来实现图像特征匹配。

(3) 特征点在图像中受到扰动 (如旋转变换、仿射变换、射影变换带来的影响) 时，其位置和所在邻域里的局部图像结构具有良好的稳定性。

(4) 特征点应包括尺度信息，使得在尺度发生变化时，特征点检测算法能够有效地检测出大量的特征点。

目前,常用的图像特征分析方法有多种 [67-68]，典型的有 Harris 方法 [69]、Harris-Laplace 方法 [70]、KLT 特征抽取与跟踪方法 [71-74] SUSAN 方法 [75]、SIFT 方法 [76-77]、FAST-n 方

法 [78-80]、SURF 方法 [81-82]、基于遗传算法的特征分析方法 [83]、基于神经网络的方法 [84]、SMER 方法 [85] 等。数目繁多的特征分析算法可以分为以下两大类：

(1) 不包含尺度信息的角点型特征检测算法，以 Harris 方法为典型代表。

(2) 包含尺度信息的特征点检测算法，以 SIFT 方法为典型代表。

对于管道场景三维建模 (如消化道三维建模) 而言，底层的特征抽取算法该如何选用，这是一个基本问题。应该遵循何种准则或约束来选定特征抽取算法，这本质上是个物理问题。例如，当摄像机在管道场景中运动时，相对于摄像机 (如胶囊内镜) 的成像镜头而言，场景点先是离镜头越来越近，然后则是越来越远，经过透视摄像机投影之后，投影点 (图像点) 在图像平面上的运动必定会存在尺度变化；另外，由于摄像机在运动中难以避免地存在旋转运动，这会使得图像点在运动中存在旋转变化；此外，摄像机的平移运动还会导致图像点有平移运动。综合来看，摄像机在管道中的轴向运动拍摄方式使得同一个场景点经过摄像机投影之后，在图像坐标平面上将经受旋转运动、平移运动与尺度变化。这样一来，图像特征点自然会经历旋转、平移以及尺度变换，或者等价地说是相似变换。因此，对于管道场景视频图像的特征抽取算法，应该满足的条件是：

(1) 平移不变。

(2) 旋转不变。

(3) 尺度不变。

考虑到近 20 年特征抽取算法的实际进展，可以发现，适用于管道场景视频图像特征抽取的算法是以 SIFT 算法为代表的算法。不过，遗憾的是，SIFT 算法虽然功能强大，但应用的前提是采集到的图像本身存在丰富的点、线或纹理结构，否则在特征抽取阶段将得不到丰富的特征点，类似的 ORB 算法也存在同样问题。对于消化道场景，由于胶囊内镜摄像机拍摄的是其内壁，消化道内壁是黏膜，生理结构非常特殊，内壁图像没有明显的点、线及纹理结构，用 SIFT 算法做特征抽取与匹配时会失效，得不到满足需求的图像对应点，将使得三维建模无法进行。对于航空发动机视觉无损检测问题而言，由于发动机腔室中的涡轮、叶片等部件也缺乏纹理特征，同样容易导致特征抽取算法失效。因此必须考虑非特征抽取的图像对应点方法，这是下一节的主题。

3.3　彩色图像的帧间单应估计算法

在三维建模中，两幅图片间图像对应点运动的单应变换有着极其重要的作用，可用于图像配准与图像拼接 [80-88]，也可以用于寻求图像间的稠密匹配点，对于三维重建 [13] 也很有价值。从数学上来讲，涉及图像点运动的单应矩阵是二维射影变换，但是实际问题中估计出的射影变换模型与仿射变换模型之间的差异很小。鉴于仿射变换模型的参数更少，变换模型更简单，因此经常采用的是仿射变换模型而非射影变换模型。对于一些特殊的问题，仿射变换模型还可以进一步简化 [89]。

平面单应的估计方法可以分为两大类 [90-91]。一类是间接法，即先抽取图像特征，然后进行匹配，之后利用匹配点估计单应变换矩阵；另一类是直接法，即利用所有图像像素通过光流方程进行计算。Bergen 等 [92] 提出的分层运动估计 (hierarchical motion estimation) 方法是典型的直接法，它是一种典型的由粗到细的迭代方法，对于图像点运动具有很好的适应性，能极好地处理图像特征的尺度、旋转以及平移变化。相比之下，当图像没有明显的纹理特征而且有很大的尺度、旋转以及平移变化时，以 SIFT 方法 [77] 为代表的基于特征抽取与匹配的间接法会失效，但直接法却能工作得很好。Bergen 的分层估计方法以光流计算为基础，其仿射运动模型是六参数模型。分层估计方法的效果依赖以下三大因素：

(1) 光流计算 [25,93] 的前提——图像对应点亮度不变假设——是否满足；

(2) 图像点空间导数与时间导数的计算精度；

(3) 参数估计方法的优劣。

本节的目的是给出新的单应变换矩阵估计方法，其要点是：

(1) 把灰度图像的光流方程推广到彩色图像并用 HSV 模型代替 RGB 模型；

(2) 采用 Simoncelli 提出的最优数字滤波器 [94-96] 以获得高精度的图像导数计算结果；

(3) 采用 STLS 方法估计线性模型参数；

(4) 采用分层迭代，只计算模型参数而不直接计算光流。

3.3.1 光流分析

在计算机视觉中光流对于运动与跟踪问题是非常重要的概念，其出发点是亮度不变约束 (或叫亮度守恒)。假定 $I(x,y,t)$ 是灰度图像 $\mathcal{I}$ 上某个邻域内的中心像素点 (x,y) 在 t 时刻的亮度值，在 δ 时间内其坐标运动增量为 $(\delta x, \delta y)$，则 $I(x,y,t)$ 与 $I(x+\delta x, y+\delta y, t+\delta t)$ 是同一个场景点对应的图像点。亮度不变约束要求

$$
\begin{aligned}
0 &= I(x+\delta x, y+\delta y, t+\delta t) - I(x,y,t) \\
&= \frac{\partial I}{\partial x} \cdot \delta x + \frac{\partial I}{\partial y} \cdot \delta y + \frac{\partial I}{\partial t} \cdot \delta t + o(\delta x, \delta y, \delta t)
\end{aligned}
\tag{3.19}
$$

两边同时除以 δt 并忽略高阶项 $o(\delta x, \delta y, \delta t)$，可得由向量内积给出的光流方程

$$
\langle \nabla I | \boldsymbol{v} \rangle \equiv I_x u + I_y v = -I_t
\tag{3.20}
$$

其中，$I_x = \frac{\partial I}{\partial x}, I_y = \frac{\partial I}{\partial y}, I_t = \frac{\partial I}{\partial t}, u = \frac{\delta x}{\delta t}, v = \frac{\delta y}{\delta t}, \nabla I = [I_x, I_y]^{\mathrm{T}}, \boldsymbol{v} = [u,v]^{\mathrm{T}}$。因此给定一个像素点，在计算出三个偏导数之后就能给出一个关于光流向量 (也叫速度矢量) $\boldsymbol{v}$ 的约束。由于有两个变量而只有一个约束方程，并且单个像素处的导数信息只能获得光流的部分信息，这是所谓的孔径问题 (aperture problem)。利用光流方程求解光流已经有很多办法，最为典型的是 Horn-Schunck 方法 [97]、Lukas-Kanade 方法等 [98]。然而所有这类方法的共性是只考虑灰度图像，而且图像导数的计算精度不够高，对于富含丰富信息的彩色图像均没有涉及。Barron 等 [93] 与 Andrews 等 [99] 考虑了彩色图像的光流计算，但只局限于 RGB 色彩模型，得到了式 (3.20) 的推广形式：

$$
\begin{bmatrix}
I_x^R & I_y^R \\
I_x^G & I_y^G \\
I_x^B & I_y^B
\end{bmatrix}
\begin{bmatrix}
u \\
v
\end{bmatrix}
= -
\begin{bmatrix}
I_t^R \\
I_t^G \\
I_t^B
\end{bmatrix}
\tag{3.21}
$$

其中，符号 I_x^R 表示图像的 R 色彩分量亮度对 x 的偏导数，其余符号含义类似。这样一来，一个像素点处的导数信息就能给出光流向量的三个约束条件，得到的是超定线性方程，

这使得计算精度大大提高，孔径问题也大为改善。鉴于彩色图像的三个分量并不是独立的，对于方程 (3.21) 而言只需要取其中两个即可。如果对图像亮度进行归一化变换，只是在方程 (3.21) 两边同时乘上一个非零因子，并不改变方程的解，因此无须考虑采用归一化预处理。

无论是灰度图像还是 RGB 图像，亮度守恒假设在实际中并非很合理，实际中需要考虑其他更加合理的假设条件。从计算机图形学可以知道，彩色图像所用的色彩空间模型远不止一个，除了 RGB 之外，还有 HSV、HSI、CMYK 等。既然亮度或强度通常并不满足守恒条件，那么可以转而考虑色度 H(hue) 与饱和度 S(saturation)，即假定图像对应点的色度与饱和度不变。对比实验表明，这对于实际问题更为适合。对于其他的色彩空间模型，也可以进行类似处理。这样一来，在考虑到色彩分量的相关性之后，方程 (3.19) 与方程 (3.21) 可以改写为

$$
\begin{bmatrix} I_x^{(1)} & I_y^{(1)} \\ I_x^{(2)} & I_y^{(2)} \end{bmatrix} \begin{bmatrix} u \\ v \end{bmatrix} = - \begin{bmatrix} I_t^{(1)} \\ I_t^{(2)} \end{bmatrix} \tag{3.22}
$$

其中，$I_x^{(k)}$，$I_y^{(k)}$ 与 $I_t^{(k)}$ 是第 k 个色彩分量的三个导数值。例如，对于 HSV 模型，$k=1$ 对应于 H 分量，$k=2$ 对应于 S 分量。由方程 (3.22) 可知，此时一个彩色像素给出光流向量的两个独立约束，这同样极好地抑制了孔径问题。

3.3.2　偏导数计算的 Simoncelli 方法

由光流方程求解光流向量的关键之处在于获得尽可能精确的空间与时间导数。对于实际的数字图像，由于噪声的影响以及离散数据采样精度的影响，简单的差分法难以满足精度要求，Horn-Schunck 最早提出的方法比简单的差分法有了很大改进。如果能有高精度的算法求图像导数，那么将极大地改善对光流的估计。在这方面，Simoncelli[94-95] 提出的计算高维导数的滤波器是个很好的选择，实验发现其效果远优于简单差分法与 Horn-Schunck 方法。这里采用 Simoncelli 的具有可分核的五点匹配/平衡滤波器计算 $I_x^{(k)}$，$I_y^{(k)}$，$I_t^{(k)}$，此处的两个滤波器及其冲击响应如表 3.1 所示，其中的数字低通滤波器 (LPF) 具有偶对称性，高通滤波器 (HPF) 具有奇对称性。

表 3.1　Simoncelli 五点平衡滤波器及其冲击响应

类型	符号	$h(-2)$	$h(-1)$	$h(0)$	$h(1)$	$h(2)$
LPF	$\boldsymbol{p}_5$	0.036	0.249	0.431	0.249	0.036
HPF	$\boldsymbol{d}_5$	−0.108	−0.283	0.0	0.283	0.108

对时间导数，采用低通滤波器 $\boldsymbol{p}_5$ 进行一次卷积运算即可求出；对空间导数，采用高通滤波器 $\boldsymbol{d}_5$ 对 x 与 y 两个方向进行一维卷积运算即可求出。数学计算式如下：

$$
\begin{cases}
I_t^{(k)} = I^{(k)}(x,y,t) \underset{t}{\circledast} \boldsymbol{p}_5(t) = \displaystyle\sum_{n=-2}^{2} I^{(k)}(x,y,t-n) \cdot p_5(n) \\[3mm]
I_x^{(k)} = I^{(k)}(x,y,t) \underset{x}{\circledast} \boldsymbol{d}_5(x) = \displaystyle\sum_{n=-2}^{2} I^{(k)}(x-n,y,t) \cdot d_5(n) \\[3mm]
I_y^{(k)} = I^{(k)}(x,y,t) \underset{y}{\circledast} \boldsymbol{d}_5(y) = \displaystyle\sum_{n=-2}^{2} I^{(k)}(x,y-n,t) \cdot d_5(n)
\end{cases} \tag{3.23}
$$

3.3.3　单应模型估计

对于估计图像点运动的平面单应而言,无须直接计算出光流。采用齐次坐标 $\mathbf{x} = [\boldsymbol{x}^{\mathrm{T}}, 1]^{\mathrm{T}}$,图像点的仿射单应变换 $\mathbf{H}$ 可以表示成

$$\begin{cases} \mathbf{x}' = \mathbf{Hx} \\ \begin{bmatrix} x+u \\ y+v \\ 1 \end{bmatrix} = \begin{bmatrix} a_1 & a_2 & a_3 \\ a_4 & a_5 & a_6 \\ 0 & 0 & 1 \end{bmatrix} \begin{bmatrix} x \\ y \\ 1 \end{bmatrix} \end{cases} \tag{3.24}$$

将式 (3.24) 代入式 (3.22),消去变量 u, v 可得

$$\boldsymbol{Ba} = \boldsymbol{g} \tag{3.25}$$

其中

$$\boldsymbol{a} = [a_1, a_2, a_3, a_4, a_5, a_6]^{\mathrm{T}}, \quad \boldsymbol{g} = \begin{bmatrix} xI_x^{(1)} + yI_y^{(1)} - I_t^{(1)} \\ xI_x^{(2)} + yI_y^{(2)} - I_t^{(2)} \end{bmatrix} \tag{3.26}$$

并且

$$\boldsymbol{B} = \begin{bmatrix} xI_x^{(1)} & yI_x^{(1)} & I_x^{(1)} & xI_y^{(1)} & yI_y^{(1)} & I_y^{(1)} \\ xI_x^{(2)} & yI_x^{(2)} & I_x^{(2)} & xI_y^{(2)} & yI_y^{(2)} & I_y^{(2)} \end{bmatrix} \tag{3.27}$$

对于每个彩色像素,其坐标 (x, y) 是给定的,而空间导数能用方程 (3.23) 求出,从而式 (3.27) 是可以完全确定的。如果有 N 个像素参与计算,那么式 (3.27) 中的矩阵 $\boldsymbol{B}$ 的尺寸将扩充为 $2N \times 6$,$\boldsymbol{g}$ 的尺寸将扩充为 $2N \times 1$,余下的问题将是估计线性模型 (3.25) 中的参数向量 $\boldsymbol{a}$,理论上来说可以用 STLS 算法求解。

需要指出的是,如果单应矩阵 $\mathbf{H}$ 采用的是更一般的射影变换

$$\mathbf{H} = \begin{bmatrix} h_{11} & h_{12} & h_{13} \\ h_{21} & h_{22} & h_{23} \\ h_{21} & h_{22} & h_{23} \end{bmatrix}$$

那么参数向量将是

$$\boldsymbol{a} = [h_{11}, h_{12}, h_{13}, h_{21}, h_{22}, h_{23}, h_{31}, h_{32}, h_{33}]^{\mathrm{T}}$$

类似地,如果 $\mathbf{H}$ 采用的是更特殊的相似变换

$$\mathbf{H} = \begin{bmatrix} h_{11} & h_{12} & h_{13} \\ -h_{12} & h_{11} & h_{23} \\ 0 & 0 & 1 \end{bmatrix} = \begin{bmatrix} s\cos\theta & s\sin\theta & t_x \\ -s\sin\theta & s\cos\theta & t_y \\ 0 & 0 & 1 \end{bmatrix}$$

则有

$$\boldsymbol{a} = [h_{11}, h_{12}, h_{13}, h_{23}]^{\mathrm{T}}$$

这两种情况下,$\boldsymbol{B}, \boldsymbol{g}$ 的具体形式都会相应发生变化,但是线性模型的本质不会改变,依然可以用 STLS 算法来处理。

线性模型 (3.25) 中的设计矩阵 $\boldsymbol{B}$ 与右端向量 $\boldsymbol{g}$ 依赖于数值导数 I_x, I_y, I_t,图像导数在许多实际问题中可能难以达到很高的精度。Simoncelli 导数计算法虽有很大的改进,但可能依然满足不了要求。此时 Bergen 等 [92] 提出的由粗到细的分层运动估计方法给出了极好的选择。分层运动估计有如下三个核心步骤:①按照图像尺度缩减因子 $s < 1$ 产生金字

塔结构图像序列；②对每个尺度下的金字塔层次进行模型估计；③从粗到细分层迭代，每次迭代中用逆尺度因子 s^{-1} 乘已经估计出的参数值。

图像点运动单应矩阵的估计步骤如算法 4 所示。

算法 4　彩色视频图像单应矩阵估计算法

输入：两帧尺寸为 $r \times c$ 的彩色视频图像 $\mathcal{I}_1$ 与 $\mathcal{I}_2$，金字塔结构尺度因子 s 与层数 L，层内迭代次数 ℓ，STLS 参数 γ，尺寸为 $r \times c$ 的图像区域模板 ROI (在目标内取值为 1，其他为 0)。

输出：单应矩阵 $\mathbf{H} = (h_{ij})_{3 \times 3}$。

1. 设置 s, L, γ, ℓ 与 ROI 的默认值。
2. 将 RGB 彩色图像转换为 HSV 模式或其他色彩模式。
3. 使用 ROI 模板取出目标图像区域。
4. 利用因子 s 产生 $\mathcal{I}_1$ 与 $\mathcal{I}_2$ 的金字塔结构：

$$\left\{ F_1^{(k)} \right\}_{k=1}^{L} \text{ 与 } \left\{ F_2^{(k)} \right\}_{k=1}^{L}$$

5. 用单位矩阵初始化单应矩阵：

$$\mathbf{H} \leftarrow I_{3 \times 3}$$

6. 分层迭代：

　for $k = 1 : L$ do
　　① 对参数做尺度变换：

$$h_{ij} \leftarrow s^{-1} \cdot h_{ij}, i \in \{1, 2\}, j \in \{1, 2, 3\}$$

　　② 对图像对 $\left(F_1^{(L-k+1)}, F_2^{(L-k+1)} \right)$ 做迭代估计。

　　　for iter $= 1 : \ell$ do
　　　　a. 利用 $\mathbf{H}$ 变换 $F_2^{(L-k+1)}$ 得到图像 $F_1^{(L-k+1)}$；
　　　　b. 对 $\left(F_1^{(L-k+1)}, F_2^{(L-k+1)} \right)$ 用 Simoncelli 方法计算偏导数；
　　　　c. 按式 (3.27) 构造线性模型；
　　　　d. 利用 STLS 算法估计参数向量并将其转换为单应矩阵 $\mathbf{M}$；
　　　　e. 更新单应矩阵：$\mathbf{H} \leftarrow \mathbf{M} \cdot \mathbf{H}$。
7. (可选) 利用 LM 算法进行非线性优化。

3.3.4　算法的实验验证

采用人工合成的图片 (图 3.1) 与实际场景图片 (图 3.2) 对算法进行实验验证。

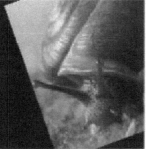

图 3.1　采用几何变换得到的图片对

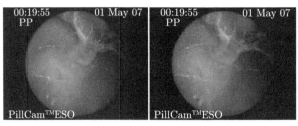

图 3.2　无线胶囊内镜图片对

　　人工合成图片的优点是可以人为设定并控制单应矩阵，从而易于研究算法的正确性与性能。例如，图 3.1 所示的图片，其中右边的图像是由左边的图像经仿射变换得到的结果。

　　图 3.3(a) 是用 Horn-Schunck 方法求导数获得的结果，其中纵轴代表的是估计出的单应矩阵 $\mathbf{H}$ 与真实的单应矩阵 $\mathbf{H}_0$ 之差的 Frobenius 范数。从图中可以看出，计算时采用 Simoncelli 方法比采用 Horn-Schunck 方法收敛更快。然而用简单差分法计算时会失效，因为图像点运动过于剧烈，已经远不是视频图像高帧率的情形了。图 3.3(b) 所示为采用不同的色彩模

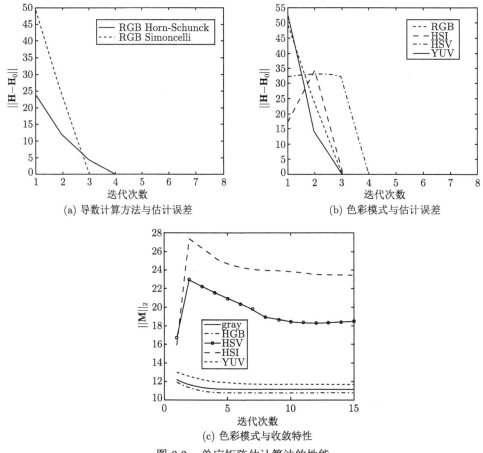

(a) 导数计算方法与估计误差　　　　　　　(b) 色彩模式与估计误差

(c) 色彩模式与收敛特性

图 3.3　单应矩阵估计算法的性能

式时单应矩阵的估计效果，图像导数采用 Simoncelli 方法计算。从图中可以看出，经过 8 次迭代以后得到相同的收敛结果，其原因是这种人工合成的图像没有噪声的影响。从表 3.2 可以看出，经过 8 次迭代后估计出的结果与理论上的准确结果非常接近。

表 3.2　仿射单应矩阵参数 (人工合成图片)

模式	a_1	a_2	a_3	a_4	a_5	a_6	$\|\mathbf{H}-\mathbf{H}_0\|_{\mathrm{F}}$
RGB	0.8928	0.3830	7.1584	−0.3249	1.0525	7.1565	0.0115
HSI	0.8929	0.3829	7.1794	−0.3251	1.0529	7.1116	0.0602
HSV	0.8928	0.3829	7.1899	−0.3253	1.0529	7.1280	0.0509
YUV	0.8928	0.3831	7.1559	−0.3249	1.0525	7.1575	0.0108
实际值	0.8927	0.3831	7.1583	−0.3249	1.0525	7.1680	0

对于实际的图片，噪声的存在使得不同方法估计出的单应矩阵各不相同，但还是可以相互比较其收敛效果的。图 3.2 是胶囊内镜在人体消化道内向前推进时相继拍摄的两幅图片。图 3.3(c) 是分别采用灰度图像、RGB、HSV、HSI 和 YUV 图像得到的估计结果。图中纵轴表示的是估计出的单应矩阵的范数，横轴是迭代次数，图像导数采用 Simoncelli 方法计算。由于胶囊内镜运动缓慢，其前端镜头做微小角度旋转导致式 (3.24) 单应矩阵中元素 a_2 与 a_4 接近于 0，内镜向前推进时镜头向目标靠近，这导致尺度放大，从而使 a_1 与 a_5 略大于 1。图 3.3(c) 中 YUV 与 RGB 图像对应的曲线与灰度图像很接近，估计出的精度差别不大。从表 3.3 可以看出，用 RGB、YUV、灰度图像这三种色彩模式估计出的参数 a_1 与 a_5 均小于 1，与实际的物理过程不符；而利用 HSV 与 HSI 色彩模式估计出的结果则与实际的物理过程一致。不过当用估计出的单应矩阵计算平均每个像素的适配误差时，HSV 模式对应的结果好于 HSI 模式对应的结果。

表 3.3　仿射单应矩阵参数 (无线胶囊内镜图片)

N	模式	a_1	a_2	a_3	a_4	a_5	a_6	$\|\mathbf{H}\|_{\mathrm{F}}$
5	gray	0.9630	0.0502	−7.2548	−0.0216	0.9611	8.3216	11.1685
5	RGB	0.9610	0.0483	−6.7518	−0.0214	0.9620	8.1967	10.7529
5	HSI	1.0523	0.0392	−24.2069	−0.0244	1.0103	4.6125	24.7059
5	**HSV**	**1.0274**	**0.0609**	**−20.8372**	**−0.0019**	**1.0046**	**−0.4169**	**20.9148**
5	YUV	0.9789	0.0519	−10.4141	−0.0105	0.9691	5.3682	11.8394
10	gray	0.9625	0.0503	−7.1832	−0.0218	0.9612	8.3434	11.1384
10	RGB	0.9604	0.0484	−6.6701	−0.0217	0.9622	8.2329	10.7295
10	HSI	1.0469	0.0392	−22.9829	−0.0301	1.0072	6.2832	23.8915
10	HSV	1.0141	0.0700	−18.3781	−0.0034	1.0032	0.0834	18.4608
10	YUV	0.9770	0.0527	−10.1441	−0.0117	0.9693	5.5617	11.6932
15	gray	0.9625	0.0503	−7.1828	−0.0218	0.9612	8.3449	11.1393
15	RGB	0.9604	0.0484	−6.6694	−0.0217	0.9622	8.2330	10.7291
15	HSI	1.0443	0.0391	−22.3195	−0.0321	1.0060	6.8980	23.4275
15	HSV	1.0144	0.0706	−18.4134	−0.0031	1.0036	−0.0298	18.4958
15	YUV	0.9768	0.0528	−10.1281	−0.0118	0.9693	5.5764	11.6864

Aires 等 [100] 依据他们的实验例子得出了采用 YUV 模式比采用 HSV 等模式更佳的结

论,然而这并不可靠。本书作者的实验表明:如果图 3.1 所示的图片采用 YUV 模式的 UV 分量计算,其结果相当差;如果采用 YU 分量计算,则效果比 HSV 模式略好一些;而当对图 3.2 所示的无线胶囊内镜拍摄的图片进行处理时,Aires 等的结论显然就不成立了。此外,Aires 等所用的参数估计算法是 LS 算法,这里采用了性能更好的 STLS 算法。

3.4 实时处理中的特征均匀化方法

在摄像设备移动过程中,系统需要选取具有好的旋转性和尺度缩放不变性的特征,同时特征抽取算法满足很低的时间复杂度的要求。另外,检测到的特征能在图像上精确定位,并且其特征数目要足够多,能在不同视点下都有相当高的概率被检测出来。Harris 角点[69]不具备尺度不变性。目前一些单目视觉 SLAM 系统采用 Harris 角点来检测特征。1999 年 Lowe 提出另一种特征点提取算法 SIFT[76-77],该算法对图像的尺度变化、旋转变换及仿射变换都具有不变性,从而被广泛应用到物体识别、图像拼接、三维重建和自动定位等领域。虽然 SIFT 检测算法鲁棒性强,但是其时间复杂度较高,计算耗时。尽管后来 SURF 算法[81-82]在 SIFT 算法基础上提高了计算速度,但依然满足不了实际应用的要求。2006 年,Rosten 等[79]提出了简单快速的 FAST 角点检测算法,该算法可以在极短的时间内检测到大量的特征,速度上有显著的提高,但是还是难以满足实时的要求,并且该算法不满足旋转不变性的要求。

SIFT 与 SURF 描述子,每个特征点分别采用 128 维与 64 维向量去描述,每个维度占用 4 字节,SIFT 需要 $128 \times 4 = 512$ 字节内存,SURF 则需要 256 字节,耗费的内存资源比较大;同时,形成描述子的过程也比较耗时。2010 年,Calonder 等[101]提出 BRIEF 描述特征点的方法。BRIEF 描述子采用二进制码串 (每一位非 1 即 0) 作为描述子向量,串的长度 $n_d \in \{128, 256, 512\}$,形成描述子算法的过程简单。由于采用二进制码串,匹配采用 Hamming 距离 (一个串变成另一个串所需要的最小替换次数,利用异或运算得到)。但由于 BRIEF 描述子不具有方向性,大角度旋转会对匹配有很大的影响。BRIRF 只提出了描述特征点的方法,所以特征点的检测部分必须结合其他的方法,如 SIFT、SURF 等。Calonder 等建议与 FAST 结合,以便体现出 BRIEF 速度快等优点。2011 年,Rublee 等[102]提出 ORB 特征检测方法,综合了 FAST 特征点的检测方法、Harris 角点的度量方法和 BRIEF 特征描述子的优点,很好地解决了速度、内存消耗与稳健性的问题,在实时系统中得到了广泛的应用。

3.4.1 ORB 特征描述

ORB 算法首先采用简单快速的 FAST 角点检测算法来检测特征点,然后利用 Harris 角点的响应值参量

$$V_{\text{response}} = \det(\boldsymbol{M}) - \alpha[\text{tr}(\boldsymbol{M})]^2 \tag{3.28}$$

挑选出响应值 V_{response} 最大的 N 个候选特征点,其中 $\boldsymbol{M}$ 是 $r \times r$ 像素邻域 D 的相关矩阵,α 是一个参数。由于 FAST 特征点不具有方向性,ORB 算法的作者假设角点的灰度与质心之间存在一个偏移,提出了灰度质心法来解决这个问题。定义特征点的 $r \times s$ 邻域 D 内像素的 pq-矩为

$$m_{pq} = \sum_{u,v} u^p v^q \mathcal{I}(u,v) \tag{3.29}$$

其中，$\mathcal{I}(u,v)$ 是图像坐标点 $\boldsymbol{x} = [u,v]^{\mathrm{T}}$ 处图像 $\mathcal{I}$ 的灰度值。图像的质心为

$$\boldsymbol{c} = \left[\frac{m_{10}}{m_{00}}, \frac{m_{01}}{m_{00}} \right] \tag{3.30}$$

特征点的方向性由角度值

$$\theta = \mathrm{atan2}(m_{01}, m_{10}) \tag{3.31}$$

描述，θ 可以理解为特征点的主方向。为了满足旋转不变性，图像点 (x,y) 需设定在半径为 d 的圆形区域内。

尺度不变性通过构建图像的 Gauss 金字塔来获得。对于 $r \times r$ 的像素邻域 D，按如下方式定义一个检验函数：

$$\tau(\mathcal{I}_D; \boldsymbol{x}, \boldsymbol{y}) \equiv \begin{cases} 1, & \mathcal{I}_D(\boldsymbol{x}) < \mathcal{I}_D(\boldsymbol{y}) \\ 0, & \text{其他} \end{cases} \tag{3.32}$$

其中，$\mathcal{I}_D(\boldsymbol{x})$ 是图像在 $\boldsymbol{x} = [u,v]^{\mathrm{T}} \in D$ 处的灰度值，选择一个具有 n_d 个 $(\boldsymbol{x}, \boldsymbol{y})$ 位置对的集合，它唯一地确定了一个二元检验序列。BRIEF 描述子 n_d 维的 0-1 符号串定义：

$$f_{n_d}(\mathcal{I}_D) \equiv \sum_{1 \leqslant i \leqslant n_d} 2^{i-1} \tau(\mathcal{I}_D; \boldsymbol{x}, \boldsymbol{y}) \tag{3.33}$$

测试 $n_d \in \{128, 256, 512\}$ 的情形后发现，由于 1 字节占据 8 位 0，1 数字，一个 BRIEF 描述子需要耗费 $n_d/8$ 字节的空间来存储。

ORB 通过改造 BRIEF 算法得到自己的特征描述方法，它是一种可以快速计算且以二进制编码为表达方式的描述子。在特征点附近 Gauss 分布随机选取 $2n = 256$ 个点对，并将这些点对的灰度值大小比较结果组合成一个 $2n = 2^8 = 256$ 维的二进制向量 $\boldsymbol{v} = [v_1, v_2, \cdots, v_{2n}], v_i \in \{0,1\}$，作为该特征点的特征描述。因为描述子采用二进制编码，所以在特征匹配时只需计算相应特征点描述子的 Hamming 距离。ORB 采用了 Steer BREIF 方法使得 BRIEF 具有旋转不变性。该方法首先构建一个矩阵

$$\boldsymbol{S}_{\mathrm{brief}} = \begin{bmatrix} x_1 & x_2 & \cdots & x_{2n} \\ y_1 & y_2 & \cdots & y_{2n} \end{bmatrix} \tag{3.34}$$

其中，$\{(x_i, y_i) : 1 \leqslant i \leqslant 2n\}$ 是特征点周围用于构成 BRIEF 描述子的 $2n$ 个点的图像坐标，然后通过参数 θ 和它所对应的二维旋转矩阵

$$\boldsymbol{R}(\theta) = \begin{bmatrix} \cos\theta & \sin\theta \\ -\sin\theta & \cos\theta \end{bmatrix} \tag{3.35}$$

进行校正，由此可得改进的 BRIEF 描述子[①]为

$$g_{n_d}(\mathcal{I}_D, \theta) = f_{n_d}(\mathcal{I}_D)|(\boldsymbol{x}_i, \boldsymbol{y}_i) \in \boldsymbol{R}(\theta) \tag{3.36}$$

---

① BRIEF 算法的设计者称其为 steered BRIEF，缩写为 rBRIEF。

这样一来，完整的 ORB 描述子就是二进制向量与改进的 BRIEF 描述子的组合：

$$\boldsymbol{f}_{\text{orb}} = \big(\boldsymbol{v}, g_{n_d}(\mathcal{I}_D, \theta)\big) \tag{3.37}$$

Calonder 建议为每个块的旋转和投影集合分别计算 BRIEF 描述子，但代价昂贵。ORB 中采用了一个更有效的方法：使用由式 (3.31) 定义的特征点主方向 θ 和对应的旋转矩阵 $\boldsymbol{R}(\theta)$ 构建 $\boldsymbol{M}_{\text{brief}}$ 的一个校正版本，即构建矩阵

$$\boldsymbol{S}_\theta = \boldsymbol{R}(\theta)\boldsymbol{M}_{\text{brief}} \tag{3.38}$$

实际上，可以把角度离散化，即把 360° 分为 12 份，每一份是 30°(即 $\pi/6$)，然后对这 12 个角度分别求得一个 $\boldsymbol{S}_\theta$，这样就创建了一个查找表，对于每一个 θ，只需查表即可快速得到它的点对的集合 $\boldsymbol{S}_{\text{brief}}$。

3.4.2 四叉树原理

对特征进行均匀分布的过程中，主要是利用四叉树结构对二维图像进行划分，构建二维空间的树结构。然后将特征分配到每个四叉树结点，为每个结点选取合适的特征，使得 ORB 特征尽可能地均匀分布在整幅图像上。

四叉树 [103-104] 是一种树状数据结构，每个结点都能分成四个子区块。每一个子区块可持续分解，直至树的层次达到一定深度或者满足系统的要求才停止分割。四叉树结构可应用于二维空间的递归细分，将空间递归划分为不同层次的树结构。对于一个二维矩形空间，可以先将其划分成四个同等大小的方块区域，如图 3.4 所示，然后每个方块区域再继续递归地分下去。

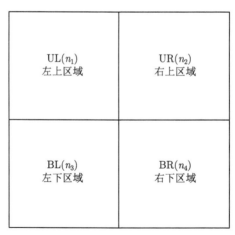

图 3.4   图像区域的象限划分

构建好四叉树结构之后，可以以将空间内的每个对象分配到对应的结点中，如图 3.5 所示。图中的每一个实心点都代表一个对象，而且每个对象的坐标位置都是确定的。用四叉树的结点来存储对象，而且每个目标存在于一个唯一的结点中。如果同一象限包含多个目标，那么其中一些对象将存储于内部结点。每帧 RGB 图像都是一个二维矩形区域，而图像中的特征点对应于图 3.5 中的实心点。将图像划分为不同层次的树结构，通过四叉树结构来分配特征点，对检测到的特征进行均匀化处理。

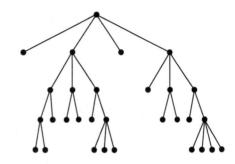

图 3.5　四叉树结构与结点

3.4.3　特征均匀化分布的设计与实现

特征均匀化的思路是：首先构建图像金字塔，根据尺度因子对灰度图像进行缩放处理，然后在每一层金字塔图像上进行特征检测。在实验过程中，设置了 8 层金字塔。为了使特征能够分布在图像的各个角落，先对金字塔图像进行网格划分，网格大小是 30×30 像素。然后在每个网格里进行特征检测，角点阈值设为 20，提高特征的区分度。当检测到网格中没有特征点时，那么降低角点检测算法的阈值直到 7，尽量保证每个网格内都有特征，同时也确保足够多数量的特征用于分配和挑选，如图 3.6 所示。

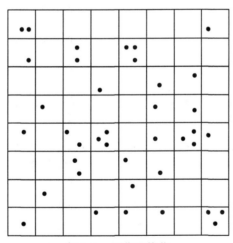

图 3.6　图像网格化

检测到特征后，确定每个特征点的真实像素坐标，然后采用四叉树结构对特征点进行分配。一般设 RGB 图像为初始结点，对 RGB 图像进行递归划分，为每个细分的图像区域赋予一个结点。确定初始结点后，将特征点分配给相应结点，并记录特征数量。在进行下一次结点划分之前，先判断每个结点的特征点个数。如果没有特征点，删除该结点；如果特征点个数为 1 的话，则不再继续划分，使之成为叶结点；如果特征点个数超过 1，那么继续划分结点，并将该结点的特征分配到 4 个子结点，同时删除该结点。四叉树划分的终止条件为：当结点列表个数大于分配的特征数或所有的结点只有一个特征点时，则停止四叉树划分；当本层结点个数与 3 倍结点展开次数之和超过预设的最大特征数时，再进行最后一次分解。四叉树停止划分后，根据角点阈值为每个结点选择最好的特征，如此使得被检测到的特征均匀地分布在图像上。特征均匀化分布的实现过程如算法 5 所示。特征点确定好后，使用 ORB 的灰度质心法计算特征的方向，保证特征具有旋转不变的特性。然后用 Steered BRIEF 方法对特征进行描述。

算法 5　四叉树结构的 ORB 特征抽取

输入：图像帧 $\mathcal{I}_k$ 及其预抽取的特征点坐标向量 $\left\{\mathbf{f}_k^i\right\}_{i=1}^N$。

输出：图像的特征点分布及其坐标 $\left\{\mathbf{f}_k^i\right\}_{i=1}^N$。

1. 根据图像的像素大小分配初始结点，确定结点的间隔。
2. 将特征点分配给初始结点，并记录相应结点的特征数量 keysize。
3. 遍历结点列表：
   ① 如果特征数量 keysize == 0，删去此结点。
   ② 如果特征数量 keysize == 1，停止划分。
   ③ 如果特征数量 keysize > 1，则继续划分，并判断划分之后的结点是否含有特征点；如果含特征点则添加结点。
4. 生成新的结点列表，判断是否满足停止划分的条件：
   ① 当列表结点个数大于分配的特征数或所有的结点只有一个特征时，则停止四叉树划分。
   ② 当列表结点个数与 3 倍结点展开次数之和超过预设的最大特征数时，则进行最后一次第3步中的分解。
   ③ 若不满足上述两个条件，则重新从第 3 步开始。
5. 根据角点阈值为每个结点保留最好的特征。
6. 返回图像特征点的坐标向量。

3.4.4　实验结果与分析

为了验证算法的有效性，下面采用四叉树形式的 ORB 算法和 OpenCV 函数库中的 ORB 算法进行试验，然后进行结果对比，如图 3.7 所示。在本实验中，图像数据分别来自实验室拍摄的图像和 TUM 标准数据集的图像。比较结合四叉树的 ORB 特征抽取算法和 OpenCV 库中的常规 ORB 算法的实验结果，可以发现前者提取的特征更加均匀地分布在整个图像上。

鉴于 ORB 算法在实时应用中的重要性，还需要考虑四叉树-ORB 算法的时间效率与原始 ORB 算法时间效率的差异，这对于 vSLAM 系统是至关重要的。对两种方法的计算时间分别进行 20 次随机独立实验，最后取各自的平均时间，实验结果如表 3.4 所示。测试所采用的平台是 CPU 为 Intel Core i7-3770、主频为 3.40GHz、主存为 8GB 的笔记本电脑。从表中可以发现，从实验室图像中抽取约 500 个特征点，OpenCV 函数库中的 ORB 方法需要大约 8ms，结合四叉树结构的 ORB 算法需要 11ms。对于 TUM 数据集中的图像进行特征抽取，结果类似，结合四叉树结构的 ORB 算法相对于常规 ORB 方法增加了 3ms，这对 vSLAM 系统的实时性影响并不是很大。为了提高特征抽取的有效性和跟踪的稳定性，vSLAM 系统可采用结合四叉树结构的 ORB 特征抽取算法。在实验室场景中运行 ORB-SLAM 系统特征抽取算法采用四叉树-ORB 算法，效果如图 3.8 所示，实验表明运行很流畅，有效性与稳健性均满足实时要求。

(a) 实验室场景：左图是四叉树-ORB特征抽取的结果，
右图是OpenCV库函数ORB特征抽取的结果

(b) TUM 标准数据集图片测试：左图是四叉树-ORB特征抽取的结果，
右图是OpenCV库函数ORB特征抽取的结果

图 3.7　四叉树-ORB 特征抽取算法与原始 ORB 特征抽取算法对比

表 3.4　四叉树-ORB 特征抽取算法的时间效率对比

ORB 特征抽取	四叉树-ORB 特征抽取		OpenCV ORB 特征抽取	
	特征数/个	计算时间/s	特征数/个	计算时间/s
实验室场景	506	0.0110	500	0.0083
TUM 数据集	469	0.0095	497	0.0067

图 3.8　四叉树-ORB 特征抽取算法用于 ORB-SLAM2 实时系统

3.5　SIFT 类特征的快速匹配算法

惯性视觉里程计的核心是通过多传感器的数据融合，实现对相机本身的跟踪与定位。实现非滤波式的惯性视觉里程计的第一步是进行图像特征的提取与匹配，也就是惯性视觉里程计中的跟踪问题。目前，最为常用的实现跟踪的特征点提取算法是 Lowe [77] 提出的 SIFT 特征提取算法。SIFT 特征具有极其良好的稳定性，但是研究表明，SIFT 特征的效率远不及其他几种特征提取算法。SIFT 算法效率较低体现在两个方面：一方面是因为提取 SIFT 特征的过程需要进行大量的复杂计算，另一方面是因为 SIFT 特征使用具有特殊意义的高维向量作为特征的描述子且以描述子之间的欧氏距离作为特征是否匹配的判据。因此随着特征点数量的增加，特征点匹配的复杂度将显著提升，所以 SIFT 特征通常不用在实时系统中。为了提高 SIFT 特征的效率，其发明者使用 k 维树（k-d 树）和最佳平面优先（best bin first，BBF）算法 [105] 提高搜索的效率。k-d 树是一种非常有效的用于提高搜索速度的数据结构，可将搜索的复杂度从 $\mathcal{O}(n^2)$ 降至 $\mathcal{O}(n\log_2 n)$。尽管如此，采用 SIFT 特征的惯性视觉里程计仍然难以达到实时性的要求。为了解决这个问题，本书作者与合作者深入研究 SIFT 特征及其衍生出的多种特征描述子的数据组成结构，在此基础上定义类 SIFT 特征概念并提出了一种针对类 SIFT 特征描述子的匹配加速方案 [46-47]。

3.5.1 类 SIFT 特征描述子

SIFT 特征描述子是一个 128 维向量，表征特征点邻域内的梯度特征分布。128 维的特征是由 16 个八维向量所组成的，其中每个八维向量表示某个局部区域的梯度分布律。在进行特征点匹配时，特征点的相似度通过其对应的描述子之间的欧氏距离间接描述。基于 SIFT 特征描述子的思想，本书将 SIFT 特征描述子进行推广，给出类 SIFT 特征描述子的定义。

在定义类 SIFT 特征描述子之前，首先需要定义二元函数的广义图像梯度。在数学上，二元函数的梯度通过计算偏导数确定，所得的结果是一个二维向量。如果在极坐标系中表示该向量，可以写成 $[\rho, \theta]$，其中 ρ 为幅值，θ 为幅角。计算梯度是生成 SIFT 特征描述子的重要操作 [77]。在计算梯度之前，通常需要对图像进行滤波、缩放处理。在计算梯度时，可能还涉及加权运算。

定义 3.5.1　二元函数的广义图像梯度算子规定为映射

$$\nabla_g : f \mapsto (\rho, \theta) \tag{3.39}$$

广义图像梯度复合了卷积、梯度和加权等运算。广义图像梯度作用于二元函数之后，得到的也是一个二维向量。在本节余下的内容中，不对图像梯度和广义图像梯度的概念进行区分。

借助梯度运算，可以通过特征点周围梯度场分布规律构造特征描述子。假设有一图像区域 $\mathcal{I}$，此区域内的梯度场为

$$G = \{\boldsymbol{g}(x, y) = [\rho, \theta] : (x, y) \in \mathcal{I}\} \tag{3.40}$$

则可以根据梯度场 G 计算幅度 ρ 关于角度 θ 的概率分布函数 $f(\theta)$。理论上，同一个特征点周围的梯度分布律与拍摄时的照明条件无关。定义等价关系

$$f \sim g \Leftrightarrow \exists \theta_0 \in \mathbb{R}, \forall \theta \in \mathbb{R}, f(\theta) = g(\theta + \theta_0) \tag{3.41}$$

则无论如何旋转极轴，梯度概率分布函数同属于一个等价类。因此为了便于计算，SIFT 特征在构造描述子时选择以特征点处的梯度方向作为极轴的方向。将梯度离散化之后，可以得到一组表征梯度分布律。

定义 3.5.2　由梯度幅值的分布律表示的描述子称为类 SIFT 描述子。

在许多情况下，类 SIFT 描述子由多个局部区域的梯度分布组合而成，目的是增加稳定性。此时，描述子是一个联合分布，由 n 个区域的梯度组合得到的分布律表示为

$$f(\theta) \in \left\{ f^0(\theta), f^1(\theta), \cdots, f^{n-1}(\theta) \right\} \tag{3.42}$$

梯度幅值分布律经过离散化后，用高维向量表示：

$$f^0(\theta) \to \boldsymbol{f}^0(\boldsymbol{\theta}) = [f^0(\theta_0), f^0(\theta_1), \cdots, f^0(\theta_{m-1})]$$
$$f^1(\theta) \to \boldsymbol{f}^1(\boldsymbol{\theta}) = [f^1(\theta_0), f^1(\theta_1), \cdots, f^1(\theta_{m-1})]$$
$$\vdots$$
$$f^{n-1}(\theta) \to \boldsymbol{f}^{n-1}(\boldsymbol{\theta}) = [f^{n-1}(\theta_0), f^{n-1}(\theta_1), \cdots, f^{n-1}(\theta_{m-1})]$$

n 个区域组成的联合分布律经过 m 点离散化后得到一个长度为 nm 的向量，记为

$$\boldsymbol{D} = [\underbrace{f^0(\theta_0), f^0(\theta_1), \cdots, f^0(\theta_{m-1})}_{\boldsymbol{f}^0(\boldsymbol{\theta})}, \cdots, \underbrace{f^{n-1}(\theta_0), f^{n-1}(\theta_1), \cdots, f^{n-1}(\theta_{m-1})}_{\boldsymbol{f}^{n-1}(\boldsymbol{\theta})}] \tag{3.43}$$

3.5.2　描述子预筛选

常规的匹配方案是将两候选描述子的集合放入 k-d 树结构，使用近似最邻近（approximate nearest neighbor，ANN）方法搜索最佳匹配点。本节所介绍的加速算法在进行 ANN 搜索之前，根据类 SIFT 特征描述子的特点，进行预筛选 (pre-selection, PS) 操作，从而有效降低搜索的复杂度。

从概念上看，一对匹配点的特征描述子是严格相等的。若 $\mathbf{x}_i \in \mathcal{I}$ 与 $\mathbf{x}_j \in \mathcal{I}$ 是一对匹配点，各自的描述子为

$$\boldsymbol{D}_i = [f_i^0(\theta_0), \cdots, f_i^0(\theta_{m-1}), \cdots, f_i^{n-1}(\theta_0), \cdots, f_i^{n-1}(\theta_{m-1})]$$

和

$$\boldsymbol{D}_j = [f_j^0(\theta_0), \cdots, f_j^0(\theta_{m-1}), \cdots, f_j^{n-1}(\theta_0), \cdots, f_j^{n-1}(\theta_{m-1})]$$

而匹配意味着 $\boldsymbol{D}_i = \boldsymbol{D}_j$，即满足

$$f_i^k(\theta_\ell) = f_j^k(\theta_\ell), \quad 0 \leqslant k \leqslant n-1, 0 \leqslant \ell \leqslant m-1 \tag{3.44}$$

定义 3.5.3 (累积向量)　特征描述子 $\boldsymbol{D}$ 的累积向量 (cumulative vector)

$$\boldsymbol{D}^{\mathrm{cum}} = [D^{\mathrm{cum}}(0), D^{\mathrm{cum}}(1), \cdots, D^{\mathrm{cum}}(m-1)] \tag{3.45}$$

其中

$$D^{\mathrm{cum}}(\ell) = \sum_{k=0}^{n-1} f^k(\theta_\ell) \tag{3.46}$$

对于第 i 个描述子 $\boldsymbol{D}_i$，可以得到

$$\boldsymbol{D}_i^{\text{cum}} = \left[\sum_{k=0}^{n-1} f_i^k(\theta_0), \cdots, \sum_{k=0}^{n-1} f_i^k(\theta_\ell), \cdots, \sum_{k=0}^{n-1} f_i^k(\theta_{m-1}) \right] \tag{3.47}$$

两个特征描述子 $\boldsymbol{D}_i$ 和 $\boldsymbol{D}_j$ 相等的情况下，相应的累积向量也必须相等，即满足

$$\boldsymbol{D}_i^{\text{cum}} = \boldsymbol{D}_j^{\text{cum}} \tag{3.48}$$

相应的分量表达式为

$$\boldsymbol{D}_i^{\text{cum}}(\ell) = \boldsymbol{D}_j^{\text{cum}}(\ell) \Longleftrightarrow \sum_{k=0}^{n-1} f_i^k(\theta_\ell) = \sum_{k=0}^{n-1} f_j^k(\theta_\ell), \quad 0 \leqslant \ell \leqslant m-1 \tag{3.49}$$

这个结果的价值在于它给出了两个描述子 $\boldsymbol{D}_i$ 与 $\boldsymbol{D}_j$ 匹配的必要条件。

定义 3.5.4 (角度索引) 特征点 P 的一个特征描述子对应的累积向量的最大分量所在位置称为其角度索引值，记为

$$\text{ind}(P) = \arg \max_{0 \leqslant \ell \leqslant m-1} \boldsymbol{D}_P^{\text{cum}}(\ell) = \arg \max_{0 \leqslant \ell \leqslant m-1} \sum_{k=0}^{n-1} f_P^k(\theta_\ell) \tag{3.50}$$

角度索引的物理意义是梯度分布最为密集的方向。特别地，一对匹配点 (P_i, P_j) 的角度索引值相等，即 $\text{ind}(P_i) = \text{ind}(P_j)$。受此启发，可以采用特殊的策略存储特征点：按照角度索引进行分类，把从同一幅图像中提取的特征点集合存储在不同类别的集合中。这样做的好处是：在进行特征点匹配时，只需要根据角度索引进行按图索骥，索引到特定的 k-d 树进行 ANN 搜索即可找到最佳匹配点。容易发现，利用式 (3.48) 可以提出一种描述子匹配的预筛选方案，其关键步骤有两个：

(1) 计算特征点 (描述子) 的角度索引；

(2) 按照角度索引存储特征点。

如果特征点的梯度分布是均匀分布，那么通过角度索引可以直接过滤 $(m-1)/m$ 个搜索对象，其中 m 是前面提到的角度离散化的参数。对于 SIFT 特征描述子，其角度索引有 8 种取值，这意味着可以节省 $7/8 = 87.5\%$ 的搜索次数。

3.5.3 k-d 树检索

k-d 树是一种用于存储维向量的特殊二叉树结构，在 kNN 搜索中应用广泛 [105]。应用 k-d 树搜索算法，可以将复杂度由强力匹配搜索的 $\mathcal{O}(n^2)$ 降为 $\mathcal{O}(n \log_2 n)$。为了提高特征点的匹配效率，每一个角度索引值对应的特征点集合都被存储在一棵 k-d 树中。于是，一组特征点集将被存储在一棵 k-d 树中。在特征点搜索阶段，给定一个待匹配点，首先计算其角度索引，然后根据角度索引选择一棵合适的 k-d 树作为搜索对象，最后使用 FLANN(fast library for approximate nearest neighbors) 算法完成最近邻搜索 [106-107] 找到最佳的匹配点。k-d 树的时间搜索复杂度为 $\mathcal{O}(n \log_2 n)$。

每一次执行最近邻搜索都可以找到一个最佳的匹配点，但是并非每一个最佳匹配点都满足条件。一种常见的实际情况是，从两幅图像中分别提取出的特征点并不是一一对应的

关系，即有一部分特征点的匹配点根本不存在。为了尽量减少这种错误的匹配，引入最近邻搜索中常用的三种处理搜索结果的策略。

(1) 距离阈值法则。通过设定距离阈值，当查询点和匹配点之间的距离小于阈值时，认为搜索结果有效，否则无效。

(2) 倍数法则。设定一个比例系数 γ，设 2-近邻的搜索结果对应的距离分别为 d_1 和 d_2，当 $d_1 < \gamma d_2$ 时，保留搜索结果，否则弃之。

(3) 交叉匹配测试。所谓的交叉匹配测试，是指若 P 的最近邻为 Q，且 Q 的最近邻为 P，那么 P 和 Q 通过测试，搜索结果有效。

上述三种策略可以独立或者随意组合使用，在本书涉及的实验验证中，同时采用前两种策略作为决策依据。

3.5.4　类 SIFT 特征描述子快速匹配的 PS-ANN 算法

为了便于编程实现，类 SIFT 特征描述子的角度索引计算过程可以用伪代码描述，如算法 6 和算法 7 所示。

算法 6　计算特征点描述子的角度索引

输入： 特征点 P，其数据结构至少应包含特征描述子 D 及其维数 n，离散化的方向数目 m。

输出： 特征点 P 描述子的角度索引 $\text{ind}(P)$。

1. 从 P 获取特征点维数 n 以及离散化的方向数目 m。
2. 初始化 $D[\ell] = 0$，$\ell \in \{0, 1, 2, \cdots, m-1\}$。
3. for $\{k \leftarrow 0; k < n; k \leftarrow k + m\}$ do
① 　 for $\ell \in \{0, 1, 2, \cdots, m-1\}$ do
② 　　 $D[\ell] \leftarrow D[\ell] + P.mag[k+\ell]$; // {refer to 式(3.46)}
③ 　 end for
④ end for
4. 计算角度索引 $\text{ind}(P) = \underset{\ell}{\arg\max}\, D[\ell]$。
5. 返回 $\text{ind}(P)$。

算法 7　从点集中查询匹配点

输入： 具有角度索引属性的待查询点 P，候选点集合 $\mathcal{S}$，距离比 γ。

输出： 最佳候选点 $Q \in \mathcal{S}$。

1. 从 P 获取离散化的方向数目 m。
2. 访问对应的 k-d 树 T_{cor}。
3. 对于树 T_{cor} 中使用 ANN 方法进行 2-近邻查找，找到两个最佳候选点 Q_1 与 Q_2。
4. if $\text{dist}(Q_1, P) < \gamma\,\text{dist}(Q_2, P)$ then
① $Q \leftarrow Q_1$。
② 返回 Q。
5. else
① 没有可接受的候选点。
② 返回 EXCEPTION。
6. end if

3.5.5　实验结果与分析

为了便于定量评估算法的性能，引进三个性能指标，分别为匹配率 τ、匹配精度 p 和耗时 t。设一个特征点的集合中包含 n 个特征点，成功匹配的特征点的数量为 n_{success}，则匹配率 τ 定义为

$$\tau = \frac{n_{\text{success}}}{n} \times 100\% \tag{3.51}$$

设 n_{success} 个匹配结果中有 n_{right} 个特征点的匹配结果正确，则精度为

$$p = \frac{n_{\text{right}}}{n_{\text{success}}} \times 100\% \tag{3.52}$$

耗时 t 记录匹配过程所用的总时间。

算法的实验测试与评估从匹配率 τ、匹配精度 p 以及耗时 t 三个方面进行。测试包含三组实验测试，每一组实验的对照组设置为纯粹的 ANN 搜索；实验组采用本书新提出的预筛选 +ANN 搜索匹配方案，即 PS-ANN 方案，其中 ANN 通过 FLANN 提供的 C++ 接口实现 [107]。本节所有实验都在 Linux 虚拟机上进行，其中：宿主机搭载 Intel i7-4770 CPU、3.40GHz 处理器和 12GB 内存，并安装 Windows 10 操作系统；虚拟机采用 VMware® Workstation 12 Pro 作为容器，搭载四核八线程虚拟处理器和 4GB 内存，操作系统为 Ubuntu 16.04 LTS。

1. 两视点 SIFT 描述子匹配

两视点 SIFT 匹配所用特征点通过对实际图像进行 SIFT 特征点提取获得，SIFT 特征提取直接应用 D. Lowe 在其个人主页上提供的程序实现。

图 3.9 和图 3.10 直观地展示了两组图像分别通过 ANN 直接匹配和采用 PS-ANN 两种方案的匹配结果。对比两组图的匹配结果，从直观上看预筛选环节并没有对匹配率造成明显的影响。

图 3.9　ANN 和 PS-ANN 匹配效果对比 (I)

图 3.10　ANN 和 PS-ANN 匹配效果对比 (II)

表 3.5 描述了四组匹配实验的定量结果，其中数据集 I 和 II 分别对应图 3.9 和图 3.10 的实验结果。数据集 III 与 IV 对应人工合成的数据测试。从表 3.5 中的数据容易发现，预筛选操作会导致匹配率降低，但是四组实验的特征点匹配丢失率均低于 10%。另外，实验数据显示，新方法显著地提升了时间效率，平均所需的匹配时间约为原方法的 1/3。虽然附加的操作对匹配性能略有影响，但相对于近 3 倍的匹配速度而言，所付出的代价相当低廉。

表 3.5　类 SIFT 描述子加速算法性能对比

数据集	匹配点数量		比率/%	耗时/s		比率/%
	原始方法	加速方法		原始方法	加速方法	
I	336	307	91.37	19.278	6.662	34.56
II	230	219	95.22	5.580	1.792	32.11
III	759	703	92.62	14.389	4.864	33.80
IV	1193	1136	95.22	5.098	1.896	37.19

2. 多视图交叉 SIFT 匹配

在大场景的重建过程中，通常需要完成大量的多视图匹配，这要求算法具有相当高的稳定性。为了模拟这种情况，本书作者构造了一个由 10 幅分辨率为 1920×1080 像素的图像所构成的序列，并对序列的相邻两帧进行完全的 SIFT 特征点匹配。为了降低计算机操作系统和其他程序对时间的影响，相同的实验进行 10 次。实验结果如图 3.11 所示。实验结果表明，基于加速 ANN(即 PS-ANN) 的类 SIFT 特征描述子加速匹配算法在时间效率上具有非常高的稳定性。

3. 人工合成数据测试

最后一组测试针对人工合成的数据进行。人工特征点由计算机构造的一个 256 维的向量产生，每一个向量都是由 16 个 16 维的子向量组成，以此模拟 16 个局部梯度分布规律。

每个子向量的元素均服从均匀分布 Uniform$(0, 255)$；每个特征点的对应点由理想特征点和服从 Gauss 分布 $\mathcal{N}(0, 30)$ 的随机噪声叠加而成。

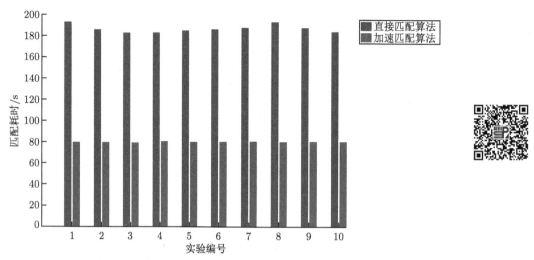

图 3.11　基于 PS-ANN 的类 SIFT 描述子加速匹配算法的时间稳定性

　　构造数据集时，以 1000 个特征点为单位，每次实验增加一个单位，构造数量从 1~10 的 10 组测试数据。图 3.12 和图 3.13 直观地显示了实验结果。图 3.12 所示为匹配率和特征点集合基数之间的关系。原始的 ANN 匹配方法的匹配率基本维持在 98%，而本书作者提出的类 SIFT 描述子加速匹配算法的匹配率维持在 90% 以上，后者相对于原始的 ANN 方法的匹配率损失始终低于 10%，与第一组针对实际图像的测试结果相吻合。图 3.13 所示为匹配耗时随特征点集基数的变化趋势：从图中可以看出，相比于原始的 ANN 特征点匹配算法，类 SIFT 特征描述子匹配耗时显著减少。尤其是当特征点的数量达到 4000 个以上时，类 SIFT 特征描述子匹配算法节约的时间非常可观。

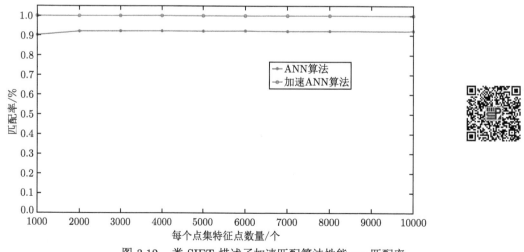

图 3.12　类 SIFT 描述子加速匹配算法性能——匹配率

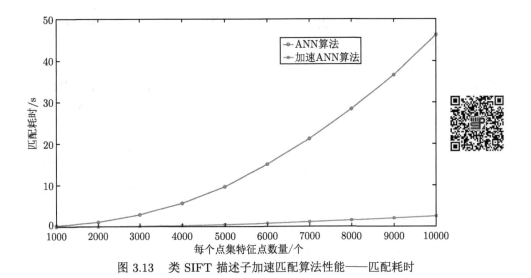

图 3.13　类 SIFT 描述子加速匹配算法性能——匹配耗时

4. 实验测试结论

理论分析表明，类 SIFT 描述子加速匹配算法 (PS-ANN) 针对 SIFT 特征可以得到 7 倍的性能提升。仿真实验和实际测试结果表明：算法可以平均提高匹配速度 2～4 倍；类 SIFT 特征点描述子匹配算法能够实现以约 10% 的匹配质量损失换取平均约 30% 的效率提升。由此可见，PS-ANN 算法能显著地提高匹配速度且效果稳定，具有良好的性能，值得采用。

本章小结

三维建模的底层算法为数众多，本章主要考查了线性模型参数估计与特征分析的基本要求这两个方面，得到的结论如下。

(1) STLS 算法可以视为由 LS 与 TLS 得到的同伦算法，它统一并推广了 LS、DLS 与 TLS 这三种算法，而且与 LM 算法密切相关；STLS 算法可以用于各种线性模型的参数估计，包括估计三维建模中的帧间单应变换矩阵与基本矩阵等。

(2) 消化道三维建模所用的图像序列为无线胶囊内镜图谱，其特征抽取算法只能采用满足对平移、旋转以及尺度变换不变的算法，SIFT 是最佳的候选，但是由于内镜图谱没有明显的点、线与纹理结构，对于许多内镜图片的特征分析，SIFT 算法会失效。

(3) 在 Bergen 的层次运动模型基础上提出了一种彩色图像的平面单应矩阵估计算法，此算法具有如下特点：采用基于光流计算的直接方法计算，能适用于一般的视频图像；引进了彩色图像的色彩空间转换过程，有效地改善了亮度不变约束带来的局限性，而且在多种可选的色彩模型中，HSV 模型得到的结果比其他色彩模型更优越；采用了 Simoncelli 最优滤波器方法计算图像点的数值导数，显著提高了计算的精度与稳健性；采用了 STLS 参数估计方法，能更好地适应图像噪声的非 Gauss 性以及方差不等特性并获得更加准确稳健的参数估计结果。从底层算法的角度来看，该方法最大的价值在于当 SIFT 之类的特征分析办法失效时，它依旧能获得良好的图像点运动模型。

(4) 针对实时处理中的 ORB 特征抽取算法，利用四叉树实现了特征的均匀化，在稍微增加一点计算代价的基础上得到了特征抽取效果。该方法在 vSLAM 系统中已经得到了比较普遍的应用。

(5) 针对类 SIFT 特征，利用图像亮度的梯度幅值构建了类 SIFT 描述子。利用描述子预筛选策略与近似最近邻搜索方法设计了用于快速匹配类 SIFT 特征描述子的 PS-ANN 算法。该算法能够实现以约 10% 的匹配质量损失换取约 30% 的时间效率提升，在某些情形下匹配速度可以提升为加速前的 2 ～ 4 倍。

需要特别说明的是，优化算法在视觉建模中是极为重要的。对于姿态估计的优化问题，越来越受重视的是流形优化算法。摄像机矩阵 $P = K[R\,t]$ 中的外参数 R 与 t 本质上是群流形 $SE(3, \mathbb{R})$ 上的元素，采用基于 Lie 群与 Lie 代数的参数估计的优化算法通常都有不错的效果。关于流形优化算法，感兴趣的读者可以参考文献 [108]、[109] 与相应的流形优化工具箱 Manopt，该工具箱目前有 MATLAB、Python、Julia 三种编程语言的实现版本[110]。

流形是数学中的一个基本概念，它对于视觉建模、机器学习以及最优化算法都是很重要的。按照数学家陈省身的观点，"将来数学研究的对象必定是流形"。本章以场景的拓扑结构为出发点，以数学概念与计算机视觉概念的对应原理为指导理念，确立了基于视觉图像的二维与三维建模的基础性理论，主要内容包括：

- 流形建模的基本思想；
- 流形建模与二维全景图像拼接；
- 流形建模与二维及三维坐标配准。

4.1 流形建模的基本思想

4.1.1 物理场景与流形

流形建模需要用到拓扑空间的概念。从数学上来看，如果 $\mathcal{T}$ 是集合 $\mathcal{X}$ 上的拓扑，开覆盖可以记为 [17,111-112]

$$\mathcal{X} = \bigcup_{\alpha} U_{\alpha} \tag{4.1}$$

其中，U_{α} 是 $\mathcal{T}$ 中的开集。

拓扑空间这个概念与图像拼接密切相关。事实上，无论是全景图像还是拼接算法都依赖于三维物理场景及其表面的几何结构与拓扑结构。例如，航拍图像具有相对平坦的场景几何结构，而内镜图像则与圆柱场景结构相关，无论是无线胶囊内镜还是 TCE 内镜系统 [89,113] 的工作场景都具有圆柱类型的几何结构，虽然拍摄的图像都是单连通的，但是在做拼接时，条带的选取都是复连通的环状结构。很显然，理想的平面场景与圆柱场景由于拓扑结构存在巨大的差异。

一般来说，三维场景可以视为嵌入在由世界坐标系描述的 Euclid 空间 $\mathbb{R}^3$ 中的子集。一个直观而又显然的结论是开集 U_{α} 描述了场景中的局部区域，因此数学陈述 "$\{U_{\alpha}\}$ 是 $\mathcal{X}$ 的一个开覆盖" 可以替换成物理陈述 "整体的大场景由局部场景构成"。

本书第 1 章简要介绍了流形的概念。概括地讲，流形是在局部上类似 Euclid 空间的一类几何对象。对于具有拓扑 $\mathcal{T}$ 与开覆盖 $\{U_{\alpha}\} \subset \mathcal{T}$ 的 n-维流形，微分同胚 $\varphi_{\alpha}: U_{\alpha} \to \mathbb{R}^n$ 称为坐标卡或局部坐标。U_{α} 上的每个点 x 都有唯一确定的长为 n 的实数串 $(x_1, x_2, \cdots, x_n)$ 作为其局部坐标。集合 U_{α} 称为坐标区域。多个坐标卡构成的集合类 $\mathscr{A} \equiv \{< U_{\alpha}, \varphi_{\alpha} >\}$ 称为坐标卡集或图册。对于两个开集 $U_{\alpha}, U_{\beta} \in \mathcal{T}$，当 $U_{\alpha} \cap U_{\beta} \neq \varnothing$ 时，定义于交集 $U_{\alpha} \cap U_{\beta}$ 上

的映射

$$\begin{cases} h_\beta^\alpha \equiv h_{\beta\alpha} = \varphi_\beta \circ \varphi_\alpha^{-1} \\ h_\alpha^\beta \equiv h_{\alpha\beta} = \varphi_\alpha \circ \varphi_\beta^{-1} \end{cases} \tag{4.2}$$

称为局部坐标间的转换映射 (transition map)，而且满足条件

$$h_{\alpha\beta} = h_{\beta\alpha}^{-1} \Longleftrightarrow h_\beta^\alpha = (h_\alpha^\beta)^{-1} \tag{4.3}$$

从物理上来看，摄像机实际拍摄的场景是嵌入在由世界坐标系描述的三维空间 $\mathbb{R}^3$ 中的子集，一般来说它并不构成数学意义上的流形，对于三维建模而言，可以按照如下两种方式来理解：

(1) 物理场景与图像拼接。对于图像拼接问题而言，借助于摄像机投影模型与视球面 (view-sphere)[13] 的概念，可以用二维流形 $\mathcal{M}$ 来描述，将其理解为物理表面可见部分的光滑包络，与 Agarwala 等 [114] 的主平面 (dominant plane) 概念颇有类似之处。例如，用一张彩色地图卷成一个圆筒，然后把微型摄像机放入其中进行拍摄，此时圆筒的内表面就完全可以用数学意义上的流形概念来描述。在用二维流形建模时，其局部坐标系间的映射是定义在 $\mathbb{R}^{2\times1}$ 上的映射。如果采用齐次坐标描述三维点，则转换映射 $h_{\alpha\beta}$ 的切映射将是 3×3 的变换矩阵，它实际上就是图像拼接中所谓的帧间单应变换矩阵。

(2) 物理场景与三维重建。三维重建的基本目的是得到三维场景点云，其中每个三维点都需要利用图像对应点求解。对于三维重建，应当将物理场景看成是三维 Euclid 空间中的子流形，一般情况下它是三维的，在用三维流形建模时，其局部坐标系间的映射是定义在 $\mathbb{R}^{3\times1}$ 上的映射。如果采用齐次坐标描述三维点，则转换映射 $h_{\alpha\beta}$ 的切映射 $h_{\alpha\beta}^*$ 将是 4×4 的变换矩阵，它实际上是三维重建中的坐标配准矩阵。

尽管从纯数学的角度来看，拓扑与流形概念是抽象而且复杂的，但是在计算机视觉与图像处理领域可以重新赋予拓扑和流形新的意义，并用其来建立各种图像拼接算法的统一理论框架。大体来说，流形建模对于图像拼接的价值就像测度论对于概率论的价值。

4.1.2　数学概念与计算机视觉概念的对应关系

二维场景流形建模的实质在于确定二维图像拼接的基本概念与数学概念之间的对应关系 (corresponding relation)[115]。有趣的是，多视点摄像机投影与流形之间存在密切的相互关系，如图 4.1 所示，其关键之处在于：

(1) 流形可以用转换映射连接起来的坐标卡集合描述；

(2) 大场景可以通过拼接多帧图像或多视点图像来获得，局部图像与全景图像的连接关键在于单应变换。

1. 同胚映射与摄像机矩阵

从二维表面流形到 Euclid 空间的同胚映射 $\varphi: \mathcal{M} \to \mathbb{R}^2$ 对应于摄像机投影变换 $\mathbf{P}: \mathcal{M} \to \mathbb{R}^2$。这个结论是非常直接的，而且也蕴含了映射 φ 与 $\mathbf{P}$ 的源像与像①之间的对应

---

① 这里"源像 (source)"与"像 (image)"是集合论中术语，不是光学领域的含义，不过两者之间存在类比关系。

关系:

$$\mathcal{M} \ni x \leftrightarrow \mathbf{X} = [X, Y, Z, W]^{\mathrm{T}} \sim \mathbf{X} = [X/W, Y/W, Z/W]^{\mathrm{T}}$$
$$(x_1, x_2) \leftrightarrow \mathbf{x} = [u, v, w]^{\mathrm{T}} \sim \mathbf{x} = [u/w, v/w]^{\mathrm{T}}$$

(4.4)

需要说明的是, 在视觉问题与机器人视觉导航问题中, 二维表面流形的坐标化描述常用三维空间点的形式来描述, 因为二维流形是自然地嵌入在三维线性流形 $\mathbb{R}^3$ 中的, 这是 $\mathcal{M} \ni x \leftrightarrow \mathbf{X} \in \mathbb{RP}^3$ 的含义所在。

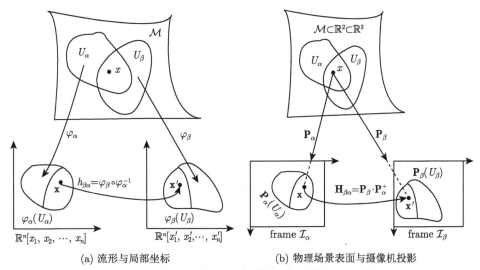

(a) 流形与局部坐标   (b) 物理场景表面与摄像机投影

图 4.1   场景流形建模与流形拼接

2. 坐标卡与摄像机投影

单个坐标图 $< U_\alpha, \varphi_\alpha >$ 对应于视点 α 下的摄像机投影序对 $< U_\alpha, \mathbf{P}_\alpha >$。图像 $\mathcal{I}_\alpha$ 中的一个图像区域对应于场景流形中的一个邻域 U_α, $\varphi(U_\alpha)$ 对应于图像区域 $\mathbf{P}_\alpha(U_\alpha)$。由于摄像机的视场角 FOV 很有限, 这使得它每次采集图像时只能得到局部的场景区域; 在数学上, 一般意义下的流形上并没有全局坐标。容易看出, 这两者是完全对应的, 前者是具体实例, 后者则是具有一般性的数学结论。

3. 局部坐标与图像坐标

二维流形的局部坐标 $\mathbb{R}^2[x_1, x_2]$ 与每张图像上的图像坐标 $\mathbb{R}^2[x, y]$ 相对应。尽管通常是采用实数形式的坐标 (x, y) 描述坐标点, 但是 $\mathbb{R}^2$ 与 $\mathbb{C}$ 的等价性表明图像坐标也完全可以用复数 $z = x + iy$ 来描述。采用复数描述的好处是可以借助复分析与复几何中的方法来做图像处理操作, 在条带整形中用到的 Möbius 变换 (见第 5 章) 就正是利用了这个特点。

4. 转换映射与单应变换

两个开集 $\varphi_\alpha(U_\alpha \cap U_\beta)$ 与 $\varphi_\beta(U_\alpha \cap U_\beta)$ 间的转移映射

$$h_\beta^\alpha \equiv h_{\beta\alpha} = \varphi_\beta \circ \varphi_\alpha^{-1} \in C^r$$

(4.5)

正好与式 (2.14) 所给出的 2 幅图像 $\mathcal{I}_\alpha$ 与 $\mathcal{I}_\beta$ 间的单应变换

$$\mathbf{H}_\beta^\alpha \equiv \mathbf{H}_{\beta\alpha} = \mathbf{P}_\beta \cdot \mathbf{P}_\alpha{}^\dagger$$

相对应①。流形上的相容性条件要求 $h_\beta^\alpha = (h_\alpha^\beta)^{-1}$(或 $h_{\beta\alpha} = h_{\alpha\beta}^{-1}$),图像间的单应变换则应该满足 $\mathbf{H}_\beta^\alpha = (\mathbf{H}_\alpha^\beta)^{-1}$(或 $\mathbf{H}_{\alpha\beta} = \mathbf{H}_{\beta\alpha}^{-1}$)。在实际的计算机视觉问题中,如果不考虑计算误差与噪声的影响,这样的约束条件是能满足的。

5. 映射点对与图像匹配

由转换映射 $h_{\alpha\beta}$ 所确定的源像–像点序对

$$(x_\alpha, x_\beta) = (x_\alpha, h_{\beta\alpha}(x_\alpha))$$

恰好相应于计算机视觉领域里特征分析中的图像对应点 (匹配点) 对

$$(\mathbf{x}_\alpha, \mathbf{x}_\beta) = (\mathbf{x}_\alpha, \mathbf{H}_{\beta\alpha}\mathbf{x}_\alpha) = (\mathbf{x}_\alpha, \mathbf{H}_\beta^\alpha \mathbf{x}_\alpha)$$

在数学中,源像–像点序对通常是由事先给定或选定的点在给定的转换映射下所获得的;而在底层的图像处理中,是由特征抽取与匹配算法[67] 或光流估计算法[25] 获得的。图像匹配点既可以用于单应变换的估计,这是图像拼接的基础,也可以用于摄像机标定,这是三维度量重建的基础。

6. 同胚映射确定与摄像机标定

确定同胚映射 φ 实质上意味着摄像机标定。从数学上来看,如果要找出流形上某个点 x 的局部坐标,就必须选定一个包含该点的邻域 $U \ni x$ 并指定一个同胚映射 φ。不过,如果要确定与 φ 对应的摄像机矩阵 $\mathbf{P}$ 的具体形式,就必须对摄像机进行标定,以获得内参数与外参数矩阵。一般来说,标定过程并不是件很简单的事情。

7. 开覆盖与图像条带缝合

流形概念中的开覆盖与图像拼接中的条带缝合 (strip stitching) 相对应。如果流形 $\mathcal{M}$ 存在有限的开覆盖 $\{U_\alpha\}_{k=1}^K$,那么由式 (4.1) 可得

$$\mathcal{M} = \bigcup_{\alpha=1}^K U_\alpha \tag{4.6}$$

在 K 个视点处的摄像机投影矩阵序列 $\{\mathbf{P}_\alpha\}_{\alpha=1}^K$ 将生成一个图像区域序列 $\{S_\alpha\}_{\alpha=1}^K$,此处

$$S_\alpha = \mathbf{P}_\alpha(U_\alpha) \tag{4.7}$$

在经过一些图像整形操作之后,每个图像区域 S_α 将变换为一个单连通的图像条带 $\overline{S}_\alpha$。用符号 $\sqcup$ 标记两个图像条带 $\overline{S}_\alpha$ 与 $\overline{S}_\beta$ 的缝合操作,那么全景图像可以表示为

$$\mathscr{I}_p = \bigsqcup_{\alpha=1}^K \overline{S}_{\pi(\alpha)} \tag{4.8}$$

---

① 如果要追求数学的严格性,则应当是转换映射的切映射与单应矩阵相对应。

其中，π 是集合 $\{1, 2, \cdots, K\}$ 上的置换，因为在实际问题中缝合的顺序是非常重要的。缝合操作 $\sqcup$ 是典型的信息融合过程，有很多现成的算法可用，如 α-混合算法 [91]、变形突出算法 (featuring)[90]、多分辨率样条算法 [116]、GIST(gradient domain seamless stitching，梯度域缝合) 算法等 [117]。

表 4.1 列出了上述的所有对应关系。很显然，具有某种数学结构 (如拓扑结构或微分结构) 的流形可以对图像拼接做极好的描述，这正是数学建模的实质——用某种数学理论概念合理地近似或描述现实世界中的现象或过程。

表 4.1　流形建模与图像拼接

数学	计算机视觉
二维流形	物理场景表面的二维包络
同胚映射 φ_α	摄像机矩阵 $\mathbf{P}_\alpha$
局部坐标 $\mathbb{R}^2[x_1, x_2]$	图像坐标 $\mathbb{R}^2[x, y]$
坐标卡 $< U_\alpha, \varphi_\alpha >$	摄像机投影 $< U_\alpha, \mathbf{P}_\alpha >$
转换映射 $h_\beta^\alpha \equiv h_{\beta\alpha} = \varphi_\beta \circ \varphi_\alpha^{-1}$	单应变换 $\mathbf{H}_\beta^\alpha \equiv \mathbf{H}_{\beta\alpha} = \mathbf{P}_\beta \cdot \mathbf{P}_\alpha^\dagger$
源像–像点序对 (x_α, x_β)	图像匹配点对 $(\mathbf{x}_\alpha, \mathbf{x}_\beta)$
确定同胚映射	摄像机标定
开覆盖 $\mathcal{M} = \bigcup\limits_{\alpha} U_\alpha$	图像拼接 $\mathscr{I}_p = \sqcup\limits_{\alpha} \overline{S}_\alpha$

4.2　流形建模与二维拼接

4.2.1　近平坦流形建模与图像拼接

流形建模的基本原理是图像拼接的基本原理，最典型的例子是拓扑亏格为 $g = 0$ 的近平坦流形 (almost flat manifold)。当摄像机采用侧向拍摄方式时，如果其运动轨迹的环绕数为 $N_l = 0$，则可以认为场景流形是近平坦流形；否则，需要将场景流形视为没有底的圆柱面结构，拓扑亏格为 $g = 1$。

图 4.2 给出了两种典型的摄像机运动轨迹，其中 O_α 是摄像机光心的位置，$\boldsymbol{n}_\alpha$ 是摄像机光轴的方向。表 4.2 给出了摄像机运动轨迹、环绕数 N_l、场景流形以及单应变换间的关系。

近平坦场景流形的拼接问题已经由 Rousso、Peleg、Wexler 等解决了，这里需要做的只是用流形建模的语言重新表述而已。假设近平坦场景流形 $\mathcal{M}$ 有一个有限开覆盖 $\mathcal{M} = \cup_\alpha U_\alpha$，且每一个区域 U_α 对应一个视点，摄像机投影矩阵 $\mathbf{P}_\alpha$ 把区域 U_α 映射成第 α 个视点图像 $\mathcal{I}_\alpha$ 中的图像条带 S_α。在经过图像形变卷绕操作之后，每个条带 S_α 将被变换成条带 $\overline{S}_\alpha$。这样一来，全景图像可以用式 (4.8) 描述。

在 Wexler 等 [118] 提出的场景流形拼接算法中，每个条带 S_α 的宽度仅为 1 像素，而且是依据最短路径算法从几帧邻近的图像中选取最优的条带，该算法不需要图像配准步骤，也不需要图像形变操作，但前提是场景流形要有良好的平坦性或者场景流形是可展的直纹曲面。相比之下，在 Peleg 等 [119-121] 的自适应流形拼接算法中，每帧图像中至多有一个条带会被选中，而且图像形变操作是必不可少的。同时，由于 Peleg 等的自适应流形拼接算法要求选的图像条带是单连通的，图像形变操作必须是同胚映射，否则会改变其拓扑结构。

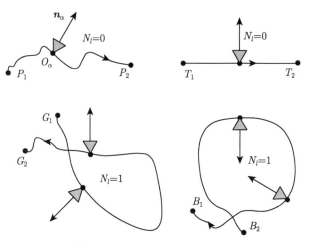

图 4.2　摄像机侧向拍摄时的运动轨迹与光轴方向

表 4.2　摄像机运动轨迹与场景流形

轨迹	N_l	场景流形	$\mathbf{H}_{\alpha\beta}$
$P_1 \to P_2$	0	近平坦	射影变换
$T_1 \to T_2$	0	平坦/平面	平移
$G_1 \to G_2$	1	管状/圆柱	射影变换
$B_1 \to B_2$	1	管状/圆柱	射影变换

4.2.2　圆柱流形建模与图像拼接

流形建模原理除了可以用于近平坦场景流形的拼接以外，还可以用于具有圆柱结构的场景流形拼接。管道场景下的图像采集特点以及拼接算法对于摄像机的拍摄模式与获取到的图像的连通性这两者的依赖性使得管道内表面的全景图像拼接具有很大的特殊性。文献 [43] 指出，管道场景的图像获取既可以采用有限视场的摄像机以侧向或轴向两种拍摄方式获得，也可以采用具有环视全景成像镜头的摄像机获得。图 4.3 所示为采用摄像机在圆柱场景内进行侧向拍摄与轴向拍摄的情形，其中 O 是摄像机的光心，U_α 是圆柱场景流形内壁上有限大小的环状区域，$\mathbf{P}_\alpha(U_\alpha)$ 是经摄像机投影后获得的图像区域：对于侧向拍摄，如图 4.3(a) 所示，$\mathbf{P}_\alpha(U_\alpha)$ 是单连通区域；对于轴向拍摄，如图 4.3(b) 所示，$\mathbf{P}_\alpha(U_\alpha)$ 是复连通区域①。

当定轴摇转摄像机进行侧向拍摄时，如图 4.2 所示，在每个视点处采集的图像所对应的局部场景链接在一起可以视为一个圆柱面。如果定轴摇转摄像机在旋转一周时采集了 K 张图片，则采集到的有限长度的圆柱场景就是 $\mathcal{M} = \bigcup\limits_{\alpha=1}^{K} U_\alpha$。对于每个单连通的场景表面区域 U_α，其摄像机投影 S_α 将是矩形图像，圆柱场景内表面的全景图像可以通过缝合图像区

---

① 不论是当前的无线胶囊摄像机、具有环视全景成像镜头的摄像机还是反射–折射式摄像机，当 U_α 为有限大小时，得到的都是环状图像区域。

域集合 $\{S_\alpha\}_{\alpha=1}^{K}$ 得到，即

$$\mathscr{I}_p^{\mathrm{s}} = S_1 \sqcup S_2 \sqcup \cdots \sqcup S_\alpha \cdots \sqcup S_K \tag{4.9}$$

其中，上标 s 表示侧向拍摄。实际上，图 4.3(a) 中所示的摇转摄像机能在采集图像时把具有拓扑亏格的圆柱场景撕裂成无拓扑亏格的矩形碎片，具有公共场景区域的两帧图片间的单应变换矩阵将是一个旋转矩阵，即

$$\mathbf{H}_\beta^\alpha \in \mathrm{SO}(3, \mathbb{R}), \quad U_\alpha \cap U_\beta \neq \varnothing$$

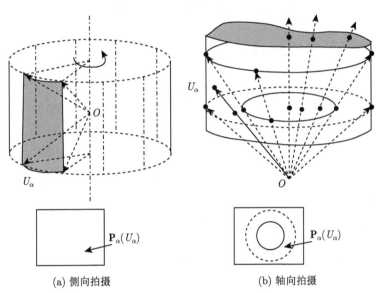

(a) 侧向拍摄　　　　　(b) 轴向拍摄

图 4.3　圆柱场景流形与摄像机投影

如果摄像机以轴向方式拍摄，有限长度的圆柱面场景在摄像机投影下的图像就与摇转摄像机获取的矩形图像大为不同了。如图 4.3(b) 所示，对于有限长的柱面区域 U_α，由于其拓扑亏格 $g_t = 1$，所对应的图像区域 $S_\alpha = \mathbf{P}_\alpha(U_\alpha)$ 是环状的复连通图像[①]。如果 U_α 是半无限长的区域，则图像区域 S_α 将是类似于圆盘的区域，拓扑亏格是 $g_t = 0$。现有的各种无线胶囊内镜拍摄的图像大都是这种类型。

在对轴向拍摄的图像序列进行拼接时，必须对环状图像区域做变换，使之变为单连通区域，否则不可能获得拓扑亏格为零的全景图像。这表明我们必须将环状图像进行展开，对于理想的同心圆环图像，应将其展开成矩阵图像，对于非理想的圆环图像，则需要更加复杂的展开算法。换句话说，对于轴向拍摄方式获得的图像序列，在拼接时必须改变其拓扑结构，必须采用能撕裂图像的几何操作。如果作用在图像条带[②] S_α 上的变换记为

$$\mathscr{W}_\alpha : S_\alpha \mapsto \overline{S}_\alpha \tag{4.10}$$

---

① 更准确的说法是双连通。

② 这里"条带"可以是狭长的图像区域，例如单个像素宽的狭条，也可以是整幅图像。

则全景图像可以写为

$$\mathscr{I}_p = \overline{S}_1 \sqcup \overline{S}_2 \sqcup \cdots \sqcup \overline{S}_K \tag{4.11}$$

直观地, 称变换 $\mathscr{W}_\alpha$ 为条带整形操作 (strip reshaping operation) 或条带整形变换 (strip reshaping transformation)。很显然, 式 (4.9) 与式 (4.11) 都是式 (4.8) 的特殊情形。如果每个变换 $\mathscr{W}_\alpha$ 均为恒等映射, 即 $\mathscr{W}_\alpha = \mathbb{1}$, 那么原始的条带序列 $\{S_\alpha\}_{\alpha=1}^K$ 与经过整形的条带序列 $\{\overline{S}_\alpha\}_{\alpha=1}^K$ 会完全相同。一般情况下, 每个条带整形操作 $\mathscr{W}_\alpha$ 都是较为复杂的, 因为 $\mathscr{W}_\alpha$ 必须满足两个条件: 一是改变拓扑结构, 二是满足由光流带来的正交性约束。这两个条件带来的新问题是, 如何确定并实现满足条件的条带整形操作? 这个问题将在第 5 章中讨论, 其解答需要用到 Möbius 映射, 这是一种特殊的共形映射。

4.3 流形建模与坐标配准

流形建模的基本概念与方法不仅可以用于建立图像拼接的统一理论框架, 还可以用于研究二维与三维坐标配准, 这对于以配准为基础的二维与三维信息融合至关重要。对于二维图像配准, 关键的问题是在选定参考平面坐标系之后确定各视点图像相对于参考图像平面的全局单应变换; 对于三维重建, 关键的问题是将不同坐标系与尺度下重建出的三维点云进行坐标与尺度配准以便得到整体场景的三维点云。

4.3.1 转换映射与坐标配准

对于 n-维流形 $\mathcal{M}$, 设其有限的拓扑覆盖为 $\mathcal{M} = \bigcup_{k=1}^m U_k$, 坐标卡集为 $\mathscr{A} = \{(\varphi_k, U_k)\}_{k=1}^m$, 而且满足 $U_k \cap U_{k+1} \neq \varnothing$, 由式 (4.5) 可得由相继两个开集 U_k 与 U_{k+1} 决定的转换映射为

$$\begin{cases} h_k^{k+1} \triangleq h_{k,k+1} = \varphi_k \circ \varphi_{k+1}^{-1} \\ \boldsymbol{x}_k = h_k^{k+1}(\boldsymbol{x}_{k+1}), \quad \boldsymbol{x}_{k+1} \in \varphi_{k+1}(U_{k+1}) \subset \mathbb{R}^{n \times 1} \\ \boldsymbol{x}_{k+1} = h_{k+1}^k(\boldsymbol{x}_k), \quad \boldsymbol{x}_k \in \varphi_k(U_k) \subset \mathbb{R}^{n \times 1} \end{cases} \tag{4.12}$$

虽然对每个坐标卡 (φ_k, u_k) 都是自流形上的开集到 $\mathbb{R}^{n \times 1}$ 上的映射, 但是这些局部坐标系的选择在应用中是可以完全不同的, 计算机视觉中的问题就是典型例子。如果把第一个坐标卡设定的坐标与尺度作为基准, 则可以将其余坐标卡变换到同一基准之下, 这个任务在计算机视觉中称为坐标配准 (coordinate registration/alignment)。在三维建模中有两个重要的坐标配准问题: 其一是图像拼接中的图像配准, 其二是三维重建中的三维坐标配准。

虽然转换映射 h_k^{k+1} 的原始定义区是 $\mathbb{R}^{n \times 1}$ 中的子集, 但由于 $\mathbb{R}^{n \times 1}$ 是线性空间, 存在全局坐标, 在实际应用中 h_k^{k+1} 可以用其矩阵形式的切映射

$$\mathbf{H}_k^{k+1} = h_{k,k+1}^* = (h_k^{k+1})^* : \mathbb{R}^{n \times 1} \longrightarrow \mathbb{R}^{n \times 1} \tag{4.13}$$

来替代, 因此完全可以将 h_k^{k+1} 当作矩阵来处理, 其定义域也就扩大为整个线性空间 $\mathbb{R}^{n \times 1}$。为了叙述简便, 对转换映射的切映射与转换映射本身不做严格区分, 符号 $*$ 一律省去。在算法实现上, 切映射更为确切; 在一般的理论阐述上, 转换映射的提法更为清晰。

如图 4.4 所示，取坐标卡 (φ_1, U_1) 为基准建立全局坐标系，设 h_k^{k+1} 在全局坐标系中的表示为 $\hat{h}_1^{k+1}$，则由映射复合的链式法则可得

$$
\begin{aligned}
\hat{h}_1^{k+1} &= \varphi_1 \circ \varphi_{k+1}^{-1} \\
&= \varphi_1 \circ \varphi_2^{-1} \circ \varphi_2 \circ \varphi_3^{-1} \circ \cdots \circ \varphi_k \circ \varphi_k^{-1} \circ \varphi_{k+1} \\
&= (\varphi_1 \circ \varphi_2^{-1}) \circ (\varphi_2 \circ \varphi_3^{-1}) \circ \cdots \circ (\varphi_{k-1} \circ \varphi_k) \circ (\varphi_k \circ \varphi_{k+1}^{-1}) \\
&= h_1^2 \circ h_2^3 \circ \cdots \circ h_{k-1}^k \circ h_k^{k+1} \\
&= \hat{h}_1^k \circ h_k^{k+1}
\end{aligned}
\tag{4.14}
$$

很显然，式 (4.14) 给出了计算全局转换映射的递推关系。在二维拼接与三维重建中，基本任务就是确定具体的递推公式与初始条件，这是坐标配准算法设计的核心部分。为了简单起见，可以把 $\hat{h}_1^{k+1}$ 记为

$$
\hat{h}^{k+1} \equiv \hat{h}_1^{k+1}
$$

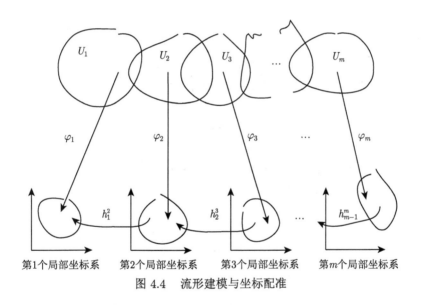

图 4.4　流形建模与坐标配准

4.3.2　图像拼接中的坐标配准

在基于配准的图像拼接算法中，配准矩阵的求解是将不同视点图像链接于一体的关键。在二维全景图像拼接算法中，考虑的是二维流形 $\mathcal{M}$，其有限开覆盖同样记为 $\mathcal{M} = \bigcup\limits_{k=1}^{m} U_k$，由于采用齐次坐标的缘故，作为其转换映射的单应矩阵为

$$
\begin{aligned}
\mathbf{H}_k^{k+1} &: \mathcal{I}_{k+1} \rightarrow \mathcal{I}_k \\
\mathbf{x}_{k+1} &\mapsto \mathbf{x}_k
\end{aligned}
\tag{4.15}
$$

其中，$\mathbf{H}_k^{k+1} \in \mathrm{Hom}(\mathbb{P}^2, \mathbb{P}^2)$。

如图 4.5 所示，取第一个视点图像的图像平面为全景图像的参考平面，由式 (4.14) 可得，全局坐标下的配准矩阵为

$$\hat{\mathbf{H}}^{k+1} \equiv \hat{\mathbf{H}}_1^{k+1} = \mathbf{H}_1^2 \circ \mathbf{H}_2^3 \circ \cdots \circ \mathbf{H}_{k-1}^k \circ \mathbf{H}_k^{k+1} \tag{4.16}$$

其中，$k \in \{1, 2, \cdots, K-1\}$，三阶矩阵乘法运算符号 $\circ$ 可以省略。很显然，存在递推关系式

$$\begin{cases} \hat{\mathbf{H}}^{k+1} = \hat{\mathbf{H}}_1^k \circ \mathbf{H}_k^{k+1} \\ \hat{\mathbf{H}}_1^k = \mathbb{1}_3 \end{cases} \tag{4.17}$$

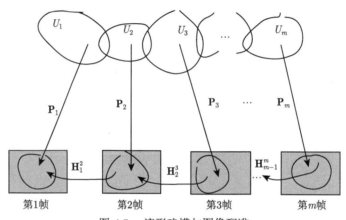

图 4.5　流形建模与图像配准

特别地，对于视频图像序列，由于图像间场景信息冗余度较大，单应矩阵 $\mathbf{H}_k^{k+1}$ 通常可以采用仿射变换模型描述，即

$$\mathbf{H}_k^{k+1} = \begin{bmatrix} a_1^k & a_2^k & a_3^k \\ a_4^k & a_5^k & a_6^k \\ 0 & 0 & 1 \end{bmatrix} \tag{4.18}$$

由仿射变换群对矩阵乘法的封闭性可知，全局坐标系下的配准矩阵 $\hat{\mathbf{H}}_1^{k+1}$ 也是仿射变换，可以记为

$$\hat{\mathbf{H}}^{k+1} \equiv \hat{\mathbf{H}}_1^{k+1} = \begin{bmatrix} \hat{a}_1^k & \hat{a}_2^k & \hat{a}_3^k \\ \hat{a}_4^k & \hat{a}_5^k & \hat{a}_6^k \\ 0 & 0 & 1 \end{bmatrix} \tag{4.19}$$

4.3.3　三维重建中的坐标配准

射影重建定理指出，采用三角原理解算世界坐标系中的三维场景点时，存在一定的含糊度，两个等价的重建之间可以相差一个射影变换。虽然表面上这种含糊度带来了一些麻烦，却也给三维坐标配准提供了解决方案，因为只要选定合适的射影变换，就可以使得各

次三维重建所获得的三维点云具有一致的坐标。对于内参数已知的多视点图像序列，射影三维重建可以提升到度量重建，此时坐标配准的关键问题是寻求合适的相似变换。

设摄像机内参数矩阵为 K，对于两视点图像 $\mathcal{I}_k$ 与 $\mathcal{I}_{k+1}$，两视点重建所取的局部坐标系以视点 O_k 为基准，重建所得的摄像机矩阵对为

$$\begin{cases} \mathbf{P}_k^{\mathrm{ref}} = K[\mathbb{1}_3 \mid \mathbf{0}] \\ \mathbf{P}_{k+1}^{\mathrm{loc}} = K[\boldsymbol{R}_k^{k+1} \mid \boldsymbol{t}_k^{k+1}] \end{cases} \tag{4.20}$$

其中，$\boldsymbol{R}_k^{k+1} \in \mathrm{SO}(3,\mathbb{R})$ 是相对姿态；$\boldsymbol{t}_k^{k+1} \in \mathbb{R}^{3\times1}$ 是相对位移。如果取第一个视点下摄像机的位置为基准建立全局坐标系，则此时全局坐标系下的摄像机矩阵对应该写为

$$\begin{cases} \mathbf{P}_k^{\mathrm{glb}} = \mathbf{P}_k^{\mathrm{ref}}\hat{\mathbf{T}}_1^k = K[\hat{\boldsymbol{R}}_1^k \mid \hat{\boldsymbol{t}}_1^k] \\ \mathbf{P}_{k+1}^{\mathrm{glb}} = \mathbf{P}_{k+1}^{\mathrm{loc}}\hat{\mathbf{T}}_1^k = K[\hat{\boldsymbol{R}}_1^{k+1} \mid \hat{\boldsymbol{t}}_1^{k+1}] \end{cases} \tag{4.21}$$

其中，$\hat{\mathbf{T}}_1^k$ 是配准矩阵，是从世界坐标系到摄像机坐标系变换的全局描述。$\hat{\mathbf{T}}_1^k$ 可以写为以下形式：

$$\hat{\mathbf{T}}_1^k = \begin{bmatrix} \hat{\boldsymbol{R}}_1^k & \hat{\boldsymbol{t}}_1^k \\ \mathbf{0}^{\mathrm{T}} & \hat{s}_1^k \end{bmatrix} \tag{4.22}$$

设式 (4.20) 中相对尺度因子为 s_k^{k+1}，那么依据两视点度量重建的坐标设定规范，可得转换映射为

$$\mathbf{T}_k^{k+1} = \begin{bmatrix} \boldsymbol{R}_k^{k+1} & \boldsymbol{t}_k^{k+1} \\ \mathbf{0}^{\mathrm{T}} & s_k^{k+1} \end{bmatrix} \tag{4.23}$$

从第 2 章中对摄像机模型的讨论可知，K 的作用是将摄像机坐标系变换到图像坐标系，$[\boldsymbol{R}_k^{k+1} \mid \boldsymbol{t}_k^{k+1}]$ 的作用是将世界坐标系变换到摄像机坐标系。由式 (4.20) 与式 (4.21) 可知，矩阵 K 并不影响配准变换矩阵 $\hat{\mathbf{T}}_1^k$。

如图 4.6 所示，由式 (4.20)~ 式 (4.23) 可得

$$\begin{cases} \hat{\mathbf{T}}_1^{k+1} = \mathbf{T}_k^{k+1} \cdot \hat{\mathbf{T}}_1^k \\ \hat{\mathbf{T}}_1^1 = \mathbb{1}_4 \end{cases} \tag{4.24}$$

写成矩阵形式，可得

$$\begin{bmatrix} \hat{\boldsymbol{R}}_1^{k+1} & \hat{\boldsymbol{t}}_1^{k+1} \\ \mathbf{0}^{\mathrm{T}} & \hat{s}_1^{k+1} \end{bmatrix} = \begin{bmatrix} \boldsymbol{R}_k^{k+1} & \boldsymbol{t}_k^{k+1} \\ \mathbf{0}^{\mathrm{T}} & s_k^{k+1} \end{bmatrix} \begin{bmatrix} \hat{\boldsymbol{R}}_1^k & \hat{\boldsymbol{t}}_1^k \\ \mathbf{0}^{\mathrm{T}} & \hat{s}_1^k \end{bmatrix} \tag{4.25}$$

利用分块矩阵乘法可得

$$\begin{cases} \hat{\boldsymbol{R}}_1^{k+1} = \boldsymbol{R}_k^{k+1} \cdot \hat{\boldsymbol{R}}_1^k \\ \hat{\boldsymbol{t}}_1^{k+1} = \boldsymbol{R}_k^{k+1} \cdot \hat{\boldsymbol{t}}_1^k + \hat{s}^k \cdot \boldsymbol{t}_k^{k+1} \\ \hat{s}_1^{k+1} = s_k^{k+1} \cdot \hat{s}_1^k \end{cases} \tag{4.26}$$

很显然，这给出了计算配准矩阵 $\hat{\mathbf{T}}_1^k$ 的递推公式。由此可见，只要给出初始条件与估计 $\hat{s}_1^k$ 的有效算法，就能够递推计算 $\hat{\mathbf{T}}_1^k$，这个问题将在第 8 章阐述。

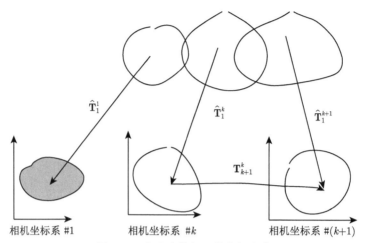

图 4.6　流形建模与三维坐标配准

对于三维坐标点的配准，相应的配准矩阵是

$$\hat{S}_1^k = (\hat{T}_1^k)^{-1} = \begin{bmatrix} \hat{R}_1^k & \hat{t}_1^k \\ 0^T & \hat{s}_1^k \end{bmatrix}^{-1} = \begin{bmatrix} (\hat{R}_1^k)^T & -(\hat{s}_1^k)^{-1}\hat{R}_1^k\hat{t} \\ 0^T & (\hat{s}_1^k)^{-1} \end{bmatrix}$$
$$\cong \begin{bmatrix} \hat{s}_1^k(\hat{R}_1^k)^T & -\hat{R}_1^k\hat{t} \\ 0^T & 1 \end{bmatrix} \tag{4.27}$$

将关于 $\hat{T}_1^k$ 满足的递推关系求逆就得到关于 $\hat{S}_1^k$ 的递推关系，即

$$\begin{cases} \hat{S}_1^{k+1} = \hat{S}_1^k \cdot S_k^{k+1} \\ \hat{S}_1^1 = \mathbb{1}_4 \end{cases} \tag{4.28}$$

其中

$$S_k^{k+1} = \begin{bmatrix} R_k^{k+1} & t_k^{k+1} \\ 0^T & s_k^{k+1} \end{bmatrix}^{-1} = \begin{bmatrix} (R_k^{k+1})^T & -(s_k^{k+1})^{-1}(R_k^{k+1})^T t_k^{k+1} \\ 0^T & (s_k^{k+1})^{-1} \end{bmatrix}$$
$$\cong \begin{bmatrix} s_k^{k+1}(R_k^{k+1})^T & -(R_k^{k+1})^T t_k^{k+1} \\ 0^T & 1 \end{bmatrix} \tag{4.29}$$

需要特别说明以下要点：

(1) 式 (4.25) 与式 (4.17) 在形式上是有区别的，这种差异是由射影重建定理中对摄像机矩阵右乘相似变换矩阵带来的。变换 $\hat{T}_1^k$ 的递推计算式 (4.25) 针对的是摄像机矩阵，它将度量重建意义下的摄像机从局部坐标系变换到全局坐标系。

(2) 式 (4.28) 与式 (4.17) 在形式上是一样的，都是将坐标点从局部坐标系变换到全局坐标系。

(3) 递推算法在形式上是简单的，不过在实际应用中存在误差累积的问题，经常需要通过全局优化来消除这种累积误差。常用的优化策略是采用捆绑调整[33]与 G2O 图优化[122]。

本章小结

流形是一类基础的数学结构，是极为重要的数学概念。当前许多新技术与算法均与流形密切相关，特别是机器学习与数值优化算法。本章利用类比给出了流形建模的基本思想，对于摄像机投影与成像给出了新的解释。流形建模可用于二维图像拼接与三维坐标配准，得到的计算公式简洁易懂，推导过程简明流畅，富有启发性。流形与线性空间相比，具有以下三个显著特点：

(1) 没有全局坐标，需要实现从"局部"到"整体"的转换。对于摄像机图像采集而言，只能获得空间的部分区域信息，如果需要得到大范围的场景信息，离不开"拼接"、"配准"与"转换映射"，由此流形的数学概念自然地进入了计算机视觉技术领域。

(2) 流形通常不是平直的，其"弯曲"的本质属性反映了实际问题的非线性特点，抓住这种特点是解决实际问题的关键。

(3) 利用局部区域黏合拼接为全局对象时，需要考虑流形的拓扑结构。从工程实现上来看，还需要考虑累积误差，必要时需要做全局优化。

对于特殊的群流形 $SO(3, \mathbb{R})$，它是一个 Lie 群，可以通过较为简单的运算，如对数、指数映射以及 Cayley 变换，实现 Lie 代数 $\mathfrak{so}(3, \mathbb{R})$、线性空间 $\mathbb{R}^{3 \times 1}$ 与 Lie 群 $SO(3, \mathbb{R})$ 之间的相互转换，这为流形上的参数估计问题——三维建模中的摄像机位姿估计——提供了新的解决方案。

从事工程设计与实现的读者与学习者，深耕流形的数学理论 (如流形的切空间和余切空间、Lie 群与 Lie 代数、流形上的数值优化算法等) 以及应用，是大有益处的。数学家陈省身先生曾说"将来数学研究的对象必定是流形"，在目前的技术发展背景下，我们也可以认为"未来高新技术领域算法的设计与实现必定离不开流形"。

第5章
二维场景建模

视觉图像的二维场景建模，实际上就是二维全景图像拼接，简称全景图像拼接或图像拼接。全景图像拼接历史悠久，早在使用 AgI 冲洗照片的摄像时代就有了。最典型的应用实例就是使用摇转摄像机，让镜头绕定轴旋转一个较大的角度乃至一圈，并在旋转的过程选择多个视点拍摄多张照片，然后通过手工方式处理底片进行图像拼接。CCD/CMOS 器件的出现使得图像采集实现了数字化，而计算机技术的进步使得图像处理的手段实现了自动化，两者结合的结果是图像拼接技术得到了长足的发展。然而，对于管道检测的实际问题，传统的图像拼接算法难以奏效。对此，本书作者以消化道全景图像拼接问题为切入点，对管道场景的图像拼接问题做了系统的研究[44,115]。本章基于光流场、管道流形以及复分析中 Möbius 映射的概念，重点阐述了三个方面的内容：

- 管道场景流形拼接的背景与基本假设；
- 图像条带整形操作的设计规则与 Möbius 映射在条带整形中的应用；
- 管道场景视频图像的全景拼接算法 (TSMM-1 与 TSMM-2 算法)。

5.1   背景与基本假设

当摄像机沿着管道运动并以轴向方式拍摄管道内壁场景的视频图像时，每帧图像上的光流场将是不规则的径向向量场 [如图 5.1(a) 所示]。最重要的实例是在消化道医学中采用 WCE、TCE 系统或其他类型的内镜检查人体消化道疾病，这类问题的特点是摄像机会沿轴向采集消化道内壁视频图像：对于无线胶囊内镜，其拍摄模式为前向拍摄，而其余类型的内镜系统会将镜头推到能够达到的最大深度，然后边退出边拍摄，以获得稳定的视频图像，这种模式是后向拍摄。更多的例子包括工业管道检测，矿井、公路与铁路隧道检查等。

为了研究方便，这里考虑理想管道场景的全景图像拼接问题，并制定以下基本假设：

(1) 物理场景是具有拓扑亏格的管道。

(2) 摄像机内参数在运动中不会改变，不考虑调焦，也不考虑其他环境条件改变对成像系统的影响。

(3) 摄像机以前向或后向运动模式拍摄视频图像，不考虑侧向拍摄模式这个已经解决的问题。

(4) 摄像机沿着管道的中心轴线运动并拍摄其内表面的视频图像。

(5) 管道是刚体，不考虑摄像机运动过程中内表面的形变。

第一个假设的要求相当宽泛，很容易满足，对于有多条孔洞的复杂管道[1]，摄像机在每个孔洞中的运动依旧可以视为简单管道。第二个假设在摄像机以固定焦距拍摄时就可以得到满足，环境对成像系统特性的影响通常可以忽略。第三个假设与摄像机的类型及工作模式密切相关：对于无人操控的 WCE 系统，其拍摄模式是在消化道的蠕动下前行，以前向模式拍摄[2]，对于其他内镜系统，一般都是后向拍摄模式。第四个假设只是一个近似，因为实际的管道一般并不是规则的圆柱体，而且在当前技术下，WCE 还难以通过体外进行运动控制，其他内镜系统即使可以进行手工运动控制，也难以使得摄像机的光心位置处于管道轴线并且使得光轴方向始终沿着管道的中心轴向。最后一个假设是关于管道的刚体物理模型假设，这也只是一个近似。对于矿井或工业管道内的场景，如硬质钢管，这个假设自然成立；对于软管，没有外界施加压力时也成立；但是对于血管与消化道这样的人体器官结构，是会发生形变的非刚体，只不过相对来说形变并不剧烈，可以近似当作刚体来处理。

为了明确圆柱形管道场景拼接问题，假定摄像机在管道中以前向拍摄模式采集管道内表面的视频图像。如图 5.1 所示，点 O 是摄像机的光心，点 O_n 是摄像机在第 n 个视点处拍摄采集图像 $\mathcal{I}_n$ 时的光心，相继两帧图像中的点 $\mathbf{x}'_n \in \mathcal{I}_n, \mathbf{x}_{n+1} \in \mathcal{I}_{n+1}$ 通过帧间单应变换 $\mathbf{H}_n^{n+1}$ 联系起来，即 $\mathbf{x}'_n = \mathbf{H}_n^{n+1} \mathbf{x}_{n+1}$。图中阴影部分的条带一般来说是不规则的环状图像区域，管道场景图像拼接的基本目的就是利用这些条带获得管道内表面的全景图像，这是本章要解决的核心问题。

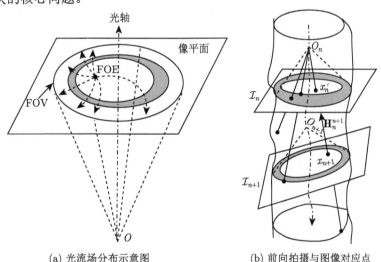

(a) 光流场分布示意图　　(b) 前向拍摄与图像对应点

图 5.1　管道场景流形拼接与摄像机图像采集

5.2　条带整形操作

5.2.1　光流场的均匀化

视频图像的光流概念在第 3 章已经阐述，本节关注的问题是与光流场正交的曲线簇以及光流场的均匀化。光流分析可以在没有图像先验信息时提供场景的运动信息、估计两帧

---

　　① 不妨想想地道战中的地道。

　　② 如果 WCE 在进入狭长的消化道之前姿态做了 180° 翻转，那就是后向拍摄模式了。在做算法分析时，可以先不考虑这样复杂的情形。

85

图像间的单应变换[42]。对于图像 $\mathcal{I}$，其在点 (x, y) 处的光流场记为 $\boldsymbol{E} = [u, v]^{\mathrm{T}}$，与光流场垂直的曲线称为推扫线 (broom shape curve/line)[123]，记为

$$F(x, y) = 0 \tag{5.1}$$

一个基本的理论问题是推扫线与光流场垂直这个正交性假设是否合理？需要说明的是，正交性假设部分源于自适应流形拼接算法的基本思想，部分源于光流中的孔径问题。其合理性来自两个方面：其一是正交性假设以及由此得到的各种结论与实验结果相吻合，其二是能使理论分析大为简化。正交性假设可用如下微分方程表示：

$$\boldsymbol{E} = -\nabla F \tag{5.2}$$

此方程在形式上与物理学中电势与电场的关系方程一致[124]。一般来说，光流场与静电场是很不相同的，但是当摄像机在管道中行进并以轴向方式拍摄时，视频图像中的光流场与法拉第圆筒中的静电场结构很类似。作为类比，推扫线类似于等势线；从向量场的观点来看，扩展中心 (focus of expansion，FOE) 是光流场的源点 (source)/渊点 (sink)，这正如静电场中的正电荷/负电荷是电场线的出发点/终止点。

尽管偏微分方程 (5.2) 的解在数学物理中有专门的办法，但是在图像处理问题中可以采用近似方法，而且到目前为止还没有任何算法可以得到光流场的解析解。在许多情况下，对于视频图像而言，光流场决定的图像点的运动可以用仿射变换模型来近似，即

$$\begin{cases} u_d = x_{n+1} - x'_n = b x_{n+1} + c y_{n+1} + a \\ v_d = y_{n+1} - y'_n = e x_{n+1} + f y_{n+1} + d \end{cases} \tag{5.3}$$

其中，齐次向量 $\mathbf{x}_{n+1} = [x_{n+1}, y_{n+1}, 1]^{\mathrm{T}}$ 与 $\mathbf{x}'_n = [x'_n, y'_n, 1]^{\mathrm{T}}$ 是图像 $\mathcal{I}_{n+1}$ 与 $\mathcal{I}_n$ 中的对应点，$\mathbf{E_d} = [u_\mathbf{d}, v_\mathbf{d}]^{\mathrm{T}}$ 是离散化的光流向量，它是位置坐标 (x_{n+1}, y_{n+1}) 的函数。由方程 (5.3) 可得

$$\begin{bmatrix} x'_n \\ y'_n \\ 1 \end{bmatrix} = \begin{bmatrix} 1-b & -c & -a \\ -e & 1-f & -d \\ 0 & 0 & 1 \end{bmatrix} \begin{bmatrix} x_{n+1} \\ y_{n+1} \\ 1 \end{bmatrix} \tag{5.4}$$

令

$$\mathbf{A}_n^{n+1} = \begin{bmatrix} b & c & a \\ e & f & d \\ 0 & 0 & 1 \end{bmatrix}, \quad \mathbf{H}_n^{n+1} = \begin{bmatrix} 1-b & -c & -a \\ -e & 1-f & -d \\ 0 & 0 & 1 \end{bmatrix} \tag{5.5}$$

那么仿射变换 $\mathbf{A}_n^{n+1}$ 与仿射单应变换 $\mathbf{H}_n^{n+1}$ 将由参数 a、b、c、d、e、f 唯一确定，而且有

$$\mathbf{E}_d = \mathbf{A}_n^{n+1} \mathbf{x}_{n+1} \tag{5.6}$$

$$\mathbf{x}'_n = \mathbf{H}_n^{n+1} \mathbf{x}_{n+1} \tag{5.7}$$

在连续变量情形下，光流场可记为 $\mathbf{E}_c = [u_c, v_c]^{\mathrm{T}}$，方程 (5.2) 与仿射变换模型意味着

$$\begin{bmatrix} \dfrac{\partial F}{\partial x} \\ \dfrac{\partial F}{\partial y} \end{bmatrix} = - \begin{bmatrix} u_c \\ v_c \end{bmatrix} = - \begin{bmatrix} a + bx + cy \\ d + ex + fy \end{bmatrix} \tag{5.8}$$

由此可以得到一次微分形式

$$\xi = (a + bx + cy)\,\mathrm{d}x + (d + ex + fy)\,\mathrm{d}y \tag{5.9}$$

微分形式 ξ 决定的积分曲线就是推扫线。实际问题的需求要求此积分曲线存在，即微分形式 ξ 是恰当微分形式，其充分必要条件可以由 Pfaff 方程[16] 描述：

$$\mathrm{d}\xi \wedge \xi = 0 \tag{5.10}$$

这等价于

$$e = c$$

在绝大多数实际问题中，c 与 e 的差别主要是由摄像机绕光轴旋转所致。如果规定光轴方向为 Z 轴的正向，当镜头绕光轴旋转的小角度为 θ_z 弧度时，c、e 值的改变量可以分别近似为 $-\theta_z$ 与 θ_z。换句话说，有

$$\begin{cases} c = g - \theta_z \\ e = g + \theta_z \\ g = \dfrac{c+e}{2} \end{cases} \tag{5.11}$$

在镜头的旋转较小时，为了满足条件 $e \approx c \approx \dfrac{e+c}{2}$，可以在估计出仿射变换后将图像选择角度 $-\theta_z \approx \dfrac{c-e}{2}$，然后重新计算仿射变换。经过这样的均衡操作之后，可以认为条件 $e = c$ 已经得到满足，由恰当微分形式可得积分曲线 (推扫线) 方程为二次曲线，其具体表达式为

$$F(x,y) = \begin{bmatrix} x & y & 1 \end{bmatrix} \begin{bmatrix} b & g & a \\ g & f & d \\ a & d & C \end{bmatrix} \begin{bmatrix} x \\ y \\ 1 \end{bmatrix} = \mathbf{x}^{\mathrm{T}} Q \mathbf{x} = \mathbf{0} \tag{5.12}$$

其中，C 是积分常数，可以用于选择特定的推扫线；Q 是 3×3 的对称方矩阵。由此可见，在仿射变换近似下推扫线是广义的椭圆。从本质上来说，FOE 是光流场的不动点，可以由曲线方程 $F(x,y) = 0$ 得到。从几何的角度来看，FOE 是广义椭圆的对称中心，其齐次坐标可以用三维向量的叉乘计算，即

$$\mathbf{x}_{\mathrm{FOE}} = \begin{bmatrix} b \\ g \\ a \end{bmatrix} \times \begin{bmatrix} g \\ f \\ d \end{bmatrix} = \begin{bmatrix} gd - fa \\ ag - bd \\ bf - g^2 \end{bmatrix} \tag{5.13}$$

如果 $bf - g^2 = 0$，则 FOE 是无穷远点，此时的广义椭圆是直线，光流向量场的奇点在无穷远处 (平行直线在无穷远处相交)。如果 $bf - g^2 \neq 0$，则其非齐次坐标与复数描述为

$$\begin{cases} \boldsymbol{x}_{\mathrm{FOE}} = \begin{bmatrix} x_{\mathrm{FOE}} \\ y_{\mathrm{FOE}} \end{bmatrix} = \dfrac{1}{bf - g^2} \begin{bmatrix} gd - fa \\ ag - bd \end{bmatrix} \\ z_{\mathrm{FOE}} = \dfrac{gd - fa}{bf - g^2} + \mathrm{i} \cdot \dfrac{ag - bd}{bf - g^2} \end{cases} \tag{5.14}$$

例如，对于 $F(x,y) = 2ax + 2dy + C = 0$，推扫线是直线，FOE 一定是无穷远点；对于 $F(x,y) = x^2 + y^2 + C/b = 0$，推扫线是圆，FOE 是同心圆簇的圆心。

另外，如果采用相似变换描述光流场，即

$$\tilde{\mathbf{A}} = \begin{bmatrix} b & c & a \\ -c & b & d \\ 0 & 0 & 1 \end{bmatrix} \tag{5.15}$$

那么模型参数必然满足约束条件 $b = f$，$g = 0$，此时的推扫线方程为

$$\tilde{F}(x,y) = \begin{bmatrix} x & y & 1 \end{bmatrix} \begin{bmatrix} b & 0 & a \\ 0 & b & d \\ a & d & C \end{bmatrix} \begin{bmatrix} x \\ y \\ 1 \end{bmatrix} = \mathbf{x}^{\mathrm{T}} \tilde{\mathcal{Q}} \mathbf{x} = \mathbf{0} \tag{5.16}$$

这表明在相似变换下推扫线是圆簇，而且相应的 FOE 坐标将是

$$\begin{cases} \tilde{\boldsymbol{x}}_{\mathrm{FOE}} = \begin{bmatrix} \tilde{x}_{\mathrm{FOE}} \\ \tilde{y}_{\mathrm{FOE}} \end{bmatrix} = -\dfrac{1}{b} \begin{bmatrix} a \\ d \end{bmatrix} \\ \tilde{z}_{\mathrm{FOE}} = -\dfrac{a + \mathrm{i}d}{b} \end{cases} \tag{5.17}$$

对于流形拼接，选取的条带应当与光流场垂直[120]。既然光流场由摄像机的拍摄模式决定，那么条带将直接受到摄像机运动方式的影响。图 5.2 所示为图像条带、光流以及正交性约束的关系：

(1) 当推扫线为 $F(x,y) = 2ax + C = 0$ 时，最佳的条带为垂直条带。

(2) 当推扫线为 $F(x,y) = 2dy + C = 0$ 时，垂直的条带无法用于拼接，最佳的条带应当为水平条带。

(3) 对于一般情况下的推扫线 $F(x,y) = 0$，最优的条带应当与光流垂直并做相应的弯曲。

(4) 光流场可以通过条带整形操作进行平行化，这可以达到消除图像视差的目的。

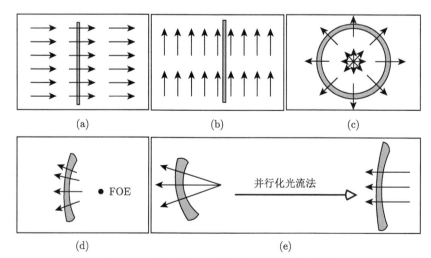

图 5.2　图像条带、光流向量场与正交性约束

需要指出的是，任何可用的光流场模型都应当满足正交性约束，即图像上各点处的光流向量必须与经过该点的推扫线垂直。断言 "FOE 可以用广义椭圆的中心来近似" 来源于仿射光流场假设。从物理上来看，必须确定式 (5.2) 中实际的向量场奇点 (FOE) 以及等势线 (推扫线)；从技术上来看，条带整形操作必须保持正交性；从数学上来看，需要从共形映射中寻找条带整形操作。综合来看，可以将有关的计算机视觉概念、数学概念以及物理概念的相似性总结为表 5.1中的内容。

表 5.1　光流与向量场

计算机视觉	数学	物理
光流场 $\boldsymbol{E}$	二维向量场 $\boldsymbol{E}$	平面静电场 $\boldsymbol{E}$
FOE	奇点 (源点或渊点)	电荷 (正电荷或负电荷)
推扫线	积分曲线	等势线
正交性	$\boldsymbol{E} = -\nabla F$	$\boldsymbol{E} = -\nabla F$
条带整形	共形映射	共形映射
平行光流	均匀向量场	匀强电场

5.2.2　管道场景的条带整形操作

1. Möbius 映射

Möbius 映射是一类有众多独特性质的映射，在数学与物理学中应用广泛，在本章中将用于条带整形操作算法的设计中。由第 1 章的介绍可知，定义于圆盘区域 $\mathcal{D} = \{z = x+\mathrm{i}y \in \mathbb{C} : |z| \leqslant R\}$ 上的 Möbius 自同构及其逆映射 (也是自同构映射) 可以写为

$$\Psi_a^\phi(z) = \mathrm{e}^{+\mathrm{i}\phi} \cdot \frac{R(z-a)}{R^2 - \bar{a}z} \tag{5.18}$$

$$\Phi_a^\phi(z) = (\Psi_a^\phi)^{-1}(z) = \mathrm{e}^{-\mathrm{i}\phi} \cdot \frac{R(Rz + a\mathrm{e}^{\mathrm{i}\phi})}{R + \overline{(a\mathrm{e}^{\mathrm{i}\phi})}z} \tag{5.19}$$

其中，R 是圆盘的半径，$a \in \mathcal{D}$ 与 $\phi \in \mathbb{R}$ 是常数，$|a| < R$，$\bar{z}$ 是复数 z 的复共轭。对于管道场景流形拼接算法来说，Möbius 映射具有的性质中最重要的是它保持正交性的特性——Ψ_a^ϕ 与 Φ_a^ϕ 能把一个正交曲线簇变换成另一个正交曲线簇。

2. 条带整形操作的设计准则

全体共形映射构成的集合在映射的复合这种特殊的抽象乘法运算之下可以构成代数意义上的群，这表明任何共形映射都可以分解成一系列简单的共形映射。这样一来，可以通过一系列简单的步骤实现较为复杂的共形映射，这对算法设计很有利。但是不论是何种共形映射，都是同胚映射，都会保持各种拓扑结构，一旦需要改变拓扑结构时，共形映射就无法满足实际要求，此时需要更一般的几何变换。在圆柱场景图像拼接问题中，需要把圆柱面撕裂成平面，这只有通过能改变拓扑结构的几何变换才能实现。在原始的自适应流形拼接算法中，所采用的是无法改变拓扑结构的同胚映射，因此无法适用于管道场景流形拼接。综合来看，理论上在流形建模与场景流形全景拼接框架下实现条带映射需要考虑的准则是：

(1) 将条带整形操作分解成有序的简单操作，简化算法设计。

(2) 将共形映射作为条带整形操作的步骤之一，目的是在保持拓扑结构的同时也保持光流向量场与推扫线间的正交性。

(3) 在条带整形操作中引入能保持正交性的几何操作，使得在必要时可以改变图像区域的拓扑结构。

3. 管道场景拼接中的条带整形操作

在管道场景流形拼接算法中，条带整形操作分解为以下两个步骤：

(1) 采用 Möbius 映射将原始条带变换为规则的同心圆环，同时保持光流场与推扫线簇之间的正交性。

(2) 采用圆环展开这个几何操作，将圆环变换成矩形区域。

第一步一般通过软件算法实现，但是在反射–折射式以及环视全景成像的情况下，则是通过光学设计直接获得标准的同心圆环图像，是典型的硬件实现方法。图 5.3 所示为管道场景中条带整形操作的两步策略：在图 5.3(a) 中，自同构映射 $\Psi_a^\phi = (\Phi_a^\phi)^{-1}$ 将 FOE 的位置从 $z = a$ 变换到 $w = 0$，既将不规则的光流场变换为规则的径向光流场，又同时将不规则的推扫线簇变换为同心圆簇；在图 5.3(b) 中，圆环展开本质上是直角坐标到极坐标的变换，可以将辐角为常数的射线簇 $\arg z = \text{const}$ 变换为平行线簇，这使得径向光流场得以变换成平行的均匀光流场，圆簇型的推扫线变换成与光流场垂直的直线簇。两个步骤级联的结果是将不规则的环状图像条带整形为规则的矩阵条带，其目的是用于后续的图像拼接操作。

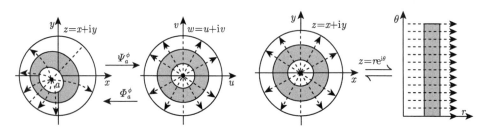

(a) Möbius 映射保持光流场与推扫线簇的正交性　(b) 通过圆环展开将径向光流场变换为平行光流场

图 5.3　管道场景拼接中的条带整形操作

5.3　管道场景的图像拼接

5.3.1　拼接算法的步骤

一般情况下管道场景的流形拼接算法包括 6 个步骤：图像预处理、单应变换估计、条带选取、条带整形、条带缝合及接缝消除。特别地，对于用环视全景摄像机在管道场景中拍摄的环视图像序列，其拼接算法可以简化，细节见 9.2 节算法 16。

1. 图像预处理

视频图像帧间冗余信息通常比较大，为了降低计算量并保证算法的稳定性，首先需要选取关键帧，例如从视频图像里选取 N 帧图像；然后确定感兴趣的图像区域 (region of interest，ROI），例如从 WCE 图像中确定出有用的圆形或多边形图像区域；接下来是图像滤波、亮度均衡等操作。

对于 WCE 的图像，由于帧率较低 (2~3fps)，关键帧的选取策略可以做简化。一个简单的办法是把全部图像都选择为关键帧。对于帧率较高的管道图像采集系统，选取的关键帧的数目会大大小于视频的总帧数。

图 5.4 所示为 ROI 是圆形区域的图像。有两种方法可以获得 ROI 的边界圆：其一是用 Hough 算法进行圆检测；其二是人为选取边界点，利用 STLS 算法估计出圆方程。为了简单起见，这里采用第二种方法。设圆方程为 $x^2 + y^2 - 2ax - 2by - c = 0$，其中 (a,b) 是圆心坐标，$r = \sqrt{a^2 + b^2 + c}$ 是半径，$\{(x_j, y_j)\}_{j=1}^n$ 是圆周上的 n 个点的坐标 $(n \geqslant 3)$，采用矩阵记号可得

$$2xa + 2yb + c = x^2 + y^2$$

$$\begin{bmatrix} 2x_1 & 2y_1 & 1 \\ 2x_2 & 2y_2 & 1 \\ \vdots & \vdots & \vdots \\ 2x_n & 2y_n & 1 \end{bmatrix} \begin{bmatrix} a \\ b \\ c \end{bmatrix} = \begin{bmatrix} x_1^2 + y_1^2 \\ x_2^2 + y_2^2 \\ \vdots \\ x_n^2 + y_n^2 \end{bmatrix} \tag{5.20}$$

这显然是形如 $\boldsymbol{Ax} = \boldsymbol{b}$ 的方程，采用第 3 章中讨论过的 STLS 算法即可估计出参数 a、b、c，进而求出 r。

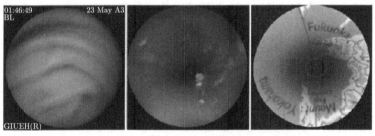

图 5.4　ROI 是圆形区域的图像

2. 单应变换估计

设 $\mathbf{x}'_n \in \mathcal{I}_n$，$\mathbf{x}_{n+1} \in \mathcal{I}_{n+1}$ 是图像对 $(\mathcal{I}_n, \mathcal{I}_{n+1})$ 中的对应点，则后向[①]仿射单应变换为

$$\mathbf{H}_n^{n+1} : \mathcal{I}_{n+1} \to \mathcal{I}_n,$$
$$\mathbf{x}_{n+1} \mapsto \mathbf{x}'_n = \mathbf{H}_n^{n+1} \mathbf{x}_{n+1} \tag{5.21}$$

按照前面的符号约定，这里依旧是 $\mathbf{H}_n^{n+1} = \mathbf{H}_{n,n+1}$。由式 (5.5) 可得

[①] 这里 "后向" 的含义是指从时序靠后的第 $n+1$ 帧图像转换到时序靠前的第 n 帧图像，采用这种后向转换的主要好处是利于设计迭代算法，因为实时的迭代算法要求与图像采集的时序保持一致。很多时候为了叙述简便，"后向" 二字省略不提，使用时需要注意区分。从流形建模的角度看，虽然在数学上其对应的关系式 $h_{\alpha\beta} = h_\alpha^\beta = h_{\beta\alpha}^{-1} = (h_\beta^\alpha)^{-1}$ 成立，但在算法设计中需要考虑时序，也就是下标的先后关系。

$$\mathbf{A}_n^{n+1} = \begin{bmatrix} a_1^n & a_2^n & a_3^n \\ a_4^n & a_5^n & a_6^n \\ 0 & 0 & 1 \end{bmatrix}, \quad \mathbf{H}_n^{n+1} = \begin{bmatrix} 1-a_1^n & -a_2^n & -a_3^n \\ -a_4^n & 1-a_5^n & -a_6^n \\ 0 & 0 & 1 \end{bmatrix} \tag{5.22}$$

其中，仿射运动参数 $\{a_1^n, a_2^n, a_3^n, a_4^n, a_5^n, a_6^n\}$ 可以用采用匹配点或 3.3 节所述的分层运动模型估计方法获得。如果采用相似变换模型估计单应变换，则有

$$\tilde{\mathbf{A}}_n^{n+1} = \begin{bmatrix} a_1^n & a_2^n & a_3^n \\ -a_2^n & a_1^n & a_6^n \\ 0 & 0 & 1 \end{bmatrix}, \quad \tilde{\mathbf{H}}_n^{n+1} = \begin{bmatrix} 1-a_1^n & -a_2^n & -a_3^n \\ a_2^n & 1-a_1^n & -a_6^n \\ 0 & 0 & 1 \end{bmatrix} \tag{5.23}$$

显然，只要 $\tilde{\mathbf{A}}_n^{n+1}$ 与 $\tilde{\mathbf{H}}_n^{n+1}$ 中有一个是相似变换，另一个必然也是相似变换。

3. 条带选取

令 F_n 与 F_{n+1} 分别是两帧图像 $\mathcal{I}_n$ 与 $\mathcal{I}_{n+1}$ 中的推扫线，由式 (5.12) 可得

$$F_n = \left\{ \mathbf{x} \in \mathcal{I}_n \mid \mathbf{x}^{\mathrm{T}} \mathcal{Q}_n \mathbf{x} = 0 \right\} \subset \mathcal{I}_n \tag{5.24}$$

当摄像机在运动中改变视点时，单应变换 $\mathbf{H}_n^{n+1}$ 将把曲线 F_n 变换为其相伴曲线 F_n'。不过对于前向拍摄与后向拍摄两种模式，相伴二次曲线表示矩阵的表达式却不一样。

在前向拍摄模式下，有

$$\begin{aligned} \mathbf{H}_n^{n+1} &: F_{n+1} \mapsto F_n' \\ F_n' &= \mathbf{H}_n^{n+1}(F_{n+1}) = \left\{ \mathbf{x}_n' \in \mathcal{I}_n \mid {\mathbf{x}_n'}^{\mathrm{T}} \mathcal{Q}_n' \mathbf{x}_n' = 0 \right\} \\ \mathcal{Q}_n' &= (\mathbf{H}_n^{n+1})^{\mathrm{T}} \mathcal{Q}_{n+1} (\mathbf{H}_n^{n+1})^{-1} \end{aligned} \tag{5.25}$$

其中

$$\mathbf{x}_n' = \mathbf{H}_n^{n+1} \mathbf{x}_{n+1} \in \mathcal{I}_n, \mathbf{x}_{n+1} \in \mathcal{I}_{n+1}$$

为了决定矩阵序列 $\{\mathcal{Q}_n'\}_{n=1}^N$，需要指定合适的边界条件。很显然，曲线对构成的序列 $\{(F_n', F_{n+1})\}_{n=1}^{N-1}$ 由单应变换序列 $\{\mathbf{H}_n^{n+1}\}_{n=1}^{N-1}$ 来确定。这意味着 $\mathcal{Q}_1$ 与 $\mathcal{Q}_N'$ 可以自由选取，而且决定二次曲线的矩阵对构成的序列 $\{(\mathcal{Q}_n', \mathcal{Q}_{n+1})\}_{n=1}^{N-1}$ 由单应变换序列决定。这样一来，曲线 F_1 与 F_N' 可以自由选取，而且应当选择合适的 F_1' 并将其固定下来。如图 5.5所示，边界曲线 F_1 与 F_N' 在选取时有很大的自由度，对于 $n \in \{1, 2, \cdots, N-1\}$ 有 $F_n' = \mathbf{H}_n^{n+1}(F_{n+1})$。

在后向拍摄模式下，对于 $\mathbf{x}_{n-1} \in \mathcal{I}_{n-1}$，有

$$\begin{aligned} \mathbf{x}_n' &= \mathbf{H}_n^{n-1} \mathbf{x}_{n-1} \\ &= (\mathbf{H}_{n-1}^n)^{-1} \mathbf{x}_{n-1} \in \mathcal{I}_n \end{aligned} \tag{5.26}$$

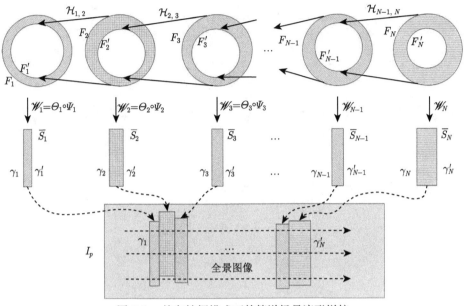

图 5.5　前向拍摄模式下的管道场景流形拼接

由此可得

$$
\mathbf{H}_n^{n-1} : F_{n-1} \to F_n'
$$
$$
F_n' = \mathbf{H}_n^{n-1}(F_{n-1}) = \left\{ \mathbf{x}_n' \in \mathcal{I}_n \mid {\mathbf{x}_n'}^{\mathrm{T}} \mathcal{Q}_n' \mathbf{x}_n' = 0 \right\} \tag{5.27}
$$
$$
\mathcal{Q}_n' = \left(\mathbf{H}_{n-1}^n \right)^{\mathrm{T}} \mathcal{Q}_{n-1} \mathbf{H}_{n-1}^n
$$

与前向拍摄模式类似的是，F_1' 与 F_N 可以自由选择，而且用于确定矩阵序列 $\{\mathcal{Q}_n'\}$ 的边界条件要求合适地设置 Q_1 或是 F_1。如图 5.6所示，边界曲线 F_N 与 F_1' 在选取时有很大的自由度，对于 $n \in \{2, 3, \cdots, N\}$ 有 $F_n' = \mathbf{H}_n^{n-1}(F_{n-1})$。如果令

$$
\mathcal{H}_n = \mathbf{H}_n^{n+1} = \left(\mathbf{H}_{n+1}^n \right)^{-1} : \mathcal{I}_{n+1} \to \mathcal{I}_n \tag{5.28}
$$

是从图像帧 $\mathcal{I}_{n+1}$ 到 $\mathcal{I}_n$ 的单应变换，则相伴二次曲线的表示矩阵 $\mathcal{Q}_n'$ 可以写为

$$
\mathcal{Q}_n' = \begin{cases} \mathcal{H}_n^{-\mathrm{T}} \mathcal{Q}_{n+1} \mathcal{H}_n^{-1}, & \text{前向拍摄模式} \\ \mathcal{H}_{n-1}^{\mathrm{T}} \mathcal{Q}_{n-1} \mathcal{H}_{n-1}, & \text{后向拍摄模式} \end{cases} \tag{5.29}
$$

容易发现对于不同的拍摄模式应该选用不同的计算表达式。那么能否用一个统一的表达式呢？如果换个角度，即把后向拍摄的图像序列的顺序反转一下，岂不就转变成了前向拍摄序列这种情形了吗？答案并不是这样简单，因为序列反转操作只能是离线的，在实时与迭代处理中这种操作违背基本的物理规律，因为时序是不可逆的。如果离线处理可以接受，而且序列编号反转操作的代价可以接受，那么可以将后向拍摄模式转变成前向拍摄模式进行统一处理，否则就需要不同的计算公式计算矩阵序列 $\{\mathcal{Q}_n'\}_{n=1}^N$。

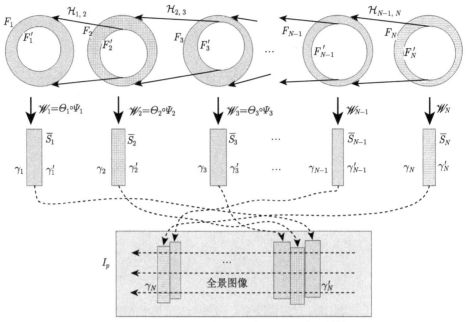

图 5.6　后向拍摄模式下的管道场景流形拼接

有了关于 $(\mathcal{Q}_n, \mathcal{Q}'_n)$ 的表达式以及边界条件，只要确定出单应变换即可确定曲线对序列 $\{(F_n, F'_n)\}_{n=1}^N$。由式 (5.29) 可知，$\mathcal{H}_n$ 决定了曲线对的变换特性。式 (5.29) 是典型的合同变换，如果单应变换矩阵是相似变换，则 $\mathcal{Q}_n$ 与 $\mathcal{Q}'_n$ 是同类型的二次曲线。考虑到 WCE 的 ROI 区域基本是圆形区域，可以把边界曲线选为圆，则由相似变换的特性可知，所有的曲线对序列 $\{(F_n, F'_n)\}_{n=1}^N$ 中的曲线都必定是圆。

确定出曲线 F_n 与 F'_n 之后，就确定了由这两条曲线在第 n 帧图像 $\mathcal{I}_n$ 中所界定出的环状条带，记为

$$S_n = <F_n, F'_n> \tag{5.30}$$

条带序列的示例如图 5.5 与图 5.6 中顶部的环带所示。

4. 条带整形

条带整形操作的设计准则指出，在得到原始条带 S_n 之后，需要选择先做共形映射再做几何变换的两步策略来实现条带整形操作，而且整个过程需要保持正交性约束。

第一步可以用 Möbius 映射实现。用 Möbius 映射可以将不规则的图像条带 S_n 变换为规则的同心圆环式的条带，同时保持光流场与推扫线的正交性关系。设 Ψ_n 与 Φ_n 是第 n 个 Möbius 映射及其自同构，$\hat{S}_n$ 是 S_n 在映射 Φ_n 下的像。由式 (5.18) 与式 (5.19) 可得

$$\Psi_n(z): S_n \to \hat{S}_n$$
$$z \mapsto e^{+i\phi_n} \cdot \frac{R(z - a_n)}{R^2 - \overline{a_n} \cdot z} \tag{5.31}$$

$$\Phi_n(z): \hat{S}_n \to S_n,$$

$$z \mapsto e^{-i\phi_n} \cdot \frac{R(Rz + a_n e^{i\phi_n})}{R + \overline{(a_n e^{i\phi_n})} \cdot z} \tag{5.32}$$

其中，a_n 是第 n 个 FOE 的复数坐标，$R \in [R_i, R_o]$，R_i 与 R_o 是 ROI 的内半径与外半径，ϕ_n 是第 n 个 (全局) 旋转角度。从物理上看，ϕ_n 是摄像机镜头在管道中运动时在第 n 个视点处绕光轴的旋转角度。如果忽略镜头绕光轴的旋转角度，那么所有的 ϕ_n 值都可以设定为零。在估计出矩阵 Q_n 与 Q_n' 之后，可以确定条带 $S_n = <F_n, F_n'>$ 的内半径 R_i 与外半径 R_o。依据式 (5.14)，a_n 可以由图像 $\mathcal{I}_n$ 中的推扫线簇的极限点来估计。

第二步可以用圆环展开实现。设几何操作 Θ_n 将同心圆环区域 $\hat{S}_n$ 变换为规则的矩形条带 $\overline{S}_n$，即

$$\Theta_n : \hat{S}_n \to \overline{S}_n$$

$$z \mapsto (r, \theta) \tag{5.33}$$

其中，$r = |z| = \sqrt{x^2 + y^2}$，$\theta = \arg z \in [\tau_n - \pi, \tau_n + \pi]$。由于 $\arg z$ 是多值函数，常数 τ_n 有多种选择办法，需要由径向切割位置决定。在图 5.3(b) 的圆环展开中，割痕位置在 $z = -R_0$ 处，对应的常数值是 $\tau_n = 0$。

条带整形的两步操作可以合成为一步：如果作用在第 n 个条带上的整形操作记为 $\mathscr{W}_n$，那么在实现时可以通过相继的两个图像卷绕操作步骤 Ψ 与 Θ，这在数学上表现为映射的复合，即

$$\mathscr{W}_n = \Theta_n \circ \Psi_n : S_n \to \overline{S}_n$$

$$z \mapsto \Theta_n(\Psi_n(z)) \tag{5.34}$$

与此同时，原始图像条带 $S_n = <F_n, F_n'>$ 的两条边界曲线 F_n 与 F_n' 将被分别变换为新的边界曲线 γ 与 γ'，即

$$\begin{cases} \gamma_n = \mathscr{W}_n(F_n) \\ \gamma_n' = \mathscr{W}_n(F_n') \end{cases} \tag{5.35}$$

单应变换 $\mathbf{H}_n^{n+1}$ 的双射性以及共形映射的边界对应原理能确保边界曲线 γ_n 与 γ_n' 间的对应关系。完整的条带整形操作可以总结为算法 8。

算法 8　条带整形算法

输入： 给定环状图像条带 $S_n = <F_n, F_n'>$。

输出： 将 S_n 整形为矩形条带 $\overline{S}_n = \mathscr{W}_n(S_n)$，其中 $\mathscr{W}_n = \Theta_n \circ \Psi_n$。

1. 计算图像 $\mathcal{I}_n$ 中的 FOE 的复数坐标 a_n。
2. 依据式 (5.31) 与式 (5.32)，用 Möbius 映射 $\Phi_n = \Psi_n^{-1}$ 将 S_n 变换为规则的同心圆环条带 $\hat{S}_n$。
3. 依据式 (5.33)，用几何操作 Θ_n 将圆环条带 $\hat{S}_n$ 展开为矩形条带 $\overline{S}_n$。

---

5. 条带缝合

对于分别取自图像 $\mathcal{I}_\alpha$ 与 $\mathcal{I}_\beta$ 中的两个图像区域，令 $||$ 表示条带级联操作，则有

$$\Omega_\alpha || \Omega_\beta = \Omega_\alpha \sqcup \Omega_\beta - \Omega_\alpha \sqcap \Omega_\beta \tag{5.36}$$

其中，符号 $\sqcap$ 表示提取两个图像区域中的公共信息；符号 $\sqcup$ 表示收集两个图像区域中的所有信息。特别地，如果图像区域 Ω_α 与 Ω_β 仅共享一条边界曲线，即

$$\mu(\Omega_\alpha \sqcap \Omega_\beta) = 0 \tag{5.37}$$

其中，$\mu(\cdot)$ 表示给定区域的二维测度 (其直观意义是面积)。那么图像区域的缝合操作可以简化为通过图像形变与粘贴来实现的级联操作。换句话说

$$\Omega_\alpha || \Omega_\beta = \Omega_\alpha \sqcup \Omega_\beta \tag{5.38}$$

对于具有公共边界的矩形条带，可以使用式 (5.38) 进行图像区域缝合，由此可得

$$\overline{S}_n || \overline{S}_{n+1} = \begin{cases} \overline{S}_n \sqcup \overline{S}_{n+1} - \overline{S}_n \sqcap \overline{S}_{n+1}, & \mu(\overline{S}_n \sqcap \overline{S}_{n+1}) \neq 0 \\ \overline{S}_n \sqcup \overline{S}_{n+1}, & \mu(\overline{S}_n \sqcap \overline{S}_{n+1}) = 0 \end{cases} \tag{5.39}$$

对于具有 N 个关键帧的视频序列，管道场景的全景图像可以通过缝合条带序列 $\{\overline{S}_n\}_{n=1}^N$ 构建。式 (4.8) 表明全景图像可以形式地写为

$$I_p = \begin{cases} \overline{S}_1 || \overline{S}_2 || \cdots || \overline{S}_{N-1} || \overline{S}_N, & \text{前向拍摄模式} \\ \overline{S}_N || \overline{S}_{N-1} || \cdots || \overline{S}_2 || \overline{S}_1, & \text{后向拍摄模式} \end{cases} \tag{5.40}$$

如果摄像机绕光轴的旋转角 ϕ_n 均可忽略，那么在缝合矩形条带时各个矩形条带在竖直方向上的移位均可忽略，全景图像 I_p 将占据一个矩形区域。反之，如果各个旋转角 ϕ_n 不可忽略，那么各个矩形条带的边界曲线 γ_{n+1} 相对 γ_n 会有明显的位移，这将使得条带的排布上下错落，相继的两个矩形条带 $\overline{S}_{n+1}$ 与 $\overline{S}_n$ 在水平方向上将不会是齐平的。图 5.5 与图 5.6 形象地展示了条带整形与缝合操作的各个步骤以及最终拼接的结果。

6. 接缝消除

在由前述 5 个步骤获得原始全景图像之后，最后一个步骤是消除其中的可见接缝 (visible seam)。如果所使用的条带满足条件 $\mu(S_n \sqcap S_{n+1}) \neq 0$，则有多种接缝消除方法可以采用，如 α-混合、GIST 方法等。在相邻条带只有公共边界曲线时，可以采用更简单的图像区域亮度均衡办法。如果设边界两侧的像素亮度为 I_l 与 I_r，利用 I_l 与 I_r 的几何平均值 $\sqrt{I_l I_r}$ 可以起到减弱甚至消除可见接缝的功效。

5.3.2 拼接算法

管道场景流形全景拼接的六个步骤可以总结为 TSMM-1 算法，即算法 9。

算法 9　管道场景流形拼接算法(TSMM-1)

输入： 管道场景中以前向模式或后向模式拍摄的图像序列。

输出： 生成管道场景的全景图像。

1. 对图像序列 $\{\mathcal{I}_n\}$ 进行预处理，选取 N 个关键帧。
2. 采用相似变换模型估计相继两帧间的单应变换矩阵序列 $\{\mathbf{H}_n^{n+1}\}_{n=1}^{N-1}$。
3. 按式 (5.41) 选取图像条带 $\{S_n\}_{n=1}^{N}$。
4. 采用整形操作 $\mathscr{W}_n$ 将条带 S_n 变换为矩形条带 $\overline{S}_n$。
5. 依据式 (5.40) 缝合条带序列 $\{\overline{S}_n\}_{n=1}^{N}$ 得到全景图像 I_p。
6. 消除 I_p 中的可见接缝。

尽管算法 TSMM-1 给出了合理的管道场景拼接方法，但是它难以获得良好的全景图像，其主要缺陷有两个：一是可见接缝难以消除，二是当图像序列的像质较低时矩形条带的边界匹配效果将会很差。这些缺陷的根源在于在选取图像条带序列 $\{S_n\}_{n=1}^{N}$ 时，每帧图像中的冗余信息全部被丢弃了。实际上，式 (5.41) 决定的条带选取规则只利用了边界对应原理[8]，不同图像区域共享的公共场景的信息都已经被舍弃。如果在依据曲线对 (F_n, F_n') 选择原始的图像条带时扩大条带的边界范围，使之包含更多的冗余信息，以这样的条带作为整形操作的基础，之后得到的全景图像的质量将大为改善。形式上，新的条带选择可以视为用更大的环带取代 $S_n = <F_n, F_n'>$。新环带可以写为

$$\tilde{S}_n = <\tilde{F}_n, \tilde{F}_n'> \tag{5.41}$$

而且满足条件

$$S_n \subset \tilde{S}_n \tag{5.42}$$

虽然换用了新的条带，但是条带整形操作并不需要改变。条带整形操作 $\mathscr{W}_n(\tilde{S}_n)$ 可以将新条带变换为规则的矩形条带，依旧记为 $\overline{S}_n$。一旦扩大的新条带 $\tilde{S}_n$ 被选取，式 (5.40) 就无法用于条带缝合，不过式 (4.8) 依旧适用。对于新的条带序列，可以用任何可用的图像缝合办法从新的具有冗余信息的条带序列 $\{\overline{S}_n = \mathscr{W}_n(\tilde{S}_n)\}_{n=1}^{N}$ 获得无缝的全景图像。由此可以得到改进的管道场景拼接算法，即 TSMM-2 算法 (算法 10)。

算法 10　改进的管道场景拼接算法(TSMM-2)

输入： 管道场景中以前向模式或后向模式拍摄得到的图像序列。

输出： 生成管道场景的全景图像。

1. 对图像序列 $\{\mathcal{I}_n\}$ 进行预处理，选取 N 个关键帧。
2. 采用相似变换模型估计相继两帧间的单应变换矩阵序列 $\{\mathbf{H}_n^{n+1}\}_{n=1}^{N-1}$。
3. 按式 (5.41) 选取扩大的图像条带 $\{\tilde{S}_n\}_{n=1}^{N}$。
4. 采用整形操作 $\mathscr{W}_n$ 将条带 S_n 变换为矩形条带 $\overline{S}_n$。
5. 采用任何可行的拼接算法缝合条带序列 $\{\overline{S}_n\}_{n=1}^{N}$ 得到全景图像 I_p。
6. 消除 I_p 中的可见接缝。

需要指出的是，如果 I_p 中不存在可见的接缝或者新的扩展条带的拼接算法不依赖于图像配准与接缝消除步骤 (如文献 [118] 中的拼接算法)，则接缝消除步骤 (算法 10 中的第 6 步) 在实际中是不必要的。

5.3.3 算法的实验验证

1. 实验平台设置与图像信息采集

为了得到一个好的管道场景，将一幅具有丰富纹理结构与特征的彩色地图卷成一个圆筒，这是一个有良好近似度的具备圆柱面结构的管道场景，可以将其视为理想的管道场景结构。采用 TCE 系统在此管道中采集视频图像，使得摄像机分别在前向与后向两种模式下进行拍摄，并且使得 TCE 的细小探头尽量处于管道的中心轴线上。

在图像预处理阶段，选取圆形的 ROI，并用式 (5.20) 估计 ROI 的边界圆参数。为了简单起见，将所有图像帧都选为关键帧。前向模式与后向模式所获得的视频图像序列如图 5.7(a) 和图 5.8(a) 所示。

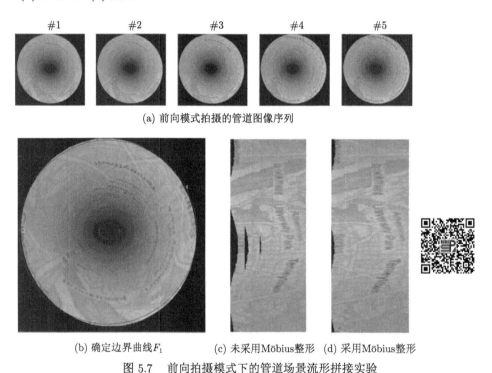

(a) 前向模式拍摄的管道图像序列

(b) 确定边界曲线F_1　　(c) 未采用Möbius整形　(d) 采用Möbius整形

图 5.7　前向拍摄模式下的管道场景流形拼接实验

2. 单应变换矩阵估计

相继两帧彩色图像间的单应变换矩阵可以采用基于特征点的间接法以及基于光流计算的直接法进行估计。对于间接法，要求特征抽取算法具有相似变换下的不变性，即保持旋转、平移以及尺度变换下的不变性，满足这些约束条件的最佳特征抽取算法自然是 SIFT 算法。对于直接法，可以依据式 (5.23) 采用 STLS 算法计算。实际计算表明，对于图 5.7(a) 与图 5.8(a) 中的图像，直接法与间接法得到的结果吻合得非常好。

估计出单应变换之后，只要给定曲线 $\{F_1, F_N'\}$ 或 $\{F_1', F_N\}$，则所有的条带边界曲线对 (F_n, F_n') 都可以由式 (5.29) 获得。在图 5.7(b) 中，是通过在 ROI 边界上选定 4 个控制点估计圆周 F_1 的，这是最简单的方法。其余的自由曲线也可以用类似方法获得。

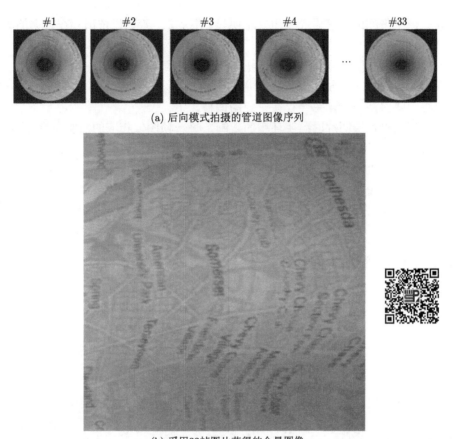

(a) 后向模式拍摄的管道图像序列

(b) 采用33帧图片获得的全景图像

图 5.8　后向拍摄模式下的管道场景流形拼接实验

3. 条带整形与 Möbius 映射

对于不规则的环状条带 S_n，圆环展开操作 Θ_n 得到的不规则的单连通条带，对于拼接结果不利。如图 5.7(c) 所示，在未采用 Möbius 变换 Ψ_n 而仅仅采用环带展开操作 Θ_n 时，得到的是具有孔洞的全景图像。在图 5.7(d) 中，由于采用了 Möbius 变换 Ψ_n，每个条带 $\hat{S}_n = \Psi_n(S_n)$ 均是规则的同心圆环条带，再经过圆环展开后得到的是矩形条带 $\overline{S}_n = \Theta_n(\hat{S}_n) = \Theta_n(\Psi_n(S_n)) = \mathscr{W}_n(S_n)$，按照边界对应进行连接得到的全景图像就不再有孔洞。

需要指出的是，在图 5.7 中，为了简单起见，各个 Möbius 映射 Ψ_n 中的旋转角度参数 ϕ_n 都已经假定为零。这种对旋转角度参数的设置策略使得各个矩形条带在纵向的相对高度上不存在上下起伏错落的现象，边界线 γ_n 与 γ'_n 被当作是完全匹配的。

4. 管道场景拼接算法的验证

图 5.8展示了采用 33 帧以后向模式拍摄的管道图片进行拼接的结果，所用的拼接方法是 TSMM-1 算法，条带的选取没有考虑冗余信息。与图 5.7 一样，为了简单起见，各个 Möbius 映射 Ψ_n 中的旋转角度参数 ϕ_n 都已经假定为零。容易看出，全景图像的质量是可以接受的，地图中的道路连接得很好，地址名称也很完整。虽然没有采取任何接缝消除

措施，相邻矩形条带间的接缝看起来也并不明显。不过，全景图像依旧存在较大的失真，主要原因如下：

(1) 用地图卷成的实际场景并不是真正理想的圆柱面场景。

(2) 摄像机光心的运动轨迹并不是管道的中心轴线，光轴的方向也并不总是与管道的中心轴向保持一致，总会存在一定的偏移。

(3) 由于摄像机拍摄图片时照明环境的限制，每一帧图像相应的照明亮度并不一致。

(4) 摄像机未进行标定，原始图像的畸变没有经过矫正。

在实际问题中，例如对于人体消化道，前两个因素是不可避免的，因为实际的物理场景是相当复杂的，管道的粗细与弯曲走向会发生变化，想精确地控制摄像机的运动轨迹使之与中心轴向一致是不现实的。非均衡的光照度带来的影响可以借助于预处理阶段的亮度均衡来减弱甚至消除[125]。最后一个因素可以通过摄像机标定与图像矫正来克服[126-128]。

5.3.4 消化道建模中的应用

正如本书作者在博士论文的绪论中所言[43]，人体消化道疾病检查是非常重要的临床医学问题，如何利用内镜图像序列获得消化道的二维全景图像还是个开放性问题。既然人体消化道也是个管道，消化内镜在消化道中拍摄图像的方式要么是前向拍摄模式，要么是后向拍摄模式，那么本章提出的管道流形拼接方法理所当然是可以应用的。

图 5.9(a) 所示为 TCE 系统拍摄的 4 帧连续人体上消化道内镜图片。由于这些图片纹

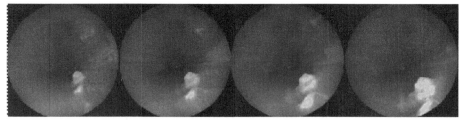

(a) 上消化道图谱

(b) 采用TSMM-1算法拼接：清除接缝前后对比

图 5.9 管道场景流形拼接算法的医学应用

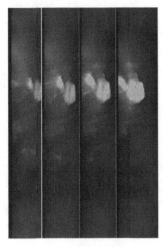

(c) 扩大的矩形条带　　　　　　(d) 采用TSMM-2算法拼接

图 5.9(续)

理结构不够丰富，基于特征抽取的直接法无法获得帧间单应变换矩阵，但是基于光流计算的直接法可以估计出帧间单应变换矩阵。图 5.9(b) 是采用 TSMM-1 算法得出的全景图像：左图没有采用任何接缝消除措施，右图使用了简单的几何均值均衡措施；可以看出由于冗余信息被丢弃，全景图像的质量不佳。图 5.9(c) 所示为采用扩大的圆环条带经过整形操作变换成矩形条带的结果，每个矩形条带都包含有冗余信息，可以在拼接中用于消除可见接缝。图 5.9(d) 所示为利用图 5.9(c) 中四个分立的矩形条带进行二次缝合拼接的结果，为了消除可见接缝，直接使用了工具 Microsoft ICE [129]。

本章小结

本章以流形建模理论为指导，系统地研究了管道场景的二维全景图像拼接算法，所提出的拼接方法具有一般性，适用于管道场景，但并不局限于此。本章得到的主要结论如下：

(1) 提出了管道图像全景拼接的六个基本步骤，给出了两个拼接算法，验证了基于流形建模的图像拼接理论。

(2) 巧妙地采用了复几何描述图像处理问题，并将共形映射用于保持正交性约束的图像处理操作之中。

(3) 对条带整形操作做了实现：用特殊的共形映射，即 Möbius 自同构映射实现了环状条带整形，用矩阵展开得到了单连通的图像条带。

(4) 提出了管道场景流形拼接的 TSMM-1 算法与 TSMM-2 算法；基于复分析中边界对应原理的 TSMM-1 算法在原理上正确，但是由于丢弃了冗余信息，给全景图像中的接缝消除步骤带来了一定困难；基于边缘扩大的条带选取策略的 TSMM-2 算法由于利用了冗余信息，克服了 TSMM-1 方法的不足。管道模拟实验与消化道实际图片实验验证了 TSMM 算法的正确性与有效性。

事实上，拼接的概念并不局限于二维图像拼接，三维图像也一样有拼接问题。本书作者与合作者研究了微结构的三维拼接问题 [130]，感兴趣的读者可以进一步阅读文献 [131]。

第 6 章
三维场景建模

三维重建是基于多视点图像的场景建模的核心技术，是三维建模的核心任务之一。本章概述了三维建模的一般理论与基本方法，研究了图像序列的三维重建问题：

- 以度量重建中的三维坐标配准计算表达式为基础，给出了尺度因子的估计方法，并进一步得到了完整的坐标配准计算式；
- 提出了度量重建意义下的视点增加的递推算法并做了实验验证；
- 针对消化道三维建模的应用需求，提出了二维拼接与三维重建联合进行的场景建模策略与算法原型。

6.1 视点增加的递推算法

6.1.1 核心问题

利用图像序列进行三维重建时，简单的两视点重建算法虽然是基础，但并不够用。利用三视点与三焦张量进行重建虽然具有较好的稳健性，但是算法复杂，而且得到的场景点较少。一般来说，需要考虑如下几个问题：

(1) 对于基于三焦张量的重建算法，在三张相继的图像中至少需要有 6 个图像点对应。对于胶囊内镜视频图像而言，这个要求不一定能得到满足。

(2) 无论是两视点还是三视点图像重建，所能得到的都是局部坐标系下的三维点云。

(3) 视点数目越少，其对应的公共场景区越大，能同时在视点中出现的场景点越多，反之则越少。两视点是重建所需的最小视点数目，也是能获得最多场景点的视点数选取方案。

(4) 一旦获得不同的局部坐标系下的三维点云，一个基本的问题是进行坐标配准，将不同的点云配准在统一的坐标系与尺度之下。

因此，为了获得整个消化道的三维场景，重建时需要解决以下三个基本问题：

(1) 两视点度量重建。

(2) 逐次添加视点，以递推方式进行三维重建。

(3) 对各次重建出的三维点云进行坐标配准，把局部坐标变换为全局坐标。

第一个问题的解决较为简单。在标定出摄像机内参数与外参数之后，两视点图像度量重建时的摄像机矩阵对可以表示为

$$\begin{cases} \mathbf{P}_1 = \boldsymbol{K}[\mathbb{1}_3 \mid \boldsymbol{0}] \\ \mathbf{P}_2 = \boldsymbol{K}[\boldsymbol{R} \mid \boldsymbol{t}] \end{cases} \tag{6.1}$$

其中，$\boldsymbol{R} \in \mathrm{SO}(3, \mathbb{R})$ 描述摄像机在第二个视点位置时相对于第一个视点位置的姿态，$\boldsymbol{t}$ 是第二个视点位置相对于第一个视点位置的相对位移。此时场景点 $\mathbf{X} = [\boldsymbol{X}^{\mathrm{T}}, 1]^{\mathrm{T}}$ 与图像对应点 $(\mathbf{x_1}, \mathbf{x_2})$ 间的投影关系为

$$\begin{cases} \boldsymbol{K}\boldsymbol{X} = \lambda_1 \mathbf{x}_1 \\ \boldsymbol{K}(\boldsymbol{R}\boldsymbol{X} + \boldsymbol{t}) = \lambda_2 \mathbf{x}_2 \end{cases} \tag{6.2}$$

写成矩阵形式为

$$\begin{bmatrix} \mathbb{1}_3 & -\boldsymbol{K}^{-1}\mathbf{x}_1 & \mathbf{0} \\ \boldsymbol{R} & \mathbf{0} & -\boldsymbol{K}^{-1}\mathbf{x}_2 \end{bmatrix} \begin{bmatrix} \boldsymbol{X} \\ \lambda_1 \\ \lambda_2 \end{bmatrix} = \begin{bmatrix} \mathbf{0} \\ -\boldsymbol{t} \end{bmatrix} \tag{6.3}$$

利用 STLS 算法即可解算出度量重建下的三维 Euclid 坐标 $\boldsymbol{X}$ 以及相应的射影深度 λ_1 与 λ_2。

第二个问题与第三个问题是密切关联的，其关键在于确定局部坐标与整体坐标间的相互变换关系，该问题已经由式 (4.26) 给出了部分答案。

6.1.2　坐标配准矩阵的估计

对于视频图像序列 $\{\mathcal{I}_k\}_{k=1}^K$，可以利用两视点下的图像对来计算三维场景点。对于视点 O_k 与 O_{k+1} 下的图像对 $(\mathcal{I}_k, \mathcal{I}_{k+1})$，由摄像机投影模型可得

$$\begin{cases} \mathbf{P}_k \mathbf{X} = \lambda_k \mathbf{x}_k \\ \mathbf{P}_{k+1} \mathbf{X} = \lambda_{k+1} \mathbf{x}_{k+1} \end{cases}$$

在摄像机参数标定之后，可以得到度量三维重建满足的约束关系，即

$$\begin{cases} \mathbf{P}_k^{\mathrm{ref}} = \boldsymbol{K}[\mathbb{1}_3 \mid \mathbf{0}], & \text{视点 } O_k \\ \mathbf{P}_{k+1}^{\mathrm{loc}} = \boldsymbol{K}[\boldsymbol{R}_k^{k+1} \mid \boldsymbol{t}_k^{k+1}], & \text{视点 } O_{k+1} \end{cases} \tag{6.4}$$

其中，三维坐标系的原点规定为视点 k 下摄像机的光心，旋转矩阵 $\boldsymbol{R}_k^{k+1}$ 与向量 $\boldsymbol{t}_k^{k+1}$ 分别描述两视点下摄像机的相对姿态与相对位移，这样得到的坐标系是取第 k 个视点为参考的局部坐标系。由此可以得到局部坐标系下的摄像机矩阵对序列

$$\mathbf{P}_1^{\mathrm{loc}}, \mathbf{P}_2^{\mathrm{loc}}, \cdots, \mathbf{P}_k^{\mathrm{loc}}, \cdots, \mathbf{P}_K^{\mathrm{loc}}$$

并且满足

$$\begin{cases} \mathbf{P}_k^{\mathrm{loc}} = \boldsymbol{K}\left[\boldsymbol{R}_{k-1}^k \quad \boldsymbol{t}_{k-1}^k\right], & k \in \{1, 2, \cdots, K\} \\ \boldsymbol{R}_0^1 = \mathbb{1}_3, \quad \boldsymbol{t}_0^1 = \mathbf{0} \end{cases} \tag{6.5}$$

然而，由于度量重建只是在等价的意义下相等，同一个度量重建可以相差一个相似变换，因此由图像对序列 $\{(\mathcal{I}_k, \mathcal{I}_{k+1})\}_{k=1}^{K-1}$ 得出的 $K-1$ 个度量重建是在不同的坐标系与尺度下得到的结果。以第一个视点下摄像机的位置为基准建立全局坐标，则有新的摄像机矩阵序列

$$\mathbf{P}_1^{\mathrm{glb}}, \mathbf{P}_2^{\mathrm{glb}}, \mathbf{P}_3^{\mathrm{glb}}, \cdots, \mathbf{P}_k^{\mathrm{glb}}, \cdots, \mathbf{P}_K^{\mathrm{glb}}$$

并且满足

$$
\begin{cases}
\mathbf{P}_k^{\mathrm{glb}} = \boldsymbol{K} \begin{bmatrix} \hat{\boldsymbol{R}}_1^k & \hat{\boldsymbol{t}}_1^k \end{bmatrix}, & k \in \{1, 2, \cdots, K\} \\
\hat{\boldsymbol{R}}_1^1 = \mathbb{1}_3, & \hat{\boldsymbol{t}}_1^1 = \boldsymbol{0}
\end{cases}
\tag{6.6}
$$

其中，$\hat{\boldsymbol{R}}_1^k \in \mathrm{SO}(3, \mathbb{R})$ 与 $\hat{\boldsymbol{t}}_1^k \in \mathbb{R}^{3 \times 1}$ 分别描述了摄像机在第 k 个视点时相对于第一个视点的姿态与位移。

为了简单起见，取简化的符号标记如下：

$$
\begin{cases}
\hat{\boldsymbol{R}}^k \equiv \hat{\boldsymbol{R}}_1^k, \hat{\boldsymbol{t}}^k \equiv \hat{\boldsymbol{t}}_1^k, \hat{s}^k \equiv \hat{s}_1^k \\
\hat{\mathbf{T}}^k \equiv \hat{\mathbf{T}}_1^k, \hat{\mathbf{S}}^k \equiv \hat{\mathbf{S}}_1^k = (\hat{\mathbf{T}}_1^k)^{-1}
\end{cases}
\tag{6.7}
$$

常量下标 "1" 已经省去，局部参量符号与全局符号参量用 "帽子 (hat)" 来区分。

由射影重建定理可得全局与局部两种坐标描述的关系为

$$
\begin{cases}
\mathbf{X}^{\mathrm{glb}} = \hat{\mathbf{S}}^k \mathbf{X}^{\mathrm{loc}} \\
\mathbf{P}_{k+1}^{\mathrm{glb}} = \mathbf{P}_{k+1}^{\mathrm{loc}} \hat{\mathbf{T}}^k
\end{cases}
\tag{6.8}
$$

由式 (4.22) 可得

$$
\hat{\mathbf{T}}^k = \begin{bmatrix} \hat{\boldsymbol{R}}^k & \hat{\boldsymbol{t}}^k \\ \boldsymbol{0}^{\mathrm{T}} & \hat{s}^k \end{bmatrix}, \quad k \in \{1, 2, \cdots, K-1\}
\tag{6.9}
$$

是个相似变换矩阵，称为 配准矩阵 (registration/alignment matrix)。对于任何相似变换 $\hat{\mathbf{H}}^k$（由于相似变换构成一个群，其逆也是相似变换），所对应的局部三维重建结构都是合理的，而且相互等价。但是一旦指定了公共参考系与统一的尺度因子后，$\hat{\mathbf{H}}^k$ 的选取将不再具有任意性。对比式 (4.21)，可得

$$
\hat{\mathbf{T}}^k = (\hat{\mathbf{H}}^k)^{-1}
\tag{6.10}
$$

由式 (4.26) 可得

$$
\begin{cases}
\hat{\boldsymbol{R}}^{k+1} = \boldsymbol{R}_k^{k+1} \cdot \hat{\boldsymbol{R}}^k \\
\hat{\boldsymbol{t}}^{k+1} = \boldsymbol{R}_k^{k+1} \cdot \boldsymbol{t}_1^k + \hat{s}_k \cdot \boldsymbol{t}_k^{k+1} \\
\hat{s}^{k+1} = s_k^{k+1} \cdot \hat{s}^k
\end{cases}
\tag{6.11}
$$

其初始条件为

$$
\hat{\boldsymbol{R}}^1 = \mathbb{1}_3, \hat{\boldsymbol{t}}^1 = \boldsymbol{0}, \hat{s}^1 = 1
\tag{6.12}
$$

接下来的关键是导出尺度因子 $\hat{s}^k$ 的估计算法。

对于三视点图像 $(\mathcal{I}_1, \mathcal{I}_2, \mathcal{I}_3)$，如果 $(\mathbf{x}_1, \mathbf{x}_2, \mathbf{x}_3)$ 是对应于世界坐标系中的场景点 $\mathbf{X}$ 的图像对应点，则有

$$
\begin{cases}
\mathbf{P}_1^{\mathrm{glb}} \mathbf{X} = \boldsymbol{K} \begin{bmatrix} \hat{\boldsymbol{R}}^1 & \hat{\boldsymbol{t}}^1 \end{bmatrix} \mathbf{X} = \lambda_1 \mathbf{x}_1 \\
\mathbf{P}_2^{\mathrm{glb}} \mathbf{X} = \boldsymbol{K} \begin{bmatrix} \hat{\boldsymbol{R}}^2 & \hat{\boldsymbol{t}}^2 \end{bmatrix} \mathbf{X} = \lambda_2 \mathbf{x}_2 \\
\mathbf{P}_3^{\mathrm{glb}} \mathbf{X} = \boldsymbol{K} \begin{bmatrix} \hat{\boldsymbol{R}}^3 & \hat{\boldsymbol{t}}^3 \end{bmatrix} \mathbf{X} = \lambda_3 \mathbf{x}_3
\end{cases}
\tag{6.13}
$$

在式 (6.11) 中取 $k = 2$，则有

$$\begin{cases} \hat{\boldsymbol{R}}^3 = \boldsymbol{R}_2^3 \cdot \hat{\boldsymbol{R}}^2 \\ \hat{\boldsymbol{t}}^3 = \boldsymbol{R}_2^3 \cdot \hat{\boldsymbol{t}}^2 + \hat{s}^2 \cdot \boldsymbol{t}_2^3 \\ \hat{s}^3 = \hat{s}^2 \cdot s_2^3 \end{cases} \tag{6.14}$$

利用图像对应点 $(\mathbf{x}_1, \mathbf{x}_2, \mathbf{x}_3)$ 可以求出参数 s_2^3。

设世界点 $\mathbf{X}$ 的齐次坐标为

$$\mathbf{X} = \begin{bmatrix} X \\ 1 \end{bmatrix}$$

那么由摄像机投影模型 $\mathbf{P}_3^{\text{glb}} \mathbf{X} = \lambda_3 \mathbf{x}_3$ 可得

$$\boldsymbol{K} \begin{bmatrix} \boldsymbol{R}_2^3 \hat{\boldsymbol{R}}^2 & \boldsymbol{R}_2^3 \hat{\boldsymbol{t}}^2 + \hat{s}^2 \boldsymbol{t}_2^3 \end{bmatrix} \begin{bmatrix} X \\ 1 \end{bmatrix} = \lambda_3 \mathbf{x}_3$$

即

$$\boldsymbol{R}_2^3 \hat{\boldsymbol{R}}^2 \boldsymbol{X} + \boldsymbol{R}_2^3 \hat{\boldsymbol{t}}^2 + \hat{s}^2 \boldsymbol{t}_2^3 = \lambda_3 \boldsymbol{K}^{-1} \mathbf{x}_3 \tag{6.15}$$

令

$$\mathbf{y}_k = \boldsymbol{K}^{-1} \mathbf{x}_k, k \in \{1, 2, 3\} \tag{6.16}$$

利用式 (6.13) 中前两个等式与第 1 章中式 (1.81) 可得关于 $\boldsymbol{X}$ 的线性方程

$$\begin{bmatrix} [\mathbf{y}_1]_\times \cdot \hat{\boldsymbol{R}}^1 \\ [\mathbf{y}_2]_\times \cdot \hat{\boldsymbol{R}}^2 \end{bmatrix} \cdot \boldsymbol{X} = - \begin{bmatrix} [\mathbf{y}_1]_\times \cdot \hat{\boldsymbol{t}}^1 \\ [\mathbf{y}_2]_\times \cdot \hat{\boldsymbol{t}}^2 \end{bmatrix} \tag{6.17}$$

解出 $\mathbf{X}$，即可得到关于 $\hat{s}^2$ 的简单代数方程

$$\mathbb{R}^{3\times1} \ni [\mathbf{y}_3]_\times \cdot \boldsymbol{t}_2^3 \cdot \hat{s}^2 = -[\mathbf{y}_3]_\times \cdot \boldsymbol{R}_2^3 \cdot (\hat{\boldsymbol{R}}^2 \cdot \boldsymbol{X} + \hat{\boldsymbol{t}}^2) \in \mathbb{R}^{3\times1} \tag{6.18}$$

由此可见，从纯理论的角度看，只要能从三个相继的视点中求得一个图像匹配点，就可以确定出参数 $\hat{s}^2$。在实际问题中由于存在图像噪声，单个点获得的结果往往误差较大，需要利用更加鲁棒的估计算法，这只有增加信息的冗余度才能达到。当相继的图像帧中有 n 个图像匹配点 $\{(\mathbf{x}_1^i, \mathbf{x}_2^i, \mathbf{x}_3^i)\}_{i=1}^n$ 时，可以得到

$$\begin{bmatrix} [\mathbf{y}_1^i]_\times \cdot \hat{\boldsymbol{R}}^1 \\ [\mathbf{y}_2^i]_\times \cdot \hat{\boldsymbol{R}}^2 \end{bmatrix} \cdot \boldsymbol{X}^i = - \begin{bmatrix} [\mathbf{y}_1^i]_\times \cdot \hat{\boldsymbol{t}}^1 \\ [\mathbf{y}_2^i]_\times \cdot \hat{\boldsymbol{t}}^2 \end{bmatrix}, i \in \{1, 2 \cdots, n\} \tag{6.19}$$

以及

$$\begin{bmatrix} [\mathbf{y}_3^1]_\times \cdot \boldsymbol{t}_2^3 \\ [\mathbf{y}_3^2]_\times \cdot \boldsymbol{t}_2^3 \\ \vdots \\ [\mathbf{y}_3^i]_\times \cdot \boldsymbol{t}_2^3 \\ \vdots \\ [\mathbf{y}_3^n]_\times \cdot \boldsymbol{t}_2^3 \end{bmatrix} \cdot \hat{s}^2 = \begin{bmatrix} -[\mathbf{y}_3^1]_\times \cdot \boldsymbol{R}_2^3 \cdot (\hat{\boldsymbol{R}}^2 \cdot \boldsymbol{X}^1 + \hat{\boldsymbol{t}}^2) \\ -[\mathbf{y}_3^2]_\times \cdot \boldsymbol{R}_2^3 \cdot (\hat{\boldsymbol{R}}^2 \cdot \boldsymbol{X}^2 + \hat{\boldsymbol{t}}^2) \\ \vdots \\ -[\mathbf{y}_3^i]_\times \cdot \boldsymbol{R}_2^3 \cdot (\hat{\boldsymbol{R}}^2 \cdot \boldsymbol{X}^i + \hat{\boldsymbol{t}}^2) \\ \vdots \\ -[\mathbf{y}_3^n]_\times \cdot \boldsymbol{R}_2^3 \cdot (\hat{\boldsymbol{R}}^2 \cdot \boldsymbol{X}^n + \hat{\boldsymbol{t}}^2) \end{bmatrix} \tag{6.20}$$

$$\boldsymbol{\alpha} \cdot \hat{s}^2 = \boldsymbol{\beta}$$

其中，$\boldsymbol{\alpha}$ 是式 (6.20) 中 $\hat{s}^2$ 的系数矩阵；$\boldsymbol{\beta}$ 是式 (6.20) 的右端向量。该方程的最优解为

$$\hat{s}^2 = \frac{\boldsymbol{\alpha}^{\mathrm{T}}\boldsymbol{\beta}}{\|\boldsymbol{\alpha}\|^2} \tag{6.21}$$

可见，给定三视点下的图像匹配点集合 $\{(\mathbf{x}_1^i, \mathbf{x}_2^i, \mathbf{x}_3^i)\}_{i=1}^n$，可以通过两个步骤计算相似变换中的尺度因子 $\hat{s}^2$：

(1) 利用 $\left(\mathbf{P}_1^{\mathrm{glb}}, \mathbf{P}_2^{\mathrm{glb}}\right)$ 与两视点下的图像匹配点 $(\mathbf{x}_1^i, \mathbf{x}_2^i)$ 计算场景点 $\boldsymbol{X}^i$。

(2) 利用 STLS 算法或矩阵广义逆用式 (6.20) 计算 $\hat{s}^2$。

需要指出的是，不同的图像匹配 $(\mathbf{x}_1, \mathbf{x}_2, \mathbf{x}_3)$ 得出的 $\boldsymbol{X}$ 各不相同，但是它们都对应于同一个尺度因子 $\hat{s}^2$。

尺度因子 $\hat{s}^2$ 的求法可以推广到一般情况。对任意的 $k \in \{2, 3, \cdots, K-1\}$，考虑相继的三帧图像 $(\mathcal{I}_{k-1}, \mathcal{I}_k, \mathcal{I}_{k+1})$，三帧图像中的对应点 $(\mathbf{x}_{k-1}^i, \mathbf{x}_k^i, \mathbf{x}_{k+1}^i)$ 及其对应的场景点 $\boldsymbol{X}^i = [(\boldsymbol{X}^i)^{\mathrm{T}}, 1]^{\mathrm{T}}$，其中图像对 $(\mathcal{I}_{k-1}, \mathcal{I}_k)$ 用来做两视点重建以获得三维点云，$(\mathbf{x}_{k-1}^i, \mathbf{x}_k^i, \mathbf{x}_{k+1}^i)$ 用来求解尺度因子 $\hat{s}_k$。与前面求解 $\hat{s}^2$ 的过程类似，只需要做替换

$$\mathcal{I}_1 \longleftarrow \mathcal{I}_{k-1}, \quad \mathcal{I}_2 \longleftarrow \mathcal{I}_k, \quad \mathcal{I}_3 \longleftarrow \mathcal{I}_{k+1},$$
$$\mathbf{x}_1^i \longleftarrow \mathbf{x}_{k-1}^i, \quad \mathbf{x}_2^i \longleftarrow \mathbf{x}_k^i, \quad \mathbf{x}_3^i \longleftarrow \mathbf{x}_{k+1}^i,$$
$$\mathbf{y}_1^i \longleftarrow \mathbf{y}_{k-1}^i, \quad \mathbf{y}_2^i \longleftarrow \mathbf{y}_k^i, \quad \mathbf{y}_3^i \longleftarrow \mathbf{y}_{k+1}^i$$

即可得到关于 $\boldsymbol{X}^i$ 与 $\hat{s}^k$ 满足的线性方程：

$$\begin{bmatrix} [\mathbf{y}_{k-1}^i]_\times \cdot \hat{\boldsymbol{R}}^{k-1} \\ [\mathbf{y}_k^i]_\times \cdot \hat{\boldsymbol{R}}^k \end{bmatrix} \cdot \boldsymbol{X}^i = -\begin{bmatrix} [\mathbf{y}_{k-1}^i]_\times \cdot \hat{\boldsymbol{t}}^{k-1} \\ [\mathbf{y}_k^i]_\times \cdot \hat{\boldsymbol{t}}^k \end{bmatrix}, i \in \{1, 2, \cdots, n\} \tag{6.22}$$

$$\begin{bmatrix} [\mathbf{y}_{k+1}^1]_\times \\ [\mathbf{y}_{k+1}^2]_\times \\ \vdots \\ [\mathbf{y}_{k+1}^i]_\times \\ \vdots \\ [\mathbf{y}_{k+1}^n]_\times \end{bmatrix} \cdot \boldsymbol{t}_k^{k+1} \cdot \hat{s}^k = \begin{bmatrix} -[\mathbf{y}_{k+1}^1]_\times \cdot \boldsymbol{R}_k^{k+1} \cdot (\hat{\boldsymbol{R}}^k \cdot \boldsymbol{X}^1 + \hat{\boldsymbol{t}}^k) \\ -[\mathbf{y}_{k+1}^2]_\times \cdot \boldsymbol{R}_k^{k+1} \cdot (\hat{\boldsymbol{R}}^k \cdot \boldsymbol{X}^2 + \hat{\boldsymbol{t}}^k) \\ \vdots \\ -[\mathbf{y}_{k+1}^i]_\times \cdot \boldsymbol{R}_k^{k+1} \cdot (\hat{\boldsymbol{R}}^k \cdot \boldsymbol{X}^i + \hat{\boldsymbol{t}}^k) \\ \vdots \\ -[\mathbf{y}_{k+1}^n]_\times \cdot \boldsymbol{R}_k^{k+1} \cdot (\hat{\boldsymbol{R}}^k \cdot \boldsymbol{X}^n + \hat{\boldsymbol{t}}^k) \end{bmatrix} \tag{6.23}$$

先求出点列 $\{\boldsymbol{X}^i\}_{i=1}^n$，然后即可解出 $\hat{s}^k$，这对 $k \in \{2, 3, \cdots, K-1\}$ 都适用。

很显然，此递推关系与尺度因子估计算法这两者完全决定了配准矩阵序列 $\{\hat{\mathbf{T}}^k\}_{k=1}^{K-1}$ 的更新方式。确定了 $\hat{\mathbf{T}}^k$ 或 $\hat{\mathbf{S}}^k$ 之后，可以将摄像机矩阵序列从局部坐标系下的形式提升为全局坐标系下的形式：

$$\hat{\mathbf{P}}_{k+1}^{\mathrm{glb}} = \boldsymbol{K}\begin{bmatrix} \hat{\boldsymbol{R}}^{k+1} & \hat{\boldsymbol{t}}^{k+1} \end{bmatrix} = \mathbf{P}_{k+1}^{\mathrm{loc}} \cdot \hat{\mathbf{T}}^k$$
$$= \boldsymbol{K}\begin{bmatrix} \boldsymbol{R}_k^{k+1}\hat{\boldsymbol{R}}^k & \boldsymbol{R}_k^{k+1}\hat{\boldsymbol{t}}^k + \hat{s}^k \boldsymbol{t}_k^{k+1} \end{bmatrix}, \quad k \in \{1, 2, \cdots, K-1\} \tag{6.24}$$

与此同时，局部坐标系下的三维场景点的配准关系为

$$\mathbf{X}_{<k,k+1>}^{\mathrm{glb}} = \hat{\mathbf{S}}^k \cdot \mathbf{X}_{<k,k+1>}^{\mathrm{loc}}, \quad k \in \{1, 2, \cdots, K-1\} \tag{6.25}$$

其中，$\mathbf{X}^{\mathrm{glb}}_{<k,k+1>}$ 表示由两视点图像 $(\mathcal{I}_k, \mathcal{I}_{k+1})$ 获得的全局坐标系下的三维场景点，并且满足射影重建定理给出的以下约束条件：

$$\begin{cases} \mathbf{P}^{\mathrm{ref}}_k \cdot \mathbf{X}^{\mathrm{loc}}_{<k,k+1>} = \hat{\mathbf{P}}^{\mathrm{glb}}_k \cdot \mathbf{X}^{\mathrm{glb}}_{<k,k+1>} = \lambda_k \mathbf{x}_k \\ \mathbf{P}^{\mathrm{loc}}_{k+1} \cdot \mathbf{X}^{\mathrm{loc}}_{<k,k+1>} = \hat{\mathbf{P}}^{\mathrm{glb}}_{k+1} \cdot \mathbf{X}^{\mathrm{glb}}_{<k,k+1>} = \lambda_{k+1} \mathbf{x}_{k+1} \end{cases}$$

6.1.3 视点增加算法

得到坐标配准矩阵的递推算法之后，结合两视点下的三维度量重建算法，可以得到多视点图像序列的三维度量重建算法，即算法 11。由于该算法是递推算法，因此利于实时实现。

算法 11 度量重建中视点增加的递推算法

输入： 视频图像关键帧序列 $\{\mathcal{I}_k\}_{k=1}^{K}$ 与摄像机内参数矩阵 $\boldsymbol{K}$。

输出： 具有全局坐标描述的摄像机矩阵与三维场景点集合。

1. 对图像序列做特征分析或特征跟踪。

2. 对图像对 $(\mathcal{I}_1, \mathcal{I}_2)$ 的对应点 $\{(\mathbf{x}^j_1, \mathbf{x}^j_2)\}_{j=1}^{n_1}$ 做三维度量重建，得到局部坐标系下的摄像机矩阵
   对 $\mathbf{P}^{\mathrm{ref}}_1 = \boldsymbol{K}[\mathbb{1} \mid \mathbf{0}]$，$\mathbf{P}^{\mathrm{loc}}_2 = \boldsymbol{K}[\boldsymbol{R}^2_1 \mid \boldsymbol{t}^2_1]$ 以及三维场景点集合 $\mathbf{X}^{\mathrm{loc}}_{<1,2>}$。

3. 设定全局坐标系与基准尺度因子：$\mathbf{X}^{\mathrm{glb}}_{<1,2>} = \mathbf{X}^{\mathrm{loc}}_{<1,2>}$，$\hat{s}^1 = 1$。

4. 设定初始三维坐标配准矩阵：
$$\hat{\mathbf{H}}^1 = \begin{bmatrix} \hat{\boldsymbol{R}}^1 & \hat{\boldsymbol{t}}^1 \\ \mathbf{0}^{\mathrm{T}} & \hat{s}^1 \end{bmatrix}^{-1} = \begin{bmatrix} \mathbb{1} & \mathbf{0} \\ \mathbf{0}^{\mathrm{T}} & 1 \end{bmatrix}$$

5. for $k \in \{2, 3, \cdots, K-1\}$ do
   ① 对 $(\mathcal{I}_k, \mathcal{I}_{k+1})$ 做度量重建，得到局部坐标系下的摄像机矩阵
      对 $(\mathbf{P}^{\mathrm{ref}}_k = \boldsymbol{K}[\mathbb{1} \mid \mathbf{0}]$，$\mathbf{P}^{\mathrm{loc}}_{k+1} = \boldsymbol{K}[\boldsymbol{R}^{k+1}_k \mid \boldsymbol{t}^{k+1}_k])$ 以及三维场景点集合 $\mathbf{X}^{\mathrm{loc}}_{<k,k+1>}$。
   ② 从 $(\mathcal{I}_{k-1}, \mathcal{I}_k, \mathcal{I}_{k+1})$ 中取 m_k 个对应点 $\{(\mathbf{x}^i_{k-1}, \mathbf{x}^i_k, \mathbf{x}^i_{k+1})\}_{i=1}^{m_k}$。
   ③ 按式 (6.22) 利用 $\{(\mathbf{x}^i_{k-1}, \mathbf{x}^i_k)\}_{i=1}^{m_k}$ 计算出 $\{\boldsymbol{X}^i\}_{i=1}^{m_k}$。
   ④ 依据式 (6.23)，利用 $\{\boldsymbol{X}^i\}_{i=1}^{m_k}$ 计算 $\hat{s}^k$。
   ⑤ 确定三维齐次坐标的配准矩阵
$$\hat{\mathbf{H}}^k = \begin{bmatrix} \hat{\boldsymbol{R}}^k & \hat{\boldsymbol{t}}^k \\ \mathbf{0}^{\mathrm{T}} & \hat{s}^k \end{bmatrix}^{-1}$$
   ⑥ 更新全局坐标系下的旋转矩阵与位移向量：
$$\hat{\boldsymbol{R}}^{k+1} = \boldsymbol{R}^{k+1}_k \cdot \hat{\boldsymbol{R}}^k, \quad \hat{\boldsymbol{t}}^{k+1} = \boldsymbol{R}^{k+1}_k \cdot \hat{\boldsymbol{t}}^k + \hat{s}^k \cdot \boldsymbol{t}^{k+1}_k$$
   ⑦ 坐标配准：
$$\mathbf{X}^{\mathrm{glb}}_{<k,k+1>} = \hat{\mathbf{H}}^k \cdot \mathbf{X}^{\mathrm{loc}}_{<k,k+1>}, \mathbf{P}^{\mathrm{glb}}_{k+1} = \mathbf{P}^{\mathrm{loc}}_{k+1} \cdot (\hat{\mathbf{H}}^k)^{-1}$$

验证算法的正确性，可以采用计算机仿真的手段来进行。为了兼顾管道场景三维重建的需要，采用人工设计的螺旋线场景。换句话说，场景点的三维射影坐标 $\mathbf{X} = [\boldsymbol{X}, \boldsymbol{Y}, \boldsymbol{Z}, 1]^{\mathrm{T}}$ 满足如下形式的方程：

$$\begin{cases} X = r_1 \cos(2\pi f t + \phi) \\ Y = r_2 \sin(2\pi f t + \phi), \quad t \in \{t_1, t_2, \cdots, t_N\} \\ Z = vt + a \end{cases}$$

将场景点集分割为四个子集 $\{\mathbf{X}_{<k,k+1>}\}_{k=1}^4$，而且保证

$$\sum_{k=1}^4 |\mathbf{X}_{<k,k+1>}| = \sum_{k=1}^4 n_k = N$$

$$\mathbf{X}_{<1,2>} \cap \mathbf{X}_{<2,3>}, \mathbf{X}_{<2,3>} \cap \mathbf{X}_{<3,4>}, \mathbf{X}_{<3,4>} \cap \mathbf{X}_{<4,5>}$$

均为非空集合。生成 5 个摄像机矩阵

$$\{\mathbf{P}_k = \boldsymbol{K}_i[\boldsymbol{R}_i \mid \boldsymbol{t}_i]\}_{i=1}^5$$

用 $\mathbf{P}_k$ 对场景点集合投影，以获得模拟的图像 $\{\mathcal{I}_j\}_{j=1}^5$ 以及图像对应，然后利用算法 11 进行重建。

图 6.1 给出了仿真实验的结果，其中，四个配准矩阵分别为

$$\hat{\mathbf{H}}^1 = \mathbb{1}_{4\times 4}$$

$$\hat{\mathbf{H}}^2 = \begin{bmatrix} 0.9453 & 0.0934 & 0.3126 & 0.1631 \\ -0.1044 & 0.9944 & 0.0186 & 0.8915 \\ -0.3091 & -0.0502 & 0.9497 & 0.4227 \\ 0 & 0 & 0 & 0.7118 \end{bmatrix}$$

$$\hat{\mathbf{H}}^3 = \begin{bmatrix} 0.8885 & -0.0541 & 0.4556 & -0.1320 \\ 0.0927 & 0.9937 & -0.0627 & 0.4257 \\ -0.4493 & 0.0979 & 0.8880 & 0.0048 \\ 0 & 0 & 0 & 0.4082 \end{bmatrix}$$

$$\hat{\mathbf{H}}^4 = \begin{bmatrix} 0.8241 & -0.4239 & 0.3758 & 0.0128 \\ 0.4514 & 0.8922 & 0.0165 & 0.5032 \\ -0.3423 & 0.1560 & 0.9266 & 0.2561 \\ 0 & 0 & 0 & 1.7494 \end{bmatrix}$$

在图 6.1(a) 中，原始的场景点由四个子集构成，不同子集采用不同的颜色；在图 6.1(b) 中，由于各次度量重建的尺度与局部坐标不同，虽然重建出的三维点集依然能构成部分螺旋线，但是尺度 $\hat{s}^k$、位置 $\boldsymbol{t}_k^{k+1}$ 与取向 $\boldsymbol{R}_k^{k+1}$ 各不相同；图 6.1(c) 是采用视点增加算法获得的度量重建结果，由于该算法能自动进行配准，所以重建出的场景结构能得到正确的结果。从图中的坐标轴尺度与螺旋线的大小、姿态与位置可以看到，度量重建得到的结果与原始的数据点集的确是相差了一个相似变换，这可以由射影重建定理给出解释。

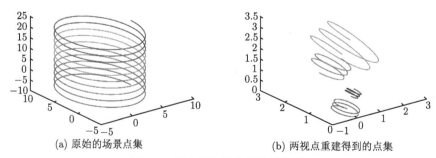

(a) 原始的场景点集 (b) 两视点重建得到的点集

图 6.1　视点增加递推算法的验证

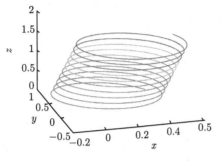

(c) 采用视点增加算法得到点集

图 6.1(续)

6.2　基于视觉 SLAM 系统的室内场景三维重建

基于计算机视觉的三维重建技术可以利用物体或场景的二维图像信息来重建场景的三维模型。场景的三维模型有助于进行物体识别、位姿估计与定位导航等，准确的三维模型离不开精确的深度数据。对于单目 SLAM 系统，可以用反向深度算法估计深度信息，但是场景深度数据的计算过程比较耗时。如果采用 RGB-D 摄像机直接获取场景中各物体的深度信息，可以大大降低算法的时间复杂度。RGB-D 摄像机的问世使得室内场景的三维重建技术变得简单。此后，机器人与计算机视觉相关领域的研究人员逐渐将 RGB-D 摄像头应用到室内场景的三维重建。微软的 Kinect 设备问世之后，Izadi 等 [132] 在 2011 年提出了 KinectFusion 算法，该方法构建出的场景模型可以直接用于图形化显示。Henry 等 [133] 在 2014 年提出了 RGB-D Mapping 方法，利用 RGB-D 摄像头实现室内环境的三维重建。但是要进行实时的摄像头运动跟踪和场景三维重建，系统还需通过 GPU 加速才能实现。由于计算效率的限制，KinectFusion 方法并不适用于大尺度场景建模。

ORB-SLAM2 系统开发了 RGB-D 摄像机接口。ORB-SLAM2 系统在 CPU 架构下就可以运行，主要由三个并行的线程组成，分别是跟踪、局部地图创建和闭合环路控制。另外，ORB-SLAM2 采用了图优化方法，减少了一部分计算量，能够稳定实时地处理大尺度场景的定位与构图。在 ORB-SLAM2 原有系统框架上，增加闭环点云拼接模块，利用 2014 年推出的 Kinect V2.0 设备来获取 RGB-D 图像序列，可以恢复摄像机的运动轨迹并构建出全局一致的室内三维点云地图。

6.2.1　深度图像数据采集与预处理

1. Kinect 工作原理

Kinect 是一款面向 Windows 系统的微软体感设备，在地图构建、人机交互等方面得到广泛应用。Kinect 设备也能够用于 Debian/Ubuntu GNU/Linux 系统，可以配合机器人操作系统 ROS 以及 OpenCV 软件包一起使用。Kinect 在水平方向安装了 3 个传感器，分别为彩色摄像头、深度摄像头、红外线投影机，是一款复合式摄像设备。其中：彩色摄像头可以识别场景内容；深度摄像头可以创建场景中人体和物体的深度图像，为视觉 SLAM

系统或者三维重建技术提供每个像素点的深度数据；红外线投影机是一个虚拟摄像头，其投影出去的模式可以被深度摄像头感知。

图 6.2 所示为微软公司在 2014 年发售的 Kinect for Windows 2.0 设备，本节内容所涉及的图像都来自该型号设备采集的 RGB-D 图像。根据微软公司的产品说明，Kinect V2 每秒可以处理 30 帧的图像信息，其彩色摄像头的分辨率最高可达 1920×1080 像素。另外，Kinect V2.0 的深度传感器的适用距离为 $0.5 \sim 4.5\text{m}$，该距离表示深度摄像头到物体的距离。在此深度范围内，Kinect 设备能够获取横向角度为 57°、纵向角度为 43° 范围内物体的深度信息。如果物体离摄像头超过 4.5m，红外摄像头的感知会变得不灵敏，因而深度分辨率也会降低。在进行室内定位与三维重建时，彩色图像的分辨率可以设定为 960×540 像素。表 6.1 总结了本节实验所用的 Kinect V2.0 传感器的技术规格参数。另外，Github 网页提供了 Kinect V2.0 在 Linux 环境中开发的驱动 libfreenect2[134]，便于研究与开发人员在 Ubuntu 系统下进行 SLAM 方法的研究和测试。

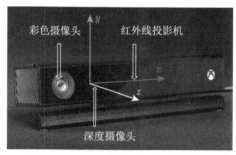

图 6.2　Kinect 的外形与自带的传感器

表 6.1　Kinect 传感器的技术规格参数

序号	传感器特性名称	技术规格参数
1	图像帧率	30fps
2	有效视距	$0.5 \sim 4.5\text{m}$
3	RGB 图像像素	960×540 像素
4	深度图像像素	960×540 像素
5	可视视野	横向 57°，纵向 43°
6	设备接口类型	USB

Kinect 设备的成本比较低且操作方便，只要通过手持 Kinect 摄像头围绕场景移动便可获得周围环境以及物体的信息，因而受到很多研究人员的关注与喜爱。但是 Kinect 并不是精密的摄像仪器，它所采集的原始数据比较粗糙，在将图像数据传入 SLAM 系统前端之前需对其进行预处理。

2. 彩色图像与深度图像的配准

Kinect 提供的彩色图像和深度图像分别由彩色摄像头和红外摄像头采集。然而这两个摄像头在水平方向上有一定距离的平移，同时两个摄像头的内参数存在差异，因此由 Kinect 采集的原始彩色图像和深度图像并不能完全一致对齐，需要通过图像配准来消除系统误差。

如果直接将 Kinect 采集的原始彩色图像与深度图像进行叠加，可以发现图像中某些场景出现重影现象，如图 6.3所示。因而在实际系统运行时，不能直接运用这些原始数据，需要对彩色图像和深度图像进行配准。

(a) 实验室塑料减震材料与背包重影

(b) 学生宿舍窗帘重影

图 6.3　原始彩色图像和深度图像直接叠加导致重影现象

因为 Kinect 的彩色摄像头与深度摄像头的相对位置固定，所以 Kinect 彩色摄像头坐标系与深度摄像头坐标系的转换可以通过刚体变换矩阵 $\mathbf{T}_{\mathrm{rgb}}^{\mathrm{irc}}$ 实现，其形式为

$$\mathbf{T}_{\mathrm{rgb}}^{\mathrm{irc}} = \begin{bmatrix} \boldsymbol{R}_{\mathrm{rgb}}^{\mathrm{irc}} & \boldsymbol{t}_{\mathrm{rgb}}^{\mathrm{irc}} \\ \mathbf{0}^{\mathrm{T}} & 1 \end{bmatrix}, \tag{6.26}$$

其中，$\boldsymbol{R}_{\mathrm{rgb}}^{\mathrm{irc}} \in \mathrm{SO}(3,\mathbb{R})$；$\boldsymbol{t}_{\mathrm{rgb}}^{\mathrm{irc}} \in \mathbb{R}^{3\times 1}$。设世界坐标下空间点 $\mathbf{X} = [\boldsymbol{X}^{\mathrm{T}}, 1]^{\mathrm{T}}$ 在彩色摄像头坐标系下的非齐次坐标为

$$\boldsymbol{X}_{\mathrm{rgb}} = [\boldsymbol{R}_{\mathrm{rgb}}, \boldsymbol{t}_{\mathrm{rgb}}]\mathbf{X} = \boldsymbol{R}_{\mathrm{rgb}}\boldsymbol{X} + \boldsymbol{t}_{\mathrm{rgb}} \tag{6.27}$$

设点 $\mathbf{X}$ 在深度摄像头坐标系下的非齐次坐标为

$$\boldsymbol{X}_{\mathrm{irc}} = [\boldsymbol{R}_{\mathrm{irc}}, \boldsymbol{t}_{\mathrm{irc}}]\mathbf{X} = \boldsymbol{R}_{\mathrm{irc}}\boldsymbol{X} + \boldsymbol{t}_{\mathrm{irc}} \tag{6.28}$$

引进齐次坐标

$$\mathbf{Q}_{\mathrm{rgb}} = \begin{bmatrix} \boldsymbol{X}_{\mathrm{rgb}} \\ 1 \end{bmatrix}, \quad \mathbf{Q}_{\mathrm{irc}} = \begin{bmatrix} \boldsymbol{X}_{\mathrm{irc}} \\ 1 \end{bmatrix} \tag{6.29}$$

则有

$$\mathbf{Q}_{\mathrm{rgb}} = \mathbf{T}_{\mathrm{rgb}}^{\mathrm{irc}} \mathbf{Q}_{\mathrm{irc}} \Longleftrightarrow \boldsymbol{X}_{\mathrm{rgb}} = \boldsymbol{R}_{\mathrm{rgb}}^{\mathrm{irc}} \boldsymbol{X}_{\mathrm{irc}} + \boldsymbol{t}_{\mathrm{rgb}}^{\mathrm{irc}} \tag{6.30}$$

对彩色摄像头和深度摄像头进行相机标定，求得两个摄像头的内参数矩阵分别为 $\boldsymbol{K}_{\mathrm{rgb}}$ 和 $\boldsymbol{K}_{\mathrm{irc}}$，然后可以在图像像素和三维点之间进行相互转换。设空间点 $\mathbf{X}$ 在 RGB 图像上对应的坐标为 $\mathbf{x}_{\mathrm{rgb}} = [u_{\mathrm{rgb}}, v_{\mathrm{rgb}}, 1]^{\mathrm{T}}$，在深度图像上的坐标为 $\mathbf{x}_{\mathrm{irc}} = [u_{\mathrm{irc}}, v_{\mathrm{irc}}, 1]^{\mathrm{T}}$。根据摄像机成像原理，可以得到射影变换关系式

$$\begin{cases} z_{\mathrm{rgb}} \mathbf{x}_{\mathrm{rgb}} = \boldsymbol{K}_{\mathrm{rgb}}[\boldsymbol{R}_{\mathrm{rgb}}, \boldsymbol{t}_{\mathrm{rgb}}] \mathbf{X} = \boldsymbol{K}_{\mathrm{rgb}} \boldsymbol{X}_{\mathrm{rgb}} \\ z_{\mathrm{irc}} \mathbf{x}_{\mathrm{irc}} = \boldsymbol{K}_{\mathrm{irc}}[\boldsymbol{R}_{\mathrm{irc}}, \boldsymbol{t}_{\mathrm{irc}}] \mathbf{X} = \boldsymbol{K}_{\mathrm{irc}} \boldsymbol{X}_{\mathrm{irc}} \end{cases} \tag{6.31}$$

其中，z_{irc} 是深度摄像头坐标系中点的深度值，直接从深度图像点 $\mathbf{x}_{\mathrm{irc}}$ 处获取。由式 (6.30) 与式 (6.31) 可得

$$z_{\mathrm{rgb}} \mathbf{x}_{\mathrm{rgb}} = \boldsymbol{K}_{\mathrm{rgb}} \left(z_{\mathrm{irc}} \boldsymbol{R}_{\mathrm{rgb}}^{\mathrm{irc}} \boldsymbol{K}_{\mathrm{irc}}^{-1} \mathbf{x}_{\mathrm{irc}} + \boldsymbol{t}_{\mathrm{irc}} \right) \tag{6.32}$$

式 (6.32) 的价值在于可以用深度图像的像素找到对应的 RGB 像素，从而实现深度图像与 RGB 图像的配准。在本书开展的实验中，所使用的 Kinect V2.0 设备的彩色摄像头与红外摄像头的内参数分别为

$$\boldsymbol{K}_{\mathrm{rgb}} = \begin{bmatrix} 538.7396 & 0.0000 & 490.1667 \\ 0.0000 & 538.8343 & 269.7428 \\ 0.0000 & 0.0000 & 1.0000 \end{bmatrix}$$

$$\boldsymbol{K}_{\mathrm{irc}} = \begin{bmatrix} 368.1371 & 0.0000 & 254.8682 \\ 0.0000 & 368.6467 & 208.9752 \\ 0.0000 & 0.0000 & 1.0000 \end{bmatrix}$$

这两个摄像头确定的刚体变换 (相对位置与姿态) 矩阵为

$$\mathbf{T}_{\mathrm{rgb}}^{\mathrm{irc}} = \begin{bmatrix} 1.0000 & -6.3351\mathrm{e}{-03} & 5.4044\mathrm{e}{-03} & -5.1858\mathrm{e}{-02} \\ 6.2849\mathrm{e}{-03} & 0.9999 & 9.2532\mathrm{e}{-03} & -1.2905\mathrm{e}{-03} \\ -5.4627\mathrm{e}{-03} & -9.2190\mathrm{e}{-03} & 0.9999 & -4.2928\mathrm{e}{-03} \\ 0.0000 & 0.0000 & 0.0000 & 1.0000 \end{bmatrix} \tag{6.33}$$

在精度上，内参数矩阵与相对位姿都是取 4 位有效数字。通过配准操作后，彩色图像和深度图像基本保持一致，如图 6.4所示，与图 6.3相比可以发现重影问题得到了显著改善，多出来的黑色线条已经消失了。

3. 深度图像的去噪和填补

在采集图像数据的过程中，Kinect 设备精度低，测量物体表面材料的反光系数差和测量环境的噪声多，都会导致深度图像中的场景边缘或者光滑表面区域出现破缺现象，如图 6.5所示。图 6.5(a) 是彩色图像，信息是完整的；图 6.5(b) 是深度图像，物体边缘的深色区域缺失深度信息；图 6.5(c) 中不同颜色区域代表不同的深度值，颜色越深意味着深度值越小。如果不对深度图像进行预处理就应用于点云提取，那么黑洞或者噪声的存在会影

响点云配准，使得重建的三维模型出现缺口。针对 Kinect 深度图像的孔洞问题，需要通过滤波对图像进行预处理。

(a) 实验室塑料减震材料与背包重影改善

(b) 学生宿舍窗帘重影改善

图 6.4　通过配准原始彩色图像和深度图像改善重影

(a) 彩色图像破缺　　　　(b) 深度图像破缺　　　　(c) 深度图像可视化

图 6.5　Kinect 采集的图像受噪声的影响出现破缺

深度图像中的物体和背景会有很大的深度差，因而具有很强的边缘性。如果滤波时直接平滑边缘，则会导致前景与背景之间出现过渡结构，从而改变场景内容。因此，在填充深度图像的黑洞及其邻近区域时，不但要平滑噪声，还要保持边缘信息。如果采用均值滤波、中值滤波或者高斯滤波直接处理深度图像，那么在去除噪声的同时会使边缘模糊。

鉴于 Kinect 的摄像头可以同时采集彩色图像和深度图像，对齐之后的深度图像与彩色图像的像素会一一对应，因此彩色图像可以给丢失数据的深度图像提供信息。本书采用联合双边滤波 [135]，结合彩色图像补全深度图像中的黑洞。深度图像的联合双边滤波是一种加权的非线性高斯滤波，有两个核函数，同时考虑了像素的空间距离和像素值的改变，可以利用深度图像和彩色图像的对应关系给深度图像进行去噪和填补。彩色图像中灰度值相似的像素，在深度图像中往往有近似的深度值。对于孔洞和其对应邻近区域，选取相同区域的彩色图像并提取出其像素值，然后将彩色图像上的像素变化结果映射到深度图像中，就可以得出黑洞与其邻近区域的像素值变化情况，从而确定深度缺失区域的数据。

双边滤波的权重数值 $w(i,j)$ 可以表示为[135]

$$w(i,j) = w_g(i,j)w_c(i,j) \tag{6.34}$$

其中，$w_g(i,j)$ 是 Gauss 滤波权重；w_c 是像素值变化权重。相应的表达式为

$$
\begin{aligned}
w_g(i,j) &= \exp\left(-\frac{|i-x|^2 + |j-y|^2}{2\sigma_g^2}\right) \\
w_c(i,j) &= \exp\left(-\frac{|I(i,j) - I_n(x,y)|^2}{2\sigma_c^2}\right)
\end{aligned}
\tag{6.35}
$$

这里出现的 σ_g 与 σ_c 都是 Gauss 函数标准差。针对 Kinect 的 RGB-D 图像，图像滤波可以表示为[135]

$$I(x,y) = \frac{1}{w_s} \sum_{(i,j) \in \Omega} w(i,j) I_n(i,j) \tag{6.36}$$

其中，$I_n(i,j)$ 是含有噪声的单通道图像；Ω 是像素 (x,y) 的领域；$w(i,j)$ 是滤波器在点 (i,j) 处的双边权重；$w_s = \sum\limits_{(x,y) \in \Omega} w(x,y)$ 是权重和，或者说 $w(x,y)/w_s$ 是归一化的权重。

相比深度图像，Kinect 采集的 RGB 图像信息更加完整，联合双边滤波的重点就是将彩色图像作为引导图像，对深度图像进行矫正补全。对于像素值变换的权，可以对彩色图像的像素进行计算，此时像素所占的权改写为

$$w_c'(i,j) = \exp\left(-\frac{|G(i,j) - G(x,y)|^2}{2\sigma_c^2}\right) \tag{6.37}$$

其中，$G(i,j)$ 是灰度化后彩色图像的像素值。图像边缘处像素变化梯度越大，$w_c'(i,j)$ 的数值就越小，从而保持了边缘信息。利用联合双边滤波对深度图像进行预处理，不仅解决了原本的噪声问题和黑洞问题，同时保持了场景物体的边缘。采用双边滤波的对比实验结果如图 6.6所示，从图可以看出，原始深度图像经过联合双边滤波后，质量得到明显改善。

(a) 原始深度图像　　　　　　　　(b) 联合双边滤波后的深度图像

图 6.6　深度图像的去噪和填补

6.2.2　3D 点云的生成与配准

1. 3D 点云的生成

获取经过预处理的彩色图像和深度图像序列后，就可以根据深度图像计算三维点云数据。已知深度图像中的像素齐次坐标为 $\mathbf{u} = [u, v, 1]^{\mathrm{T}}$，像素的灰度值 $d(\mathbf{u})$ 是深度数据。设 Kinect 摄像机的内参数矩阵为

$$\boldsymbol{K} = \begin{bmatrix} f_x & 0 & c_x \\ 0 & f_y & c_y \\ 0 & 0 & 1 \end{bmatrix} \tag{6.38}$$

图像点 $\mathbf{u}$ 对应的摄像机坐标系中的三维场景点为[①]

$$\boldsymbol{X}^{\mathrm{loc}} = [x, y, z, 1]^{\mathrm{T}} \tag{6.39}$$

它满足关系式

$$\boldsymbol{X}^{\mathrm{loc}}(\mathbf{u}) = d(\mathbf{u})\boldsymbol{K}^{-1}\mathbf{u} \tag{6.40}$$

在 SLAM 三维建图中，一般会引进一个参数——深度图的缩放因子

$$s = \frac{d}{z} \tag{6.41}$$

它表示深度图给出的数据 $d(\mathbf{u})$ 与实际距离 z 的比例。在本书开展的实验中，缩放因子都设为 $s = 1000$。式 (6.40) 可以改写为

$$\begin{cases} x = (u - c_x) \cdot \dfrac{z}{f_x} \\ y = (v - c_y) \cdot \dfrac{z}{f_y} \\ z = d/s \end{cases} \tag{6.42}$$

利用这个式子，就实现了从图像点 $\mathbf{u}$ 解算其对应的摄像机坐标系中的三维空间点 $\boldsymbol{X}^{\mathrm{loc}}$，由此可以从 Kinect 采集的 RGB-D 图像得到 3D 点云。

解算出 $\boldsymbol{X}^{\mathrm{loc}}$ 之后得到点云，接下来就是对 SLAM 系统中选出的关键帧的深度图像进行遍历，获取相应图像点的空间位置，然后从彩色图像中获取颜色，得到点云的坐标信息和颜色信息，以此获得较为粗糙的场景三维重建结果。

2. 三维点云配准

点云的配准精度是决定重建的 3D 模型的质量的关键因素。点云配准实质上就是根据刚体变换矩阵或者摄像机位姿矩阵对点云集进行三维刚体变换，使得不同时刻获取的三维点云集能够重合。点云配准过程也叫作帧间对齐过程。利用稀疏特征点匹配可以进行三维配准。在彩色图像中提取特征点并进行匹配，通过特征匹配得到图像帧之间的对应关系来

---

① 为了强调摄像机坐标系，这里的符号 $\boldsymbol{X}^{\mathrm{loc}}$ 也可以用 $\boldsymbol{X}^{\mathrm{cam}}$ 或简化的 $\boldsymbol{X}^{\mathrm{c}}$ 来表示。

估算摄像机位姿。对于 RGB-D 摄像机，可以在给定摄像机内参数矩阵的情况下，根据空间点与其图像投影点之间的对应关系，通过利用传统方法或 Cayley 方法求解 PnP 问题，估计出图像帧之间相应的坐标变换 (摄像机坐标系下的相对位姿) 矩阵 $\mathbf{T}_{k-1}^k$，从而得到当前关键帧的位姿描述矩阵 (全局坐标系/世界坐标系下的位姿描述矩阵)[①]

$$\hat{\mathbf{T}}^k = \hat{\mathbf{T}}^{k-1}\mathbf{T}_{k-1}^k \tag{6.43}$$

也就是当前摄像机坐标系到世界坐标系的刚体变换，其具体形式为

$$\hat{\mathbf{T}}^k = \begin{bmatrix} \hat{\boldsymbol{R}}^k & \hat{\boldsymbol{t}}^k \\ \mathbf{0}^{\mathrm{T}} & 1 \end{bmatrix} \tag{6.44}$$

由第 k 帧 RGB-D 图像得到的三维点通过刚体变换转换到世界坐标系下，转换关系是[②]

$$\mathbf{X}^{\mathrm{glb}}(\mathbf{u}) = \hat{\mathbf{T}}^k\mathbf{X}^{\mathrm{loc}}(\mathbf{u}) = \hat{\mathbf{T}}^k\mathbf{X}^{\mathrm{loc}}(\mathbf{u}) \tag{6.45}$$

其中，$\mathbf{X}^{\mathrm{glb}}$ 与 $\mathbf{X}^{\mathrm{loc}}(\mathbf{u})$ 是齐次坐标表示。按照式 (6.45) 可以把摄像机坐标系中的三维点云变换为世界坐标系中的三维点云，使得多团点云具有一致的坐标和尺寸。

完成点云配准后，需要对三维点云进行滤波采样，去除严重偏离数据集中区的离群点。例如，针对室内场景采集图像数据的时候，可能通过窗户、房门等其他透光物体采集到室外的一小部分远景。重建出这些三维点云是没有必要的，并且会干扰到三维点云地图的质量，可以采用 ROR (radius outlier remover) 滤波器[136] 去除三维点云的离群点。

基于 Kinect V2.0 与 ORB-SLAM2 算法实现的三维重建方法在运行初期，不同图像帧的点云匹配没有出现较大的不一致现象。但是由于地图创建与位姿估计存在累积误差，造成摄像机位姿发生漂移，从而导致空间点定位失败。因此当摄像头回到已探索区域时，SLAM系统中的环路却没有闭合。这样会造成环境中的同一个位置对应多个地图，导致地图的不一致从而出现重影问题，如图 6.7 所示，从图中标示出的方框里能清晰地见到三维点云不一致所带来的重影现象。

(a) SIAE 405 实验室场景的三维重建结果　(b) SIAE 502 实验室场景的三维重建结果

图 6.7　图优化之前的三维点云

---

① 在一些关于 SLAM 的文献中，用 $\mathbf{T}_{\mathrm{w}}^{c_k}$ 代表这里的记号 $\hat{\mathbf{T}}^k$，字母 c 代表 camera，w 代表 world。

② 为了强调世界坐标系，这里的符号 $\mathbf{X}^{\mathrm{glb}}$ 也可以用 $\mathbf{X}^{\mathrm{wor}}$ 或简化的 $\mathbf{X}^{\mathrm{w}}$ 来表示。

6.2.3　闭环检测后的点云优化

在 SLAM 系统中，闭合环路检测用于判断移动设备当前所处的场景是否在之前探索的场景中出现过。当移动机器人到达已经创建过地图的场景中时，环路检测过程能够识别已探测区域并构成一个环路，利用闭环中图像帧之间的约束关系来消除摄像头位姿和点云位置的误差。

在机器人或摄像头实际运动中，传感器获取图像数据、特征点匹配和位姿估计等环节都会使系统出现累积误差，而这些累积误差会对系统的姿态估计和三维点重建造成影响。为了消除这些累积误差，在 SLAM 系统中加入了环路检测和闭合机制。正确的闭合环路检测可以增加实际位姿估计的精度，优化三维点的位置，保持环境地图的一致性。

1. 闭合环路检测

摄像头在运动时，系统会从采集的图像序列中选取关键帧，同时根据之前的关键帧信息估计当前关键帧的位姿。根据编号为 1 的视点下摄像机的位姿 $\hat{\mathbf{T}}^1$ 和相邻两视点之间的旋转平移关系，计算出编号为 k 的视点下摄像机相对于世界坐标系的位姿，由递推规则可得

$$\hat{\mathbf{T}}^k = \mathbf{T}_{k-1}^k \hat{\mathbf{T}}^{k-1} = \mathbf{T}_{k-1}^k \mathbf{T}_{k-2}^{k-1} \cdots \mathbf{T}_1^2 \hat{\mathbf{T}}^1 \tag{6.46}$$

如果直接使用式 (6.46) 对各个视点的点云进行配准融合，会造成很大的误差累积。位姿变换矩阵的连乘和噪声造成的视角漂移，会使得多视点的旋转平移运动计算精度无法满足目标定位，从而造成类似于图 6.7中出现的三维地图模型不一致的问题。

如果系统没有进行闭环优化，则每一个关键帧的误差都会影响之后的运动估计。场景的物理尺寸越大，系统运行的时间越长，尺度的漂移问题会使得轨迹的误差越大，这对于类似于汽车自动驾驶的问题尤为突出。闭环检测模块通过匹配当前帧和过去相似帧，得到图像关键帧之间的新约束，可以起到增强闭环稳定性和降低累积误差的效果。系统检测到的闭环越多，环内结构就越稳定。

在进行 ORB-SLAM 闭合环路检测之前，首先对图像特征进行聚类操作，然后利用离散化连续变化的特征来构建词袋 [137-138]。这样系统就可以用词的统计直方图描述物体或场景。闭环检测过程中，系统将逐一计算当前关键帧的词袋向量与局部关键帧序列的词袋向量的相似度，确定一个最小相似度。在关键帧数据库寻找相似度大于最小相似度的关键帧作为闭环的候选关键帧。若连续三个关键帧对应着相同的候选关键帧，则认为该帧为闭环帧。接下来计算当前关键帧与闭环帧的特征匹配，确定两帧所对应的三维地图点的对应关系，然后将帧间变换加入到位姿图 (pose graph) 中 [139]。

2. 位姿图优化

检测到环路后，将图像帧之间新增的关联约束加入位姿图中，建模优化各图像帧之间的变换关系，得到全局对齐的图像帧。此时，帧间对齐问题转变成优化问题，可以通过误差函数来衡量帧间的配准质量，从而矫正摄像机的位姿及点云的位置。

图优化方法 [139-140] 是对系统前端得到的初始状态估计进行进一步优化求解，从而保证地图的高精度和一致性。如图 6.8 所示，图优化中的图是由顶点和边构成的。记图为

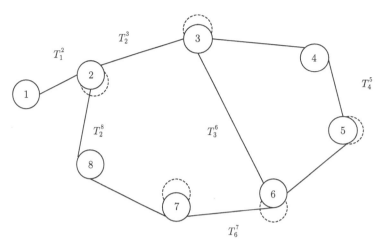

图 6.8　闭环回路优化示意图

$G = \{V, E\}$，其中，V 是顶点集，E 是边集。边表示的是顶点之间的一种关系。这里将地图中的三维点 $\boldsymbol{X}_i^*$ 作为图顶点 (i 代表第 i 个关键帧 $\mathcal{I}_{(i)}$)，把关键帧 $\mathcal{I}_{(i)}$ 和 $\mathcal{I}_{(j)}$ 之间的特征匹配关系 T_i^j 设成边，构造一个位姿图。可以利用图优化解决地图不一致问题中的误差，相应的优化问题为

$$\arg\min_{\boldsymbol{R}_i^j, \boldsymbol{t}_i^j} \sum_{i,j} \left\| \boldsymbol{X}_i^* - (\boldsymbol{R}_i^j \boldsymbol{X}_j^* + \boldsymbol{t}_i^j) \right\|^2 \tag{6.47}$$

对于大尺度场景，位姿图中会有成千上万条边和估计参数，每一次迭代都需要解一个 Jacobi 矩阵和 Hesse 矩阵，计算量非常大。由于地图中的特征点只会在某些时刻被传感器检测到，顶点 $\boldsymbol{X}_k$ 只出现在和它相关联的边里，因而 SLAM 问题中的位姿图是稀疏的。如此一来，系统中的 Jacobi 矩阵和 Hesse 矩阵的大部分元素为零。矩阵的稀疏性有助于快速求解线性方程。与全局捆绑调整相比，图优化极大地简化了全局优化的计算量，这也是 ORB-SLAM 能处理大尺度场景的非常重要的一个原因。图优化之后，对所有的关键帧进行捆绑调整 (bundle adjustment，BA)[33-34]，以更好地实现全局一致性。

图优化和捆绑调整其实是非线性最小二乘问题，都可以使用 G2O(general graph optimization) 求解 [122]。G2O 带有各种类型的求解器。通过定义顶点和边，确定线性方程和迭代算法，就可以求解 SLAM 系统的优化问题。稀疏优化 SparseOptimizer 是要构造的求解器，也是一个待优化的图；然后选用 Levernberg-Marquardt 作为优化算法，并使用 addVertex 和 addEdge 函数向图中添加顶点和边；最后调用 SparseOptimizer.optimize 完成优化。

3. 闭环优化后的三维重建

通过图优化和全局捆绑调整后，可以从系统获得各关键帧的全局位姿。在重新进行点云拼接之前，将优化前的旧点云地图清除掉，然后根据各关键帧的全局位姿计算点云的三维位置，得到全局一致的地图。

实验场景是中欧航空工程师学院 (SIAE) 的 405 与 502 实验室，使用 Kinect V2.0 采

集 RGB-D 图像序列,其彩色摄像头的图像分辨率为 960×540 像素。实验过程中,通过机器人操作系统 ROS(robot operate system) 实时获取 Kinect 采集的图像数据,然后将数据传输给增加了闭环点云拼接模块的 ORB-SALM 系统,进行三维点云地图重建。运行环境设定是 CPU 为 Iner(R) Core(TM) i7-3770、主频为 3.40GHz、主存为 8GB 的笔记本电脑。实验结果如图 6.9 所示。与图 6.7 对比可以看出,闭环优化后的三维点云地图表现出全局一致的性能,之前的重影问题被解决了。实验中所应用的点云配准方法并没有采用 ICP 配准算法,计算复杂度低,在没有 GPU 加速的平台中就能获得实时在线构建大尺度场景三维点云地图的功能,在配置较为一般的笔记本电脑上也能流畅地实时运行。

(a) SIAE 405 实验室场景的三维重建结果　(b) SIAE 502 实验室场景的三维重建结果

图 6.9　闭环图优化之后的三维点云

6.3　基于 SfM 的二维拼接与三维重建组合方法

二维拼接与三维重建是三维建模的两个侧面,通常都是分立地进行研究,但是从应用需求、算法的实现基础以及优缺点来看,需要考虑两者相结合的处理模式。

6.3.1　应用需求

在实际应用问题中,常常需要同时提供二维与三维信息。例如,在利用 WCE 视频图像诊断消化道疾病时,如果想查看有无病变区域,那么利用二维拼接得到的全景图像就可以很容易达成检查目的;但如果要对病变区域进行更加准确的定位、测量或者施加手术过程,则需要有三维模型,就不得不利用三维重建过程。对于安防与军事应用,二维全景利于对整个大场景进行监控,利于做出快速反应,而三维信息则更利于对可疑目标进行定位、跟踪以及采取进一步的控制、保护或攻击措施。对于景区和文物古迹的宣传与保护,二维全景容易给人以全局的观念,而三维模型则更加逼真并给人沉浸感。

一般来说,如果既追求对全局信息的整体把握,又需要掌握局部场景的精细信息,就既需要二维全景图像,又需要三维场景模型,这是二维拼接与三维重建相结合的推动力。

6.3.2　算法的实现基础

二维拼接与三维重建在算法实现上存在以下共同的基本操作步骤。

(1) 图像预处理,包括:图像灰度级变换,如图像求反、对比度拉伸、动态范围压缩、度级切片、直方图均衡等;几何变换与图像卷绕;图像局部预处理,如平滑滤波、中值滤波、边缘检测、梯度计算；关键帧选取；ROI 区域选定与估计等。

(2) 场景拓扑分析、摄像机拍摄模式以及对成像系统特性的考查是进行二维拼接与三维重建的前提①。

(3) 线性模型参数估计，包括：各种最小二乘算法，如 LS、DLS、TLS 以及 STLS；几何线性变换模型，如射影变换、仿射变换、相似变换、刚体变换、平移变换以及正交变换。

(4) 特征抽取、匹配以及纯化，包括：各种特征抽取与跟踪算法，如 Harris、Harris-Laplace、SUSAN、SIFT、SURF、FAST-n、KLT 等；特征匹配算法，如区域相关法与特征向量内积相似度计算等；用 RANSAC 算法剔除外点。

(5) 参数的非线性优化，包括采用 Levenberg-Marquardt 方法、最速梯度下降法、高斯–牛顿法、遗传算法、共轭梯度法等。

(6) 流形建模，包括：用流形的有限拓扑开覆盖从局部场景信息获得大场景；局部坐标配准，如利用式 (4.16) 进行二维与三维数据的配准。

6.3.3 两视点下的二维拼接与三维重建的联合计算

基于配准的二维图像拼接最关键的是估计出两帧图像 $\mathcal{I}_\alpha$ 与 $\mathcal{I}_\beta$ 的帧间单应变换矩阵 $\mathbf{H}_{\alpha\beta} = \mathbf{H}_{\beta\alpha}^{-1}$，而三维重建的关键则是先确定基本矩阵 $\mathbf{F}_{\alpha\beta} = \mathbf{F}_{\alpha\beta}^{\mathrm{T}}$。$\mathbf{H}_{\alpha\beta}$ 与 $\mathbf{F}_{\alpha\beta}$ 两者的关系为

$$\begin{cases} \mathbf{H}_{\alpha\beta} = [\boldsymbol{e}_\alpha]_\times \mathbf{F}_{\alpha\beta} + \boldsymbol{e}_\alpha \boldsymbol{v}^{\mathrm{T}}, \quad \boldsymbol{v} \in \mathbb{R}^{3\times 1} \\ \mathbf{F}_{\alpha\beta} = [\boldsymbol{e}_\alpha]_\times \mathbf{P}_\alpha \mathbf{P}_\beta^\dagger = [\boldsymbol{e}_\alpha]_\times \mathbf{H}_{\alpha\beta} \end{cases} \tag{6.48}$$

有了基本矩阵与单应矩阵的联合计算之后，可以得到两视点下的二维拼接与三维重建相结合的三维建模算法，即算法 12。

算法 12 两视点二维拼接与三维重建联合算法
---
1. 对 $(\mathcal{I}_\alpha, \mathcal{I}_\beta)$ 利用直接或间接法获取图像对应点集合 $\{(\mathbf{x}_{\alpha i}, \mathbf{x}_{\beta i})\}$。
2. 利用图像对应点与 RANSAC 算法对基本矩阵 $\mathbf{F}_{\alpha\beta}$ 进行鲁棒估计。
3. 利用奇异值分解计算极点 $\boldsymbol{e}_\alpha$ 与 $\boldsymbol{e}_\beta$。
4. 利用基本矩阵与极点计算标准射影摄像机矩阵对 $(\mathbf{P}_\alpha, \mathbf{P}_\beta)$。
5. 利用式 (6.48) 计算单应变换 $\mathbf{H}_{\alpha\beta}$。
6. 利用 $(\mathbf{P}_\alpha, \mathbf{P}_\beta)$ 与图像对应点做射影三维重建。
7. 利用单应矩阵 $\mathbf{H}_{\alpha\beta}$ 做图像配准与拼接。
8. 利用摄像机内参数将射影重建提升到度量重建。
9. 对三维点云进行三角剖分，利用全景图像对三角面元进行纹理添加以实现可视化。

6.3.4 图像序列的二维与三维联合处理方法

有了两视点的二维拼接与三维重建的联合计算策略之后，利用多视点增加中的二维与三维坐标配准递推计算公式，可以设计出图像序列的二维与三维联合处理方法，即算法 13。

---
① 较为平坦的场景流形与管道场景流形相比，无论是拼接还是重建，其复杂度均存在较大的差异。由普通的透视成像、反射–折射式成像以及环视全景成像得到的图像有很大差异：前者得到的是单连通的图像，后两者得到的是双连通的圆环状图像。三者的成像模型不同，摄像机标定与三维重建的复杂度都不一样，需要成像类型的分析过程。即使是对于普通的透视成像，拍摄的方式不同对于二维拼接与三维重建算法的设计也会有大的影响，因此也需要有拍摄模式的分析过程。

算法 13　二维与三维联合处理的三维建模算法

输入： 视频图像关键帧序列 $\{\mathcal{I}_k\}_{k=1}^{K}$ 与摄像机内参数矩阵 $\boldsymbol{K}$。

输出： 具有全局坐标描述的摄像机矩阵、三维场景点集合与二维全景图像。

1. 对图像序列做特征分析或特征跟踪。

2. 对图像对 $(\mathcal{I}_1, \mathcal{I}_2)$ 的对应点 $\{(x_1^j, x_2^j)\}_{j=1}^{n_1}$ 做三维度量重建，得到局部坐标系下的摄像机矩阵对 $(\mathbf{P}_1^{\text{ref}} = \boldsymbol{K}[\mathbb{1} \mid \mathbf{0}], \mathbf{P}_2^{\text{loc}} = \boldsymbol{K}[\boldsymbol{R}_1^2 \mid \boldsymbol{t}_1^2])$ 以及三维场景点集合 $\mathbf{X}_{<1,2>}^{\text{loc}}$。

3. 以图像条带 $\overline{S}_1 = \text{GetStrip}(\mathcal{I}_1)$ 为参考平面设定二维全局坐标系：$\mathscr{I}_1 = \overline{S}_1$。

4. 设定三维全局坐标系与基准尺度因子：$\mathbf{X}_{<1,2>}^{\text{glb}} = \mathbf{X}_{<1,2>}^{\text{loc}}, \hat{s}^1 = 1$。

5. 初始化二维配准矩阵 $\hat{\mathbf{T}}^1 = \mathbb{1}_3$ 与三维配准矩阵 $\hat{\mathbf{W}}^1 = \mathbb{1}_4$。

6. for $k \in \{2, 3, \cdots, K-1\}$ do

   ① 对 $(\mathcal{I}_k, \mathcal{I}_{k+1})$ 估计基本矩阵 $\mathbf{F}_{k+1,k}$。

   ② 利用 $\mathbf{F}_{k+1,k}$ 计算单应矩阵 $\mathbf{H}_k^{k+1} = \mathbf{H}_{k,k+1}$。

   ③ 计算二维全局配准矩阵 $\hat{\mathbf{T}}^k = \hat{\mathbf{T}}^{k-1}\mathbf{H}_{k-1}^k$，用视点 $\mathcal{I}_k$ 更新全景图像：

   $$\mathscr{I}_k = \text{MOSAIC}(\mathscr{I}_{k-1}, \text{GetStrip}(\mathcal{I}_k), \hat{\mathbf{T}}^k)$$

   ④ 利用 $\mathbf{F}_{k+1,k}$ 做射影重建，然后提升到度量重建，得到局部坐标系下的摄像机矩阵对

   $$\mathbf{P}_k^{\text{ref}} = \boldsymbol{K}[\mathbb{1}_3 \mid \mathbf{0}], \ \mathbf{P}_{k+1}^{\text{loc}} = \boldsymbol{K}[\boldsymbol{R}^{k+1} \mid \boldsymbol{t}_k^{k+1}]$$

   以及三维场景点集合

   $$\mathbf{X}_{<k,k+1>}^{\text{loc}}$$

   ⑤ 计算三维坐标配准矩阵

   $$\hat{\mathbf{W}}^k = \begin{bmatrix} \hat{\boldsymbol{R}}^k & \hat{\boldsymbol{t}}^k \\ \mathbf{0}^{\mathrm{T}} & \hat{s}^k \end{bmatrix}^{-1}$$

   ⑥ 三维坐标配准：

   $$\mathbf{X}_{<k,k+1>}^{\text{glb}} = \hat{s}^k \cdot \mathbf{X}_{<k,k+1>}^{\text{loc}}, \mathbf{P}_{k+1}^{\text{glb}} = \mathbf{P}_{k+1}^{\text{loc}} \cdot (\hat{s}^k)^{-1}$$

   ⑦ 更新全局坐标系下的各个参量：

   $$\hat{\boldsymbol{R}}^{k+1} = \boldsymbol{R}_k^{k+1} \cdot \hat{\boldsymbol{R}}^k$$
   $$\hat{\boldsymbol{t}}^{k+1} = \boldsymbol{R}_k^{k+1} \cdot \hat{\boldsymbol{t}}^k + \hat{s}^k \cdot \boldsymbol{t}_k^{k+1}$$
   $$\hat{\mathbf{T}}^{k+1} = \hat{\mathbf{T}}^k \cdot \mathbf{H}_{k+1}^k$$

7. 采用捆绑调整进行非线性优化。

8. 对三维点云进行 Denaulay 三角剖分，然后利用全景图像对三角面元进行纹理添加以实现可视化。

算法 13 中的条带获取操作 $\overline{S}_k = \text{GetStrip}(\mathcal{I}_k)$ 包括条带选取与整形操作两个步骤。在特殊条件下该操作会退化成一些简单情况：

① 对于以侧向方式拍摄得到的近平坦场景流形的单连通图像，$\overline{S}_k \equiv \mathcal{I}_k$；

② 对于用柱面镜头拍摄得到的规则环视图像，条带整形是恒等映射，该操作可省略；

③ 对于 TSMM 算法中遇到的非规则图像条带，条带整形包括 Möbius 映射与矩形展开两个步骤。

因此，伪代码形式的全景图像递推更新过程可以写为

$$\begin{cases} \overline{S}_k = \text{GetStrip}(\mathcal{I}_k) \\ \mathscr{I}_k = \text{MOSAIC}(\mathscr{I}_{k-1}, \overline{S}_k, \hat{\mathbf{T}}_k) \\ \mathscr{I}_1 = \overline{S}_1 = \text{GetStrip}(\mathcal{I}_1) \end{cases} \tag{6.49}$$

这对于各种拼接算法都适用，是最为抽象的顶层算法步骤描述。

图 6.10 给出了两视点图像的二维拼接与三维度量重建结果，容易看出，全景图像扩大了观察视野，而三维结构虽然缩小了视野但却加强了深度信息，具有立体感。

(a) 两视点下的场景图像

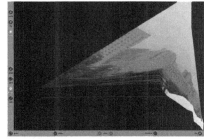

(b) 两视点下的全景图像　　　　(c) 两视点下三维度量重建结果(采用 VRML 浏览)

图 6.10　两视点下的二维拼接与三维重建对比

6.3.5　二维拼接与三维重建相结合的三维建模系统

二维拼接与三维重建联合进行的三维建模系统框图如图 6.11 所示。容易发现，该框图继承了文献 [43] 中消化道三维建模系统架构的特点，而且更加具有一般性，可以用于任意的基于视频图像或多视点图像的三维建模问题。一般地，有如下结论：

(1) 图像处理的各种算法和策略与成像光学系统的物理特性密切相关。

(2) 二维拼接与三维重建都离不开图像预处理与场景拓扑结构分析。

(3) 二维拼接与三维重建都依赖于底层算法操作。

(4) 流形建模方法是二维拼接与三维重建的算法设计与实现的指导理论。

(5) 二维拼接需要的单应变换信息与三维重建中的基本矩阵或摄像机投影矩阵信息可以互为利用：对于特征抽取与匹配容易实现的图像序列，可以先做特征分析，再求基本矩阵，然后确定单应矩阵；对于特征抽取难以进行的场合，可以先用基于分层运动模型与光流方程的估计算法计算单应矩阵，然后获取对应点，求得基本矩阵。

(6) 捆绑调整可同时用于三维重建与二维拼接，其目的是获得更加精确的具有一致性的各种参数估计、三维场景点坐标及其二维图像坐标。

(7) 二维拼接的典型特点是收集局部信息并进行融合，以公共场景区域为基础获得包含非公共场景区域的大场景的二维可视化图像；三维重建的典型特点是利用场景点在不同视点图像下同时出现带来的几何约束以得到场景深度信息，它以几何约束换取维度与精度，只有图像中的重叠区域所对应的场景点才可能被计算出来。

(8) 二维全景信息可以用于特殊目标检测，而三维信息可对特殊目标进行定位与测量；二维与三维信息均可用于实际问题中的分析与决策过程。

图 6.11给出了一个实用的 2D+3D 算法实现流程，使用该方法可同时获得二维全景图像和三维场景。传统方法把图中红色的部分作为公共步骤，把蓝色部分作为二维拼接算法的特有步骤，把绿色部分作为三维重建的特有步骤。在这个组合算法中，度量重建和捆绑调整的结果将被用于求解图像间的转移矩阵，实现算法的组合。该组合算法具有两条工作线。其中有一部分流程为公共步骤，二维拼接和三维重建共同享有这部分计算所得的数据，可以节省大量计算时间。算法在进行度量重建后兵分两路，分别进入各自剩余的步骤。这里把传统的三维重建的估计结果应用到了图像的视点变换关系中，这是算法的另一个组合。度量重建的结果使图像间转移矩阵的计算变得非常简单；而且该计算结果保证了较高的精度，这得益于三维重建过程中的捆绑调整。

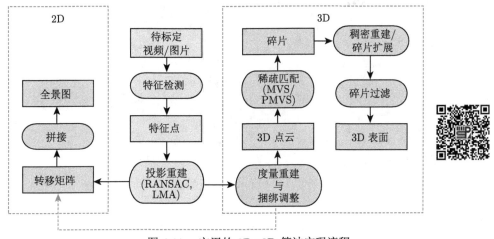

图 6.11　实用的 2D+3D 算法实现流程

利用图 6.11给出的算法，本书针对室内与室外两种场景做了两类实验。

(1) 室内场景实验：图 6.12所示场景来源于中欧航空工程师学院 502 实验室的沙发，拍摄工具为安卓智能手机。首先对该场景拍摄的 36 张图片进行了三维重建，得到沙发的纹理表面图像；然后对其中的部分图像进行拼接得到全景图像。对比沙发实物发现重建出的三维表面已非常接近真实场景。图中左侧是沙发场景照片选集，中间部分是沙发场景二维拼接结果，右侧是沙发三维重建的结果。

(2) 室外场景实验：图 6.13所示场景拍摄于中国民航大学学术交流中心背后的冷饮小屋。这组图像中的一部分通过手机拍摄，另一部分通过 DV 拍摄，共计 70 幅图像。从图中可以看出，重建的结果基本复原了真实的三维空间场景，由二维拼接算法产生的二维全景图也具有很好的效果。图中左侧是冷饮小屋场景照片选集，中间部分是冷饮小屋二维拼接的结果，右侧是冷饮小屋三维重建的结果。

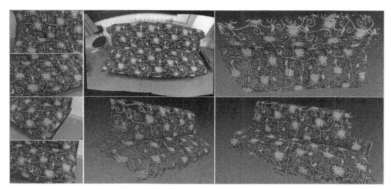

图 6.12　实验室沙发场景的二维拼接与三维重建

图 6.13　冷饮小屋场景的二维拼接与三维重建

容易发现，这两组实验很好地验证了二维场景建模与三维场景建模相结合的可行性以及实际的建模效果。

本章小结

本章讨论了三个基本问题：针对图像序列的三维重建算法，得到了视点增加的递推算法；基于 vSLAM 系统的室内场景三维重建方法；基于 SfM 的二维拼接与三维重建组合方法。在这三个问题中，共性的问题是三维数据的配准，流形建模中得到的坐标配准方法在本章中有多次应用。在室内场景三维重建的案例中可以发现：彩色图像与深度图像如果缺少配准过程，会出现明显的重影现象；直接利用递推形式的坐标配准公式，会存在误差累积问题，需要利用闭环优化才能得到更好的三维重建效果。

在通常的视觉建模问题中，二维拼接与三维重建是分开考虑并实现的。本章提出的组合方法表明，二维拼接与三维重建并非是对立面，完全可以互相提供支撑。这样既能降低计算复杂性，又能获得更好的建模效果。

第 7 章
摄像机位姿估计方法

7.1 摄像机位姿估计方法概述

在 vSLAM 系统中，摄像机运动姿态的估计是非常关键的环节，它常被简称为摄像机位姿估计。通过计算图像帧之间的变换关系和摄像机的位姿，可以重建出摄像机的运动轨迹，然后实现移动设备的定位与环境地图的构建。位姿估计就是计算不同场景局部坐标系之间的变换矩阵。图 7.1 所示为摄像机姿态估计的示意图。本章根据 $(k-1)$ 时刻和 k 时刻上的图像特征点 $\{f_{k-1}^\alpha\}_{\alpha=1}^N \subset \mathcal{I}_{k-1}$ 和 $\{f_k^\alpha\}_{\alpha=1}^N \subset \mathcal{I}_k$ 的对应关系，在摄像机成像透视投影模型的基础上计算两帧图像 $\mathcal{I}_{k-1}$ 和 $\mathcal{I}_k$ 之间摄像机所对应的位姿变换矩阵 $\mathbf{T}_k^{k-1}$，即

$$\mathbf{T}_k^{k-1} = \begin{bmatrix} \boldsymbol{R}_k^{k-1} & \boldsymbol{t}_k^{k-1} \\ \mathbf{0}^{\mathrm{T}} & 1 \end{bmatrix} \in \mathrm{SE}(3,\mathbb{R}) \tag{7.1}$$

其中，$\boldsymbol{R}_k^{k-1} \in \mathrm{SO}(3,\mathbb{R})$ 是旋转矩阵；$\boldsymbol{t}_k^{k-1} \in \mathbb{R}^{3\times 1}$ 是平移向量。得到矩阵 $\mathbf{T}_k^{k-1}$ 之后，利用 $(k-1)$ 时刻摄像机在世界坐标系中 (全局坐标系) 的位姿 $\hat{\mathbf{T}}_{k-1}$ 计算 k 时刻摄像机的位姿 $\hat{\mathbf{T}}_k$，即

$$\hat{\mathbf{T}}_k = \mathbf{T}_k^{k-1}\hat{\mathbf{T}}_{k-1} \tag{7.2}$$

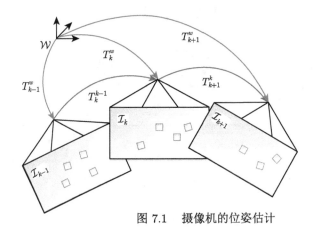

图 7.1 摄像机的位姿估计

需要注意的是，这里的符号体系也有其他写法①。在基于特征的 SLAM 系统中，根据图像特征的对应关系估计摄像机位姿，其对应关系 $(f_{k-1}^\alpha, f_k^\alpha)$ 可分为以下三种：

(1) 两视点二维图像点对应，特征点集合 $\{f_{k-1}^\alpha\}_{\alpha=1}^N$ 和 $\{f_k^\alpha\}_{\alpha=1}^N$ 都是二维图像坐标或其等价的齐次坐标；

(2) 三位点对应，特征点集合 $\{f_{k-1}^\alpha\}_{\alpha=1}^N$ 和 $\{f_k^\alpha\}_{\alpha=1}^N$ 都是三维坐标或其等价的齐次坐标；

(3) 三维点到二维图像点的对应，点集合 $\{f_{k-1}^\alpha\}_{\alpha=1}^N$ 是三维坐标点集合，而 $\{f_k^\alpha\}_{\alpha=1}^N$ 则是前一帧图像特征的三维坐标在当前图像帧上的二维投影。

这三种特征对应关系的求解对应着三个欧氏变换估计问题。基于特征的单目 SLAM 系统会涉及这三种点对应估计问题，如图 7.2 所示。SLAM 系统初始化的时候，系统通过二维图像的特征点的对应关系构建空间点，生成初始点云地图。然后系统根据三维空间点与图像点的对应关系进行跟踪。当系统跟踪失败或者检测到闭环的时候，会通过三维点的对应关系重新进行定位。位姿估计或运动状态估计问题必然会涉及旋转矩阵的计算。在 SLAM 领域，通常采用 Euler 角、四元数和 Rodrigues 来表达三阶旋转矩阵，但是旋转矩阵的 Cayley 表示没有受到足够的关注。本章将系统地研究选择矩阵的 Cayley 表示在摄像机运动姿态估计中的应用，对 Cayley 变换不够熟悉的读者，请阅读第 1 章中的相关内容。

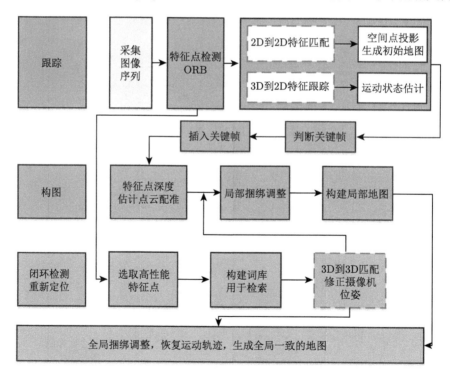

图 7.2　基于特征的单目 SLAM 系统架构中的摄像机位姿估计

---

① 例如，$\hat{\mathbf{T}}_{k-1}$ 被记为 $(\boldsymbol{T}_{\mathrm{c}}^{\mathrm{w}})_{k-1}$，相应的递推关系式为

$$(\boldsymbol{T}_{\mathrm{c}}^{\mathrm{w}})_k = \boldsymbol{T}_k^{k-1}(\boldsymbol{T}_{\mathrm{c}}^{\mathrm{w}})_{k-1}$$

7.2　摄像机位姿估计的 Cayley 方法

7.2.1　本质矩阵与几何约束

单目 SLAM 需要通过局部平面场景视图生成初始化地图。在初始化阶段，根据特征抽取和匹配算法确定相邻图像帧的对应关系。如果已知摄像头的内参数矩阵，那么可以通过分解相邻图像帧之间的本质矩阵 E 来计算摄像机的运动姿态。本质矩阵 E 表示校准过的图像帧 $\mathcal{I}_{k-1}$ 和 $\mathcal{I}_k$ 之间的几何关系。如图 7.3所示，三维场景点 $\mathbf{X}^i$ 在两视点摄像机投影矩阵 $\mathbf{P}_{k-1}$ 与 $\mathbf{P}_k$ 的投影下变成一组图像对应点 $\mathbf{u}_{k-1} \in \mathcal{I}_{k-1}, \mathbf{u}_k \in \mathcal{I}_k$，它们之间的极几何约束关系为

$$\mathbf{u}_k^{\mathrm{T}} E \mathbf{u}_{k-1} = 0 \tag{7.3}$$

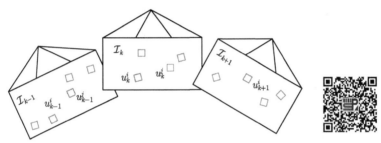

图 7.3　三帧图像上的二维图像对应点：$\mathbf{X}^i \to (\mathbf{u}_{k-1}^i, \mathbf{u}_k^i, \mathbf{u}_{k+1}^i)$

假设摄像机矩阵为 $\mathbf{P} = K[\boldsymbol{R}, \boldsymbol{t}]$，通常利用分解本质矩阵 E 计算摄像机的运动姿态

$$E = [\boldsymbol{t}]_{\times} \boldsymbol{R} \tag{7.4}$$

其中，$\boldsymbol{t}$ 表示摄像机的平移；$\boldsymbol{R}$ 表示摄像机的姿态。为了恢复运动参数和重建三维结构，可线性分解本质矩阵，最经典的方法是 SVD 分解方法。相比之下，Cayley 方法比 SVD 方法效果更佳。

7.2.2　姿态估计的 Cayley 方法

对于 $\boldsymbol{a}, \boldsymbol{b} \in \mathbb{R}^{3 \times 1}$，利用恒等式 $\boldsymbol{a}^{\mathrm{T}}(\boldsymbol{a} \times \boldsymbol{b}) \equiv 0$ 可得 $\boldsymbol{a}^{\mathrm{T}}[\boldsymbol{a}]_{\times} = \boldsymbol{0}$，于是得到一个齐次方程

$$\boldsymbol{t}^{\mathrm{T}} E = \boldsymbol{t}^{\mathrm{T}}[\boldsymbol{t}]_{\times} \boldsymbol{R} = \boldsymbol{0} \tag{7.5}$$

给定 E，这个齐次方程有两种简单解法。

1. 奇异值分解法

令 E 的奇异值分解为

$$E = \sum_{i=1}^{3} \sigma_i \boldsymbol{u}_i \boldsymbol{v}_i^{\mathrm{T}}, \quad \sigma_1 \geqslant \sigma_2 \geqslant \sigma_3 \geqslant 0 \tag{7.6}$$

由于 $\mathrm{rank}(E) = 2$，因此 $\sigma_3 \approx 0$，在相差一个局部尺度因子 s 的前提下得到归一化的平移向量 $\boldsymbol{u}_3$，因此

$$\boldsymbol{t} = s \boldsymbol{u}_3 \tag{7.7}$$

2. 向量叉乘法

由于 $\mathrm{rank}(\boldsymbol{E}) = 2$，因此 $\boldsymbol{E}$ 的列分块形式为

$$\boldsymbol{E} = [\boldsymbol{\alpha}_1, \boldsymbol{\alpha}_2, c_1\boldsymbol{\alpha}_1 + c_2\boldsymbol{\alpha}_2] \tag{7.8}$$

直接取三维向量的叉乘

$$\boldsymbol{q} = \boldsymbol{\alpha}_1 \times \boldsymbol{\alpha}_2 \tag{7.9}$$

那么 $\boldsymbol{q}^{\mathrm{T}}\boldsymbol{E} = \boldsymbol{0}$。做一次归一化操作，利用齐次性可得

$$\boldsymbol{t} = s\frac{\boldsymbol{q}}{\|\boldsymbol{q}\|} \tag{7.10}$$

这也说明，在不考虑数值误差的情形下，$\boldsymbol{v}_3 = \boldsymbol{q}/\|\boldsymbol{q}\|$。

不妨设

$$\boldsymbol{t} = s\tilde{\boldsymbol{t}}, \quad \tilde{\boldsymbol{t}} \in \{\boldsymbol{u}_3, \boldsymbol{q}/\|\boldsymbol{q}\|\} \tag{7.11}$$

由于 $\boldsymbol{t}^{\mathrm{T}}[\boldsymbol{t}]_\times = (-\boldsymbol{t})^{\mathrm{T}}[-\boldsymbol{t}]_\times$，式 (7.5) 表明向量 $\boldsymbol{t}$ 存在两组符号相反的解，可以设为

$$\boldsymbol{t} = s\tilde{\boldsymbol{t}} = \pm s^*\tilde{\boldsymbol{t}} \tag{7.12}$$

其中，$s^* > 0$。

设 $\boldsymbol{w} \in \mathbb{R}^{3\times 1}$ 是旋转矩阵 $\boldsymbol{R}$ 的 Cayley 表示，即

$$\boldsymbol{R} = \frac{\mathbb{1}_3 - [\boldsymbol{w}]_\times}{\mathbb{1}_3 + [\boldsymbol{w}]_\times} \tag{7.13}$$

将平移向量和旋转矩阵的 Cayley 表示代入方程 $\boldsymbol{E} = [\boldsymbol{t}]_\times\boldsymbol{R}$，可以得到

$$\boldsymbol{E}(\mathbb{1}_3 + [\boldsymbol{w}]_\times) = [\boldsymbol{t}]_\times(\mathbb{1}_3 - [\boldsymbol{w}]_\times) \tag{7.14}$$

移项整理可得

$$(\boldsymbol{E} + [\boldsymbol{t}]_\times)[\boldsymbol{w}]_\times = -(\boldsymbol{E} - [\boldsymbol{t}]_\times) \tag{7.15}$$

两边取矩阵转置并利用 $[\boldsymbol{w}]_\times^{\mathrm{T}} = -[\boldsymbol{w}]_\times$，可以得到

$$[\boldsymbol{w}]_\times(\boldsymbol{E} + [\boldsymbol{t}]_\times)^{\mathrm{T}} = (\boldsymbol{E} - [\boldsymbol{t}]_\times)^{\mathrm{T}} \tag{7.16}$$

将矩阵 $\boldsymbol{E} \pm [\boldsymbol{t}]_\times$ 按行分块，即

$$\boldsymbol{E} + [\boldsymbol{t}]_\times = \begin{bmatrix} \boldsymbol{a}_1^{\mathrm{T}} \\ \boldsymbol{a}_2^{\mathrm{T}} \\ \boldsymbol{a}_3^{\mathrm{T}} \end{bmatrix}, \quad \boldsymbol{E} - [\boldsymbol{t}]_\times = \begin{bmatrix} \boldsymbol{b}_1^{\mathrm{T}} \\ \boldsymbol{b}_2^{\mathrm{T}} \\ \boldsymbol{b}_3^{\mathrm{T}} \end{bmatrix} \tag{7.17}$$

其中，$\boldsymbol{a}_i, \boldsymbol{b}_i \in \mathbb{R}^{3\times 1}$，并且当 $\boldsymbol{t}$ 的符号相反时 $\boldsymbol{a}_i$ 与 $\boldsymbol{b}_i$ 交换位置。由矩阵分块乘法可以得到

$$[\boldsymbol{w}]_\times[\boldsymbol{a}_1, \boldsymbol{a}_2, \boldsymbol{a}_3] = [\boldsymbol{b}_1, \boldsymbol{b}_2, \boldsymbol{b}_3] \tag{7.18}$$

由于 $[\boldsymbol{w}]_\times \boldsymbol{a}_i = -[\boldsymbol{a}_i]_\times \boldsymbol{w}$，因此

$$[\boldsymbol{w}]_\times [\boldsymbol{a}_1, \boldsymbol{a}_2, \boldsymbol{a}_3] = -[[\boldsymbol{a}_1]_\times, [\boldsymbol{a}_2]_\times, [\boldsymbol{a}_3]_\times] \boldsymbol{w}$$

于是得到

$$[\boldsymbol{a}_i]_\times \boldsymbol{w} = -\boldsymbol{b}_i, \quad i = 1, 2, 3 \tag{7.19}$$

这等价于

$$\begin{bmatrix} [\boldsymbol{a}_1]_\times \\ [\boldsymbol{a}_2]_\times \\ [\boldsymbol{a}_3]_\times \end{bmatrix} \boldsymbol{w} = - \begin{bmatrix} \boldsymbol{b}_1 \\ \boldsymbol{b}_2 \\ \boldsymbol{b}_3 \end{bmatrix} \tag{7.20}$$

在满足条件

$$\mathrm{rank} \begin{bmatrix} [\boldsymbol{a}_1]_\times \\ [\boldsymbol{a}_2]_\times \\ [\boldsymbol{a}_3]_\times \end{bmatrix} = 3 \tag{7.21}$$

时，可得 $\boldsymbol{w} \in \mathbb{R}^{3\times1}$ 的最小二乘解为

$$\begin{aligned} \boldsymbol{w}_{\mathrm{LS}} &= - \left(\sum_{i=1}^{3} [\boldsymbol{a}_i]_\times^{\mathrm{T}} [\boldsymbol{a}_i]_\times \right)^{-1} \left(\sum_{i=1}^{3} [\boldsymbol{a}_i]_\times^{\mathrm{T}} \boldsymbol{b}_i \right) \\ &= - \left(\sum_{i=1}^{3} [\boldsymbol{a}_i]_\times^2 \right)^{-1} \left(\sum_{i=1}^{3} [\boldsymbol{a}_i]_\times \boldsymbol{b}_i \right) \end{aligned} \tag{7.22}$$

由此利用 Cayley 变换可得摄像机姿态描述中的旋转矩阵为

$$\boldsymbol{R}_{\mathrm{LS}} = \frac{\mathbb{1}_3 - [\boldsymbol{w}_{\mathrm{LS}}]_\times}{\mathbb{1}_3 + [\boldsymbol{w}_{\mathrm{LS}}]_\times} \tag{7.23}$$

由于平移向量 $\boldsymbol{t} = \pm s^* \tilde{\boldsymbol{t}}$ 有两个解，相应的 $\boldsymbol{w}_{\mathrm{LS}}$ 与 $\boldsymbol{R}_{\mathrm{LS}}$ 也有两个解。由于两个可能的平移向量解只差一个符号，从向量 $\boldsymbol{a}_i$ 与 $\boldsymbol{b}_i$ 的定义可知只需要在 $\boldsymbol{w}_{\mathrm{LS}}$ 的表达式中互换 $\boldsymbol{a}_i$ 与 $\boldsymbol{b}_i$ 的位置即可得到另外一组解。可见 $\boldsymbol{w}$ 的两个可能的解是

$$\begin{cases} \boldsymbol{w}_{\mathrm{LS}}^{(1)} = - \left(\sum_{i=1}^{3} [\boldsymbol{a}_i]_\times^2 \right)^{-1} \left(\sum_{i=1}^{3} [\boldsymbol{a}_i]_\times \boldsymbol{b}_i \right) \\ \boldsymbol{w}_{\mathrm{LS}}^{(2)} = - \left(\sum_{i=1}^{3} [\boldsymbol{b}_i]_\times^2 \right)^{-1} \left(\sum_{i=1}^{3} [\boldsymbol{b}_i]_\times \boldsymbol{a}_i \right) \end{cases} \tag{7.24}$$

利用 Cayley 变换与旋转矩阵的 Cayley 表示，基于图像特征点的 2D 到 2D 的运动估计过程如算法 14 所示。

算法 14　基于Cayley方法的摄像机位姿估计算法

输入：视频图像序列 $\{\mathcal{I}_k\}_{k=1}^{k_{\max}}$。

输出：摄像机刚体运动的位置与姿态变换矩阵 $\{\hat{\mathbf{T}}_k\}_{k=1}^{k_{\max}}$。

1. 对图像 $\mathcal{I}_1$ 做特征分析，获取特征点集合 $\{f_i^1\}_{i=1}^{n_1}$，n_1 是从 $\mathcal{I}_1$ 选取的特征点数目。

2. 设定摄像机的初始位姿矩阵 $\hat{\mathbf{T}}_1 = \mathbb{1}_4$。

3. for $k = 2, 3, \cdots, k_{\max}$ do

   ① 对图像帧 $\mathcal{I}_k$ 做特征分析，得到特征点集合 $\{f_i^k\}_{i=1}^{n_k}$，其中，n_k 是从 $\mathcal{I}_k$ 选取的特征点数目。

   ② 取图像对 $(\mathcal{I}_{k-1}, \mathcal{I}_k)$ 的特征对应点集 $\{f_i^{k-1}\}_{i=1}^{n_{k-1}}$ 与 $\{f_i^k\}_{i=1}^{n_k}$，依据方程 $(f_i^k)^{\mathrm{T}} E f_i^{k-1} = 0$ 估计本质矩阵 E。

   ③ 利用方程 $t^{\mathrm{T}} E = 0$，选用向量叉乘法估计归一化的平移向量 $\tilde{t}$。

   ④ 利用 E 与 $\tilde{t}$ 构建向量组 $\{a_i, b_i : 1 \leqslant i \leqslant 3\}$。

   ⑤ 对于 $j = 1, 2$，计算 $w_{\mathrm{LS}}^{(j)}$。

   ⑥ 利用 Cayley 变换计算旋转矩阵 $R_k^{k-1}[j] = \phi(w_{\mathrm{LS}}^{(j)})$。

   ⑦ 利用空间点的重构确认唯一的 (R_k^{k-1}, t_k^{k-1})。

   ⑧ 构建变换矩阵 $\mathbf{T}_k^{k-1} = \begin{bmatrix} R_k^{k-1} & t_k^{k-1} \\ \mathbf{0}^{\mathrm{T}} & 1 \end{bmatrix}$。

   ⑨ 更新摄像机位姿：$\hat{\mathbf{T}}_k = \mathbf{T}_k^{k-1} \hat{\mathbf{T}}_{k-1}$。

4. 返回摄像机位姿变换矩阵序列 $\{\hat{\mathbf{T}}_k : 1 \leqslant k \leqslant k_{\max}\}$

7.2.3　位姿估计的 Cayley 方法与 SVD 分解方法的区别

理论上，本质矩阵 E 有两个相同的奇异值和一个零奇异[13]。设本质矩阵的奇异值分解为

$$E = U\Sigma V^{\mathrm{T}}, \quad U, V \in \mathrm{O}(3, \mathbb{R}) \tag{7.25}$$

其中，$\Sigma = \mathrm{diag}(\sigma, \sigma, 0)$。旋转矩阵和平移向量分别为

$$\begin{cases} R = U(\pm W^{\mathrm{T}})V^{\mathrm{T}} \\ t = U(:, 3) = u_3 \end{cases} \tag{7.26}$$

其中，

$$W = \begin{bmatrix} 0 & -1 & 0 \\ 1 & 0 & 0 \\ 0 & 0 & 1 \end{bmatrix} \tag{7.27}$$

对于本质矩阵 E，用 SVD 方法会得到关于 (R, t) 的四组不同解，需要挑选出正确的解。

当求出可能的姿态解后，根据位姿矩阵和 2D 点对应重构 3D 点，选择深度值大于 0 的解；接着分别计算由每组姿态解重构出的空间点在两张图像上的重投影误差，选择投影误差最小的解为最佳的姿态。由前面的推导可知，Cayley 方法得出的待定解的个数减少了两个，三角化过程和优化过程可以节约很多计算时间。与 SVD 方法相比，Cayley 方法可以直接提供旋转矩阵，并不需要旋转校正步骤。另外，Cayley 方法在仅有三个点对应的情况下就能提供线性解，增加了算法的稳健性。

7.2.4 实验结果与分析

这里采用仿真实验验证算法 14，用 Cayley 方法针对二维图像对应点恢复摄像机的位姿。仿真的目的有两个：考查 Cayley 方法做位姿估计的精度与时间效率。仿真环境设定：软件配置为 Ubuntu 16.04 操作系统，MATLAB2013a；硬件配置为 CPU Iner Core i7-3770、主频为 3.40GHz、主存为 8GB 的笔记本电脑。仿真的具体过程如下：

(1) 构造出一组三维空间点 $\{\mathbf{X}_i : 1 \leqslant i \leqslant N\}$，作为世界坐标系中的三维点，取 $i \in \{1, 2, \cdots, N = 50\}$，随机生成 N 个三维点 $\mathbf{X}_i$。

(2) 设定摄像机的内参数矩阵 $\boldsymbol{K}$ 和初始摄像机矩阵 $\mathbf{P}_1 = \boldsymbol{K}[\mathbb{1}_3, \mathbf{0}]$。

(3) 设定刚体运动参数 $(\boldsymbol{R}, \boldsymbol{t})$，其中旋转角度不超过 $\pi/4$。

(4) 利用刚体变换得到第二个摄像机矩阵

$$\mathbf{P}_2 = \boldsymbol{K}[\boldsymbol{R}, \boldsymbol{t}] \tag{7.28}$$

(5) 利用摄像机矩阵确立二维图像对应点：

$$\begin{cases} \lambda_i^1 \mathbf{x}_i^1 = \boldsymbol{K}[\mathbb{1}_3, \mathbf{0}]\mathbf{X}_i \\ \lambda_i^2 \mathbf{x}_i^2 = \boldsymbol{K}[\boldsymbol{R}, \boldsymbol{t}]\mathbf{X}_i \end{cases} \tag{7.29}$$

(6) 将图像点 $\mathbf{x}_i^k$ 转化为非齐次坐标 $\boldsymbol{x}_i^k$，然后添加 Gauss 噪声，标准差为 $\sigma = 0.5$：

$$\boldsymbol{f}_i^k = \boldsymbol{x}_i^k + \boldsymbol{n}_i, \quad k \in \{1, 2\}, \boldsymbol{n}_i \in \mathcal{N}(\mathbf{0}, \sigma^2 \mathbb{1}_2) \tag{7.30}$$

(7) 利用仿真给出的二维图像对应点 $(\boldsymbol{f}_i^1, \boldsymbol{f}_i^2)$，可以用 Cayley 方法估计位姿参数 $(\boldsymbol{R}, \boldsymbol{t})$，然后用三角原理重构出三维空间点，之后将其重新投影到图像上，观察重投影的图像点与原始未加噪声扰动的图像点之间的差异。从图 7.4 可以看出，原始图像点与重投影点之间的差异很小，这直观地表明 Cayley 方法给出的位姿估计的精度是很高的。

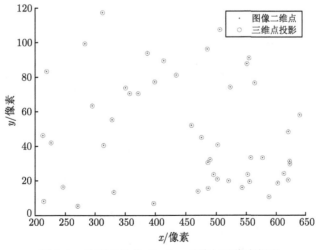

图 7.4 位姿估计的 Cayley 方法与三维点投影

(8) 针对采用前述步骤的 Cayley 位姿估计方法以及传统的 SVD 方法，随机实验 50 次，然后计算两视点图情形下利用二维图像对应点估计摄像机相对位姿参数 $(\boldsymbol{R}, \boldsymbol{t})$ 的平均时间。仿真运行时间统计如表 7.1所示，从中可以看出 Cayley 方法做位姿估计所消耗的时间是 SVD 方法的 27%，或者说大约是其 1/3。

表 7.1 摄像机位姿估计的 Cayley 方法与 SVD 方法对比

位姿估计 所用方法	位姿候选 解 / 个	是否需要 旋转矫正	可行解的 测试次数 / 次	实验 50 次 平均耗时 /s
SVD 方法	4	需要	4	0.0066
Cayley 方法	2	不需要	2	0.0018

7.3 PnP 问题的 Cayley 方法

虽然通过每两帧图像的对应点计算出的本质矩阵 $\boldsymbol{E}$ 可以恢复摄像机的位姿参数 $\boldsymbol{R}$ 和 $\boldsymbol{t}$，但是每对图像帧 $(\mathcal{I}_{k-1}, \mathcal{I}_k)$ 在计算变换关系时存在尺度缩放的问题。尺度不一致会导致同一个空间点由不同图像对计算出的深度相差很大，从而生成全局不一致的地图或三维场景点。为了尽量避开尺度问题，在由初始图像对获得场景点的三维坐标后，后续的图像序列通过三维到二维的特征对应关系来进行位姿估计。另外，对于 ORB-SLAM2 系统，如果跟踪失败，则把当前帧转换成图像词袋，检索图像数据库，查找关键帧。在这个过程中需要根据 ORB 特征与每个关键帧的地图点云的对应关系，用 PnP(perspective-n-point) 问题的相关算法找出摄像机的位置。

7.3.1 PnP 问题与常用算法

根据空间点与它的图像点对应关系估计摄像机的位姿，被称为摄像机位姿估计问题，也称为 PnP 问题 [141-147]。如图 7.5 所示，给定一组 3D 空间点 $\mathbf{X}_i = [X_i, Y_i, Z_i, 1]^{\mathrm{T}} \leftrightarrow \boldsymbol{X}_i = [x_i, y_i, z_i]^{\mathrm{T}}$ 和它的 2D 图像对应点 $\mathbf{u}_i = [u_i, v_i, 1]^{\mathrm{T}} \leftrightarrow \boldsymbol{u}_i = [u_i, v_i]^{\mathrm{T}}$，假定摄像机内参数矩

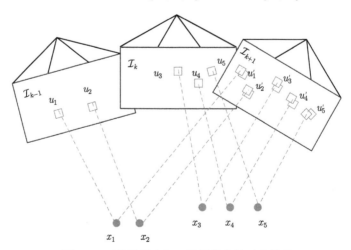

图 7.5 三维场景点与二维图像点的对应关系

阵为 $\boldsymbol{K}$，那么空间点到图像点的投影可表示为

$$\lambda_i \mathbf{u}_i = \mathbf{P}\mathbf{X}_i = \boldsymbol{K}[\boldsymbol{R}, \boldsymbol{t}]\mathbf{X}_i = \boldsymbol{K}(\boldsymbol{R}\mathbf{X}_i + \boldsymbol{t}) \tag{7.31}$$

其中，λ_i 是射影深度因子。通过三维到二维的投影关系计算摄像机的位姿矩阵，所采用的一般方法是极小化图像重投影误差，即

$$(\boldsymbol{R}^*, \boldsymbol{t}^*) = \arg\min_{\boldsymbol{R},\boldsymbol{t}} \sum_i \|\boldsymbol{u}_i - \hat{\boldsymbol{u}}_i\|^2 \tag{7.32}$$

其中，$\hat{\boldsymbol{u}}_i$ 代表图像 $\mathcal{I}_k$ 上特征点位置的测量值 (非齐次坐标)，$\boldsymbol{u}_i$ 是系统构造出的三维空间点 $\mathbf{X}_i$ 在图像 $\mathcal{I}_k$ 上的投影 (非齐次坐标)。PnP 问题的求解方法一般分为线性算法和非线性迭代算法两类。线性算法 [142-144,147] 虽然计算速度快，但精度不高。非线性迭代算法 [141,145-146] 是对目标函数进行迭代优化，尽管精度高但计算量大，对于计算能力一般的硬件设备难以满足 SLAM 系统的实时性要求。

直接线性变换 (direct linear transform，DLT) 是 PnP 问题的经典线性方法 [147]。对于摄像机投影关系式 (7.31) 的左边叉乘向量 $\mathbf{u}_i = [u_i, v_i, 1]^\mathrm{T}$，可得

$$[\mathbf{u}_i]_\times \mathbf{P}\mathbf{X}_i = 0, \quad i \in \{1, 2, \cdots, N\} \tag{7.33}$$

对摄像机矩阵做行分块，即

$$\mathbf{P} = \begin{bmatrix} \boldsymbol{p}^1 \\ \boldsymbol{p}^2 \\ \boldsymbol{p}^3 \end{bmatrix} \tag{7.34}$$

展开矩阵乘法，可以得到

$$\begin{bmatrix} 0 & -\mathbf{X}_i^\mathrm{T} & v_i\mathbf{X}_i^\mathrm{T} \\ -\mathbf{X}_i^\mathrm{T} & 0 & -u_i\mathbf{X}_i^\mathrm{T} \end{bmatrix} \begin{bmatrix} \boldsymbol{p}^1 \\ \boldsymbol{p}^2 \\ \boldsymbol{p}^3 \end{bmatrix} = \mathbf{0} \tag{7.35}$$

由此解出 $\boldsymbol{p}^i$ 并得到 $\mathbf{P}$，进而得到 $[\boldsymbol{R}, \boldsymbol{t}] = \boldsymbol{K}^{-1}\mathbf{P}$。这种算法速度很快，但是计算过程中没有使用旋转矩阵满足的约束条件 $\boldsymbol{R} \in \mathrm{SO}(3, \mathbb{R})$，精度低。

目前，比较常用的算法是扩展的 EPnP(extended PnP) 算法 [143]，它是一种高精度且相对高效的线性算法。EPnP 算法是通过 4 个控制点建立的坐标系来表示空间三维点。然后根据图像点的约束条件计算每个控制点在摄像机坐标系下的坐标，并计算出摄像机的姿态。假设 $\{\mathbf{Z}_i\}_{i=1}^4$ 是 4 个控制点在世界坐标系的齐次坐标，其相应的非齐次坐标是 $\{\boldsymbol{Z}_i\}_{i=1}^4$。三维空间点 $\mathbf{X}_i$ 可以由控制点的世界坐标表示

$$\mathbf{X}_i = \sum_{j=1}^4 a_{ij}\mathbf{Z}_j, \quad i \in \{1, 2, \cdots, N\} \tag{7.36}$$

其中，$[a_{i1}, a_{i2}, a_{i3}, a_{i4}]^\mathrm{T}$ 是空间点在以控制点为基的欧氏空间中的坐标，而且满足关系式

$$\sum_{j=1}^4 a_{ij} = 1 \tag{7.37}$$

根据线性关系在欧氏变换下的不变性，可得投影后的图像点的表达式为

$$\boldsymbol{x}_i = \sum_{j=1}^{4} a_{ij} \boldsymbol{z}_j, \quad i \in \{1, 2, \cdots, N\} \tag{7.38}$$

图像点和摄像机坐标系下的空间点的关系可由控制点的坐标表示

$$\lambda_i \begin{bmatrix} u_i \\ v_i \\ 1 \end{bmatrix} = \begin{bmatrix} f_u & 0 & u_c \\ 0 & f_v & v_c \\ 0 & 0 & 1 \end{bmatrix} \sum_{j=1}^{4} a_{ij} \begin{bmatrix} x_j \\ y_j \\ z_j \end{bmatrix} \tag{7.39}$$

简化以后可以得到

$$\lambda_i = \sum_{j=1}^{4} a_{ij} z_j \tag{7.40}$$

由此可得两个线性无关的方程

$$\begin{cases} \sum_{j=1}^{4} f_u a_{ij} x_j + a_{ij}(u_c - u_i) z_j = 0 \\ \sum_{j=1}^{4} f_v a_{ij} y_j + a_{ij}(v_c - v_i) z_j = 0 \end{cases} \tag{7.41}$$

构建向量

$$\boldsymbol{z} = [\boldsymbol{z}_1^{\mathrm{T}}, \boldsymbol{z}_2^{\mathrm{T}}, \boldsymbol{z}_3^{\mathrm{T}}, \boldsymbol{z}_4^{\mathrm{T}}]^{\mathrm{T}} \in \mathbb{R}^{12 \times 1} \tag{7.42}$$

式 (7.41) 可以改写为

$$\boldsymbol{M} \boldsymbol{z} = \boldsymbol{0}, \quad \boldsymbol{M} \in \mathbb{R}^{2N \times 12} \tag{7.43}$$

因此 $\boldsymbol{z} \in \ker(\boldsymbol{M})$。由于图像数据都含有噪声，可以采用 SVD 方法求解 $\boldsymbol{z}$：将 $\boldsymbol{M}$ 的最小奇异值对应的右奇异向量作为 $\boldsymbol{z}$ 的解即可。得到 $\boldsymbol{z}$ 之后，通过欧氏变换的保距性来确定 4 个控制点在摄像机坐标系下的坐标，最后求得摄像机位姿参数 $(\boldsymbol{R}, \boldsymbol{t})$。EPnP 算法的时间复杂度为 $\mathcal{O}(n)$，但有研究表明当空间点的深度幅度变化很大时，EPnP 算法的估计结果并不理想[144]。

7.3.2 PnP 问题的 Cayley 方法

针对 PnP 问题的 Cayley 方法是非线性算法。与其他非线性迭代方法相比，Cayley 方法不需要进行迭代。设 $\mathbf{z}_i = \boldsymbol{K}^{-1} \tilde{\mathbf{z}}_i \leftrightarrow \boldsymbol{z}_i$ 是校正过的图像特征点，空间三维点 $\mathbf{X}_i$ 在图像上投影为 $\mathbf{x}_i \leftrightarrow \boldsymbol{x}_i$，校正后变成 $\mathbf{u}_i = \boldsymbol{K}^{-1} \mathbf{x}_i$。在有噪声的情况下，摄像机模型可表示为[145]

$$\begin{cases} \mathbf{z}_i = \mathbf{u}_i + \eta_i \\ \lambda_i \mathbf{u}_i = \boldsymbol{R} \mathbf{X}_i + \boldsymbol{t} \end{cases} \tag{7.44}$$

其中，η_i 是噪声向量的齐次坐标表示，请注意这里已经利用"校正"的概念消去了摄像机矩阵 $\boldsymbol{K}$。含有 n 个对应点的 PnP 问题转化为有约束条件 $\boldsymbol{R} \in \mathrm{SO}(3, \mathbb{R})$ 的最小二乘问题

$$\{\lambda_i^*, \boldsymbol{R}^*, \boldsymbol{t}^*\} = \arg\min \sum_{i=1}^{n} \left\| \mathbf{z}_i - \frac{1}{\lambda_i}(\boldsymbol{R} \mathbf{X}_i + \boldsymbol{t}) \right\|^2 \tag{7.45}$$

考虑无噪声的情况，n 点的摄像机投影关系可以写为

$$
\underbrace{\begin{bmatrix} \mathbf{u}_1 & & & -\mathbb{1}_3 \\ & \ddots & & \vdots \\ & & \mathbf{u}_n & -\mathbb{1}_3 \end{bmatrix}}_{A} \underbrace{\begin{bmatrix} \lambda_1 \\ \vdots \\ \lambda_n \\ t \end{bmatrix}}_{\gamma} = \underbrace{\begin{bmatrix} \boldsymbol{R} & & \\ & \ddots & \\ & & \boldsymbol{R} \end{bmatrix}}_{W} \underbrace{\begin{bmatrix} \mathbf{X}_1 \\ \vdots \\ \mathbf{X}_n \end{bmatrix}}_{\beta} \tag{7.46}
$$

即

$$
\boldsymbol{A}\gamma = \boldsymbol{W}\beta \tag{7.47}
$$

关于 $\gamma = [\lambda_1, \lambda_2, \cdots, \lambda_n, t^{\mathrm{T}}]^{\mathrm{T}}$ 的最小二乘解为

$$
\gamma_{\mathrm{LS}} = (\boldsymbol{A}^{\mathrm{T}}\boldsymbol{A})^{-1}\boldsymbol{A}^{\mathrm{T}}\boldsymbol{W}\beta \tag{7.48}
$$

对于 $\boldsymbol{A} \in \mathbb{R}^{3n \times 2n}$，记

$$
\boldsymbol{A} = [\boldsymbol{A}_1, \boldsymbol{A}_2], \boldsymbol{A}_1 = \begin{bmatrix} \mathbf{u}_1 & & \\ & \ddots & \\ & & \mathbf{u}_n \end{bmatrix} \in \mathbb{R}^{3n \times n}, \boldsymbol{A}_2 = \begin{bmatrix} -\mathbb{1}_3 \\ \vdots \\ -\mathbb{1}_3 \end{bmatrix} \in \mathbb{R}^{3n \times n} \tag{7.49}
$$

那么 $\boldsymbol{A}_1^{\mathrm{T}}\boldsymbol{A}_1 \in \mathbb{R}^{n \times n}$，$\boldsymbol{A}_1^{\mathrm{T}}\boldsymbol{A}_2 \in \mathbb{R}^{n \times n}$，$\boldsymbol{A}_2^{\mathrm{T}}\boldsymbol{A}_1 \in \mathbb{R}^{n \times n}$，$\boldsymbol{A}_2^{\mathrm{T}}\boldsymbol{A}_2 \in \mathbb{R}^{n \times n}$，并且

$$
\boldsymbol{A}^{\mathrm{T}}\boldsymbol{A} = \begin{bmatrix} \boldsymbol{A}_1^{\mathrm{T}}\boldsymbol{A}_1 & \boldsymbol{A}_1^{\mathrm{T}}\boldsymbol{A}_2 \\ \boldsymbol{A}_2^{\mathrm{T}}\boldsymbol{A}_1 & \boldsymbol{A}_2^{\mathrm{T}}\boldsymbol{A}_2^{\mathrm{T}} \end{bmatrix} \in \mathbb{R}^{2n \times 2n} \tag{7.50}
$$

令

$$
(\boldsymbol{A}^{\mathrm{T}}\boldsymbol{A})^{-1}\boldsymbol{A}^{\mathrm{T}} = \begin{bmatrix} \boldsymbol{M} \\ \boldsymbol{N} \end{bmatrix}, \quad \boldsymbol{M} = \begin{bmatrix} \boldsymbol{m}_1^{\mathrm{T}} \\ \vdots \\ \boldsymbol{m}_n^{\mathrm{T}} \end{bmatrix} \in \mathbb{R}^{n \times 3n}, \boldsymbol{m}_i \in \mathbb{R}^{3 \times 1}, \boldsymbol{N} \in \mathbb{R}^{n \times 3n} \tag{7.51}
$$

那么

$$
\gamma_{\mathrm{LS}} = \begin{bmatrix} \boldsymbol{M} \\ \boldsymbol{N} \end{bmatrix} \boldsymbol{W}\beta \tag{7.52}
$$

即

$$
\begin{bmatrix} \lambda_1^* \\ \vdots \\ \lambda_n^* \\ t^* \end{bmatrix} = \begin{bmatrix} \boldsymbol{m}_1^{\mathrm{T}} \\ \vdots \\ \boldsymbol{m}_n^{\mathrm{T}} \\ \boldsymbol{N} \end{bmatrix} \boldsymbol{W}\beta \Longleftrightarrow \begin{cases} \lambda_i^* = \boldsymbol{m}_i^{\mathrm{T}}\boldsymbol{W}\beta, & 1 \leqslant i \leqslant n \\ t^* = \boldsymbol{N}\boldsymbol{W}\beta \end{cases} \tag{7.53}
$$

这意味着无噪声时的摄像机投影模型可以改写为

$$
\boldsymbol{m}_i^{\mathrm{T}}\boldsymbol{W}\beta\mathbf{u}_i = \boldsymbol{R}\mathbf{X}_i + \boldsymbol{N}\boldsymbol{W}\gamma \tag{7.54}
$$

由旋转矩阵 $\boldsymbol{R}$ 的 Cayley 表示 $\boldsymbol{R} = \phi(\boldsymbol{w})$ 可知

$$\boldsymbol{R} = \frac{1}{1 + \boldsymbol{w}^{\mathrm{T}}\boldsymbol{w}} \left((1 - \boldsymbol{w}^{\mathrm{T}}\boldsymbol{w})\, \mathbb{1}_3 - 2[\boldsymbol{w}]_{\times} + 2\boldsymbol{w}\boldsymbol{w}^{\mathrm{T}} \right)$$

记

$$\overline{\boldsymbol{R}}(\boldsymbol{w}) = (1 - \boldsymbol{w}^{\mathrm{T}}\boldsymbol{w})\, \mathbb{1}_3 - 2[\boldsymbol{w}]_{\times} + 2\boldsymbol{w}\boldsymbol{w}^{\mathrm{T}} \tag{7.55}$$

那么方程 (7.54) 可以改写为

$$\boldsymbol{m}_i^{\mathrm{T}} \boldsymbol{W}(\overline{\boldsymbol{R}}(\boldsymbol{w}))\boldsymbol{\beta}\mathbf{u}_i = \overline{\boldsymbol{R}}(\boldsymbol{w})\mathbf{X}_i + \boldsymbol{N}\boldsymbol{W}(\overline{\boldsymbol{R}}(\boldsymbol{w}))\boldsymbol{\gamma} \tag{7.56}$$

对于存在噪声的真实视觉系统而言，式 (7.56) 中的 $\mathbf{u}_i = \mathbf{z}_i - \eta_i$，代价函数相应地变成

$$J = J(\boldsymbol{w}) = \sum_{i=1}^{n} \left\| \boldsymbol{m}_i^{\mathrm{T}} \boldsymbol{W}(\overline{\boldsymbol{R}}(\boldsymbol{w}))\boldsymbol{\beta}\mathbf{z}_i - \overline{\boldsymbol{R}}(\boldsymbol{w})\mathbf{X}_i - \boldsymbol{N}\boldsymbol{W}(\overline{\boldsymbol{R}}(\boldsymbol{w}))\boldsymbol{\gamma} \right\|^2 \tag{7.57}$$

此时 PnP 问题就简化为寻找一个 $\mathbb{R}^{3 \times 1}$ 上的无约束最优化问题

$$\boldsymbol{w}^* = \arg \min_{\boldsymbol{w} \in \mathbb{R}^{3 \times 1}} J(\boldsymbol{w}) \tag{7.58}$$

这比原始的在非线性流形 $\mathrm{SO}(3, \mathbb{R})$ 上的最优化问题要简单很多，利用极值条件 $\nabla_{\boldsymbol{w}} J(\boldsymbol{w}) = \boldsymbol{0}$ 即可求得最优解，从而得到旋转矩阵 $\boldsymbol{R}$ 的最优估计。利用 Cayley 方法求解 PnP 问题有如下优点：

(1) 性能稳定：代价函数最小化时对于图像对应点的个数不敏感。

(2) 算法简单：不需要进行迭代和初始值的假设，无约束的二次函数形式的优化问题易于求解。

(3) 稳健性好：只需要有三个有效的图像对应点就能实现较高精度的摄像机位姿估计。

7.3.3 实验结果与分析

借助于仿真实验，通过改变选取的对应点数目和图像噪声强度，计算出摄像机的位姿估计误差，以此验证 Cayley 算法的有效性和鲁棒性。考虑摄像机的位姿估计精度时，一般从旋转矩阵的误差和相对平移误差两方面进行判断。对于旋转矩阵 $\boldsymbol{R} = [\boldsymbol{r}_1, \boldsymbol{r}_2, \boldsymbol{r}_3]$，其旋转角的估计误差定义为 [103]

$$E_{\mathrm{rotation}} = \max_{1 \leqslant k \leqslant 3} \arccos(\langle \boldsymbol{r}_k | \boldsymbol{r}_k^{\mathrm{true}} \rangle) \cdot \frac{180}{\pi} \tag{7.59}$$

平移向量估计值与平移向量真实值的相对距离被定义为相对平移距离误差 [103]

$$E_{\mathrm{translation}} = \frac{\|\boldsymbol{t}^{\mathrm{true}} - \boldsymbol{t}\|}{\|\boldsymbol{t}^{\mathrm{true}}\|} \cdot 100\% \tag{7.60}$$

首先考虑图像噪声强度对位姿估计精度的影响。实验过程中，设对应点数目为 $n = 20$，噪声类型为高斯噪声。然后以 0.5 像素为步长逐渐增加噪声的标准差，从零像素变到 5 像素。接着对姿态估计中的旋转矩阵的误差和相对平移误差进行计算，每个条件都进行 200

次独立随机实验,取误差的平均值。从图 7.6 给出的实验结果可以发现,随着噪声强度的增加,线性算法 DLT 的精度明显低于其他算法,而且误差增加非常快。EPnP 算法和 Cayley 方法的精度都比较高,随着噪声强度增加,旋转角度估计和相对平移估计两个方面的精度损失都比较小。

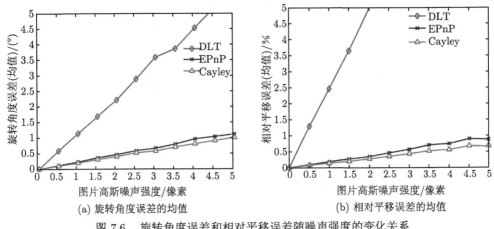

图 7.6　旋转角度误差和相对平移误差随噪声强度的变化关系

　　然后考虑对应点数目对摄像机位姿估计精度的影响。设对应点数目从 4 变化到 20,步长为 1。对每个不同条件的姿态估计进行 200 次独立随机实验,误差取平均值。实验结果如图 7.7 所示,容易发现,随着对应点数目的增加,DLT 算法、EPnP 和 Cayley 方法的估计精度有所提高。然而不管对应点数目有多少,DLT 算法的估计精度都远不如其他两种算法。另外,虽然在数目大于 10 的情况下,Cayley 方法的估计精度与 EPnP 方法相比没有优势,但是在对应点数目小于 6 的情况下,Cayley 方法的估计精度明显优于 EPnP 算法。可以看出,Cayley 方法更具有鲁棒性,尤其是在有效匹配点比较少的情况下,其姿态估计的误差仍然很低。

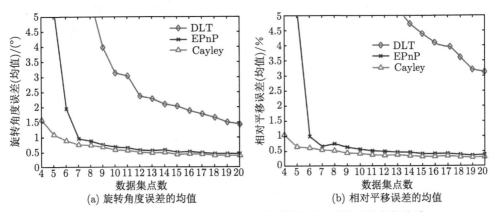

图 7.7　旋转角度误差和相对平移误差随图像对应点数目的变化关系

　　对于 SLAM 姿态估计过程,算法的计算效率是非常重要的指标。实验过程中,首先改变对应点数目,然后计算每种情况下摄像机姿态估计所需的时间。对应点数目变化范围为 6 ～ 96，步长变化为 10 [148]，即对应点数目的取值为 $\{6, 16, 26, \cdots, 96\}$。实验结果如图 7.8所示，可见在计算效率上，用 Cayley 方法相对于其他两种方法并没有优势。目前很多 SLAM 系统的 PnP 问题选用 EPnP 算法进行位姿求解，一般选用 8～10 组对应点，此时 Cayley 算法的时间是 EPnP 算法的两倍。不过 Cayley 算法还有进一步优化与改进的空间，未来应该可以在不损失精度的前提下满足实时性的要求。

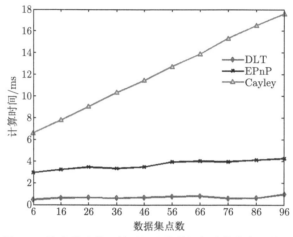

图 7.8　姿态估计的计算时间随着数据集点数的变化趋势

本章小结

本章的核心问题是采用 Cayley 变换估计摄像机的位姿参数——外参数 $\boldsymbol{R}$ 与 $\boldsymbol{t}$。利用 Cayley 变换，将旋转矩阵用三维 Cayley 向量表示，其显著特点是计算复杂性低、精度高而且稳健性好，总体上其性能优于传统的 SVD 方法。对于求解 PnP 问题的 Cayley 方法，也有相同特点。需要说明的是，采用 Cayley 方法估计摄像机位姿最早是由吴福朝提出的 [149]，但其关注点是在传统的三维重建中。本书作者带领课题组的学生将这个方法用到了 SLAM 系统中 [45,150]，同时把 Cayley 变换引入导航计算系统中用于解算与惯性导航元件相关的四元数微分方程 [151]。

第8章
三维点云配准方法

利用三维点对应关系估计摄像机的位姿矩阵是同步定位与地图构建 (simultaneous localization and mapping，SLAM) 系统的一个基本问题。由于系统的误差累积会导致点云尺度的漂移，三维点对应关系在误差的干扰下从欧氏变换蜕化为相似变换，在计算过程中需考虑尺度因子。本章提出了利用 Cayley 变换估计三维对应点之间的相似变换的闭式算法 [45,150]，可以方便地确定定位与构图过程中摄像机的位姿变化。仿真实验和误差分析验证了基于 Cayley 变换的配准算法的准确性与鲁棒性。该算法不仅适用于 SLAM 系统，还适用于计算机视觉中的三维重建与三维拼接问题。

8.1 概述

由三维对应点估计刚体的三维运动，即刚体运动估计问题，被广泛应用在姿态估计、图像配准、目标运动识别、机器人学等领域。该问题的本质就是估计刚体运动变换矩阵 (摄像机姿态变换矩阵)

$$\mathbf{T} = \begin{bmatrix} s\boldsymbol{R} & \boldsymbol{t} \\ \mathbf{0}^{\mathrm{T}} & 1 \end{bmatrix}, \quad s \in \mathbb{R}^{+} \tag{8.1}$$

其中，$\boldsymbol{R} \in \mathrm{SO}(3, \mathbb{R})$ 是旋转矩阵；$\boldsymbol{t} \in \mathbb{R}^{3 \times 1}$ 是平移向量；$s > 0$ 是尺度因子。如果 $s = 1$，表明刚体运动不改变场景尺度。在 SLAM 系统中，摄像机运动姿态的实时估计是关键的环节。当视觉系统获得不同局部坐标系下的三维点云时，即可估计摄像机的姿态变换矩阵，进而可以将点云配准到全局坐标系下。若系统得到的点云无先验的对应关系，通常选用迭代最近点 (iterative closest point，ICP) 算法进行配准。ICP 算法计算复杂度高，用于实时处理时需要硬件加速。对于无须硬件加速的 SLAM 系统，如 ORB-SLAM，一般根据稀疏点云之间的对应关系估计三维点云配准矩阵。

针对三维对应点的配准矩阵计算，经典的估计算法包括 Arun 提出的奇异值分解法、Horn 提出的正交分解法和单位四元数法以及 Walker 提出的对偶四元数法。1997 年 Eggert 等分析了这四种算法的准确性、稳定性及效率，同时指出从鲁棒性、效率、收敛性等方面考虑，闭式解 (解析解) 都优于迭代解。运动状态估计问题必然会涉及旋转矩阵的计算。这些经典算法均采用 Euler 角、四元数或 Rodrigues 公式表达三阶旋转矩阵。当数据误差较大时，得到的姿态可能是一个正交矩阵而非旋转矩阵。吴福朝在 2009 年提出将 Cayley 变换应用于欧氏变换估计，揭示了 Cayley 变换在摄像机姿态估计中的优越性。Cayley 变换及旋转矩阵的 Cayley 表达是数学家 Cayley 于 1846 年提出的，但在计算机视觉领域一直没有引起足够的注意。Cayley 方法的优点在于直接提供了一个旋转矩阵，无须校正与近似，而且只需 3 个对应点就能提供线性解。

对于多数单目 SLAM 系统，由于缺乏绝对尺度信息，系统运行的累积误差会导致点云尺度发生漂移，从而使得对应点无法正常匹配。此时，三维点对应关系在误差的干扰下已不是欧氏变换而是相似变换。针对尺度漂移问题，ORB-SLAM 系统采用了 Horn 提出的基于单位四元数的闭式算法，该方法采用四元数表达旋转矩阵，转化过程复杂，而且在数据误差比较大的情况下给出的可能不是旋转矩阵。本书作者与合作者针对三维对应点的相似变换问题，提出了基于 Cayley 变换的闭式配准算法，避免了复杂的迭代过程，并直接给出旋转矩阵，使得不同局部坐标系下的点云配准在统一的坐标系与尺度之下[150]。

8.2 三维点云配准的基本概念

已知 SLAM 系统在相邻的 $k-1$ 时刻和 k 时刻构建的一组三维对应点的齐次坐标为 $\{\mathbf{X}_{k-1}^i\}_{i=1}^N \subset \mathbb{RP}^3$ 和 $\{\mathbf{X}_k^i\}_{i=1}^N \subset \mathbb{RP}^3$。点云配准算法的用途是：根据点对应关系计算由图像对 $(\mathcal{I}_{k-1},\mathcal{I}_k)$ 重构出的点云 $\{\mathbf{X}_{k-1}^i\}_{i=1}^N \subset \mathbb{RP}^3$ 和由图像对 $(\mathcal{I}_k,\mathcal{I}_{k+1})$ 重构出的匹配点云 $\{\mathbf{X}_k^i\}_{i=1}^N \subset \mathbb{RP}^3$ 所确定的摄像机姿态变换参数 $\mathbf{R}_k^{k-1}$、$\mathbf{t}_k^{k-1}$ 以及尺度变换参数 s_k^{k-1}。变换矩阵具有如下形式：

$$\mathbf{H}_k^{k-1} = \begin{bmatrix} s_k^{k-1}\mathbf{R}_k^{k-1} & \mathbf{t}_k^{k-1} \\ \mathbf{0}^{\mathrm{T}} & 1 \end{bmatrix} \tag{8.2}$$

其中，$\mathbf{R}_k^{k-1} \in \mathrm{SO}(3,\mathbb{R})$，$\mathbf{t}_k^{k-1} \in \mathbb{R}^{3\times1}$。

在不考虑系统误差的前提下，尺度因子 $s_k^{k-1}\equiv1$，三维对应点的非齐次坐标 $\{\mathbf{X}_{k-1}^i\}_{i=1}^N \subset \mathbb{R}^{3\times1}$ 和 $\{\mathbf{X}_k^i\}_{i=1}^N \subset \mathbb{R}^{3\times1}$ 满足 $\mathbf{X}_k^i = \mathbf{R}_k^{k-1}\mathbf{X}_{k-1}^i + \mathbf{t}_k^{k-1}$，其中 $1 \leqslant i \leqslant N$。然而实际系统运行时存在累积误差，这会导致点云的相对尺度发生漂移，此时尺度因子 $s_k^{k-1}\neq1$。三维点的点对应关系为

$$\mathbf{X}_k^i = s_k^{k-1}\mathbf{R}_k^{k-1}\mathbf{X}_{k-1}^i + \mathbf{t}_k^{k-1}, \quad i=1,2,\cdots,N \tag{8.3}$$

相应的齐次坐标表示为

$$\mathbf{X}_k^i = \mathbf{H}_k^{k-1}\mathbf{X}_{k-1}^i \tag{8.4}$$

其中，$\mathbf{H}_k^{k-1} \in \mathrm{Sim}(3,\mathbb{R})$ 是点云配准矩阵，是一个相似变换矩阵。注意这里的符号 $\mathbf{H}_k^{k-1}$，其特点是上标 $k-1$ 比下标 k 的数值小 1，因为采用的坐标变换是将 $k-1$ 时刻的坐标变换为 k 时刻的坐标。$\mathbf{H}_{k-1}^k$ 则代表的是将 k 时刻的坐标变换为 $k-1$ 时刻的坐标。

依据相对运动之间存在的内在关系

$$\mathbf{R}_k^{k-1} = (\mathbf{R}_{k-1}^k)^{-1} = (\mathbf{R}_{k-1}^k)^{\mathrm{T}}, \quad \mathbf{t}_k^{k-1} = -\mathbf{t}_{k-1}^k, s_k^{k-1} = (s_{k-1}^k)^{-1} \tag{8.5}$$

以及在流形建模中定义的

$$(\mathbf{H}_{k-1}^k)^{-1} = \begin{bmatrix} \mathbf{R}_{k-1}^k & \mathbf{t}_{k-1}^k \\ \mathbf{0}^{\mathrm{T}} & s_{k-1}^k \end{bmatrix}$$

可以得到

$$
\begin{aligned}
(\mathbf{H}_{k-1}^k)^{-1} &= \begin{bmatrix} (\boldsymbol{R}_{k-1}^k)^{\mathrm{T}} & -(s_{k-1}^k)^{-1}(\boldsymbol{R}_{k-1}^k)^{\mathrm{T}}\boldsymbol{t}_{k-1}^k \\ \mathbf{0}^{\mathrm{T}} & (s_{k-1}^k)^{-1} \end{bmatrix} \\
&= \begin{bmatrix} \boldsymbol{R}_k^{k-1} & s_k^{k-1}\boldsymbol{R}_k^{k-1}\boldsymbol{t}_k^{k-1} \\ \mathbf{0}^{\mathrm{T}} & s_k^{k-1} \end{bmatrix} \\
&\cong \begin{bmatrix} s_{k-1}^k\boldsymbol{R}_k^{k-1} & \boldsymbol{R}_k^{k-1}\boldsymbol{t}_k^{k-1} \\ \mathbf{0}^{\mathrm{T}} & 1 \end{bmatrix}
\end{aligned} \tag{8.6}
$$

三维点云坐标配准的概念如图 8.1所示。为了简便，以下的讨论中省去标号 $k-1$ 与 k，将 $\boldsymbol{X}_{k-1}^i$ 简单记为 $\boldsymbol{X}^i$，将 $\boldsymbol{X}_k^i$ 简单记为 $\boldsymbol{Y}^i$，将 s_k^{k-1} 简单记为 s。对于多视点度量重建中遇到的三维点云配准问题，只需先做变量的形式替换 (赋值运算)，然后针对两组点云调用相应的三维点云配准算法即可。

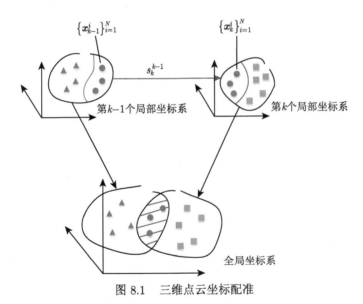

图 8.1　三维点云坐标配准

8.3　三维点云配准的 Cayley 方法

8.3.1　问题描述

设具有三维对应关系的点云是 $\{\boldsymbol{X}^i\}_{i=1}^N$ 与 $\{\boldsymbol{Y}^i\}_{i=1}^N$，无噪声情形下的对应关系是

$$
\boldsymbol{Y}^i = s\boldsymbol{R}\boldsymbol{X}^i + \boldsymbol{t}, \quad 1 \leqslant i \leqslant N \tag{8.7}
$$

由于实际视觉系统中存在噪声，理论上的相等关系式 (8.3) 并不成立。假设噪声导致误差为 e^i，则

$$
\boldsymbol{e}^i = \boldsymbol{Y}^i - s\boldsymbol{R}\boldsymbol{X}^i - \boldsymbol{t} \tag{8.8}
$$

相似变换下的位姿变换参数 $(\boldsymbol{R}, \boldsymbol{t}, s)$ 的估计转化为最优化问题

$$(\boldsymbol{R}^*, \boldsymbol{t}^*, s^*) = \arg\min_{\boldsymbol{R}, \boldsymbol{t}, s} \sum_{i=1}^{N} \left\| \boldsymbol{Y}^i - s\boldsymbol{R}\boldsymbol{X}^i - \boldsymbol{t} \right\|^2 \tag{8.9}$$

其中，$\|\cdot\|$ 是 Frobenius 范数。

8.3.2 数据预处理——零均值化

为了得到好的三维点云配准的估计算法，要先对原始三维点云数据进行零均值化，以简化误差函数的描述。数据的零均值化操作主要分为两步。首先计算点云的质心坐标 $\bar{\boldsymbol{X}}^i$ 与 $\bar{\boldsymbol{Y}}^i$，分别表示为

$$\bar{\boldsymbol{X}} = \frac{1}{N}\sum_{i=1}^{N} \boldsymbol{X}^i, \quad \bar{\boldsymbol{Y}} = \frac{1}{N}\sum_{i=1}^{N} \boldsymbol{Y}^i \tag{8.10}$$

然后将点集中的各个元素减去质心坐标，得到各个点与质心之间的偏移距离，形成新的点集 $\{\boldsymbol{X}_i\}_{i=1}^{N}$ 和 $\{\boldsymbol{Y}_i\}_{i=1}^{N}$，其中

$$\boldsymbol{X}_i = \boldsymbol{X}^i - \bar{\boldsymbol{X}}, \quad \boldsymbol{Y}_i = \boldsymbol{Y}^i - \bar{\boldsymbol{Y}} \tag{8.11}$$

新生成的对应点之间的几何约束关系为

$$\boldsymbol{Y}_i = s\boldsymbol{R}\boldsymbol{X}_i \tag{8.12}$$

可见，经过零均值化操作之后平移向量 $\boldsymbol{t}$ 已经自动消去。

8.3.3 代价函数的等价形式与位移的估计

零均值化以后，误差为

$$\boldsymbol{e}^i = \boldsymbol{Y}_i - s\boldsymbol{R}\boldsymbol{X}_i + (\bar{\boldsymbol{Y}} - s\boldsymbol{R}\bar{\boldsymbol{X}} - \boldsymbol{t}) \tag{8.13}$$

令

$$\boldsymbol{u} = \bar{\boldsymbol{Y}} - s\boldsymbol{R}\bar{\boldsymbol{X}} - \boldsymbol{t} \tag{8.14}$$

那么原优化问题的代价函数可转化为

$$E(\boldsymbol{R}, \boldsymbol{u}, s) = \sum_{i=1}^{N} \left\| \boldsymbol{Y}_i - s\boldsymbol{R}\boldsymbol{X}_i \right\|^2 - 2\left\langle \boldsymbol{u} \middle| \sum_{i=1}^{N}(\boldsymbol{Y}_i - s\boldsymbol{R}\boldsymbol{X}_i) \right\rangle + N\left\| \boldsymbol{u} \right\|^2 \tag{8.15}$$

由于 $\sum_{i=1}^{N}\boldsymbol{X}_i = \boldsymbol{0}$，$\sum_{i=1}^{N}\boldsymbol{Y}_i = \boldsymbol{0}$，上式中第二项为零。为了使代价函数最小化，需令第三项也为零，即 $\boldsymbol{u} = \boldsymbol{0}$。由此可得平移向量的估计公式为

$$\hat{\boldsymbol{t}} = \bar{\boldsymbol{Y}} - s\boldsymbol{R}\bar{\boldsymbol{X}} \tag{8.16}$$

相应地，代价函数 $E(\boldsymbol{R}, \boldsymbol{u}, s)$ 退化成 $\boldsymbol{R}$ 与 s 的函数，其形式为

$$E(\boldsymbol{R}, \boldsymbol{u}, s) = E(\boldsymbol{R}, s) = \sum_{i=1}^{N} \left\| \boldsymbol{Y}_i - s\boldsymbol{R}\boldsymbol{X}_i \right\|^2 \tag{8.17}$$

8.3.4　尺度因子的估计

对于 $\boldsymbol{R} \in \mathrm{SO}(3, \mathbb{R})$，有 $\|\boldsymbol{R}\boldsymbol{X}_i\| = \|\boldsymbol{X}_i\|$。确定了 $\boldsymbol{X}_i$ 与 $\boldsymbol{Y}_i$ 的范数之后，尺度因子可以按下式计算

$$\hat{s} = \frac{1}{N} \sum_{i=1}^{N} \frac{\|\boldsymbol{Y}_i\|}{\|\boldsymbol{X}_i\|} \tag{8.18}$$

8.3.5　旋转矩阵的估计

利用 Cayley 变换的定义 $\boldsymbol{R} = \phi(\boldsymbol{w})$ 以及关系式 (8.12) 可得

$$(\mathbb{1}_3 + [\boldsymbol{w}]_\times)\boldsymbol{Y}_i = s(\mathbb{1}_3\,[\boldsymbol{w}]_\times)\boldsymbol{X}_i \tag{8.19}$$

对于已经估计出的尺度因子 $\hat{s}$，上式可以写为

$$[\boldsymbol{w}]_\times(\boldsymbol{Y}_i + \hat{s}\boldsymbol{X}_i) = -(\boldsymbol{Y}_i - \hat{s}\boldsymbol{X}_i) \tag{8.20}$$

令

$$\boldsymbol{a}_i = \boldsymbol{Y}_i + \hat{s}\boldsymbol{X}_i, \quad \boldsymbol{b}_i = \boldsymbol{Y}_i - \hat{s}\boldsymbol{X}_i \tag{8.21}$$

利用恒等式

$$\boldsymbol{w} \times \boldsymbol{a}_i = [\boldsymbol{w}]_\times \boldsymbol{a}_i = -[\boldsymbol{a}_i]_\times \boldsymbol{w}$$

可将式 (8.20) 改写为方程组

$$[\boldsymbol{a}_i]_\times \boldsymbol{w} = \boldsymbol{b}_i, \quad i = 1, 2, \cdots, N \tag{8.22}$$

由此可得 $\boldsymbol{w}$ 的最小二乘解为

$$\boldsymbol{w}_{\mathrm{LS}} = -\left(\sum_{i=1}^{N} [\boldsymbol{a}_i]_\times^2\right)^{-1}\left(\sum_{i=1}^{N} [\boldsymbol{a}_i]_\times \boldsymbol{b}_i\right) \tag{8.23}$$

因此，旋转矩阵的估计式为

$$\hat{\boldsymbol{R}} = \phi(\boldsymbol{w}_{\mathrm{LS}}) = \frac{\mathbb{1}_3 - [\boldsymbol{w}_{\mathrm{LS}}]_\times}{\mathbb{1}_3 + [\boldsymbol{w}_{\mathrm{LS}}]_\times} \tag{8.24}$$

8.3.6　三维点云配准矩阵估计算法

综合前述讨论，可以得到摄像机位姿变换参数的最优解 $(\hat{\boldsymbol{R}}, \hat{\boldsymbol{t}}, \hat{s})$ 估计的顺序是：先算 $\hat{s}$，再算 $\hat{\boldsymbol{R}}$，最后算 $\hat{\boldsymbol{t}}$。估计三维点云配准矩阵的 Cayley 方法可以总结为算法 15。鉴于实时计算的需要，该算法的步骤可以利用递推方法进行加速处理。

算法 15 三维点云配准矩阵的Cayley估计算法

输入： 一组三维对应点 $\left\{(\boldsymbol{X}^i, \boldsymbol{Y}^i)\right\}_{i=1}^N$。

输出： 点云坐标配准矩阵 $\mathbf{S} \in \mathbb{RP}^3$。

1. 对三维点云进行零均值化：

$$\boldsymbol{X}_i = \boldsymbol{X}^i - \bar{\boldsymbol{X}}, \quad \boldsymbol{Y}_i = \boldsymbol{Y}^i - \bar{\boldsymbol{Y}}, \quad 1 \leqslant i \leqslant N$$

2. 计算尺度因子：

$$\hat{s} = \frac{1}{N} \sum_{i=1}^N \frac{\|\boldsymbol{Y}_i\|}{\|\boldsymbol{X}_i\|}$$

3. 设置向量 $\boldsymbol{a}_i$ 与 $\boldsymbol{b}_i$：

$$\boldsymbol{a}_i \leftarrow \boldsymbol{Y}_i + \hat{s}\boldsymbol{X}_i, \quad \boldsymbol{b}_i \leftarrow \boldsymbol{Y}_i - \hat{s}\boldsymbol{X}_i, \quad 1 \leqslant i \leqslant N$$

4. 估计旋转矩阵的 Cayley 表示：

$$\boldsymbol{w}_{\mathrm{LS}} = -\left(\sum_{i=1}^N [\boldsymbol{a}_i]_\times^2\right)^{-1}\left(\sum_{i=1}^N [\boldsymbol{a}_i]_\times \boldsymbol{b}_i\right)$$

5. 利用 Cayley 变换计算旋转矩阵：

$$\hat{\boldsymbol{R}} = \phi(\boldsymbol{w}_{\mathrm{LS}})$$

6. 计算平移向量：

$$\hat{\boldsymbol{t}} = \bar{\boldsymbol{Y}} - \hat{s}\hat{\boldsymbol{R}}\bar{\boldsymbol{X}}$$

7. 设置坐标配准矩阵：

$$\boldsymbol{H} = \begin{bmatrix} \hat{s}\hat{\boldsymbol{R}} & \hat{\boldsymbol{t}} \\ \boldsymbol{0}^{\mathrm{T}} & 1 \end{bmatrix}$$

8. 返回点云配准矩阵 $\mathbf{S}$。

8.4 实验结果与分析

仿真实验中，采用的实验数据均来自 Vtk 库[152] 中的三维恐龙状点云数据集 $\{\boldsymbol{X}^i\}_{i=1}^N$，三维点数目 $N = 10755$，点云的实际尺寸范围为 $(89.64 \times 197.62 \times 166.94)\mathrm{m}^3$。随机生成姿态变换参数 $(\boldsymbol{R}, \boldsymbol{t}, s)$，对原始数据集进行三维相似变换，变换后的点云集记为 $\boldsymbol{Y}^i = s\boldsymbol{R}\boldsymbol{X}^i + \boldsymbol{t}$。为验证算法 15，将姿态变换参数设定如下：

$$\boldsymbol{R} = \begin{bmatrix} -0.0685 & -0.6984 & -0.7125 \\ 0.6668 & -0.5632 & 0.4880 \\ -0.7421 & -0.4416 & 0.5043 \end{bmatrix}, \quad \boldsymbol{t} = \begin{bmatrix} 402.9429 \\ 471.2055 \\ 89.5380 \end{bmatrix}, \quad s = 0.9381$$

如图 8.2 所示，在实验中，为两组点云添加均值为 $\boldsymbol{0}$，标准差分别为 $\sigma_1 = 3.7211\mathrm{m}$ 和 $\sigma_2 = 3.4908\mathrm{m}$ 的三维 Gauss 噪声，得到新的点云

$$\tilde{\boldsymbol{X}}^i = \boldsymbol{X}^i + \boldsymbol{n}_1, \quad \tilde{\boldsymbol{Y}}^i = \boldsymbol{Y}^i + \boldsymbol{n}_2, \quad 1 \leqslant i \leqslant N$$

其中，$n_1 \sim \mathcal{N}(\mathbf{0}, \sigma_1 \mathbb{1}_3)$，$n_2 \sim \mathcal{N}(\mathbf{0}, \sigma_2 \mathbb{1}_3)$。

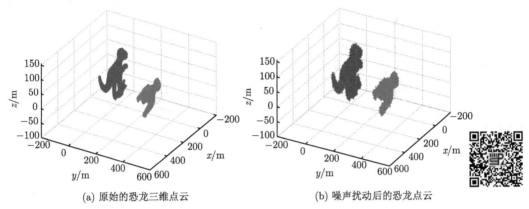

(a) 原始的恐龙三维点云　　　　　　　　(b) 噪声扰动后的恐龙点云

图 8.2　噪声扰动前后的三维点云数据

针对添加噪声后的三维对应点 $\{\tilde{\boldsymbol{X}}^i \leftrightarrow \tilde{\boldsymbol{Y}}^i\}_{i=1}^N$，由算法 15 估计点云配准矩阵 $\mathbf{S}$，得到的姿态变换参数为

$$\hat{\boldsymbol{R}} = \begin{bmatrix} -0.0589 & -0.7034 & -0.7075 \\ 0.6838 & -0.5448 & 0.4854 \\ -0.7273 & -0.4552 & 0.5137 \end{bmatrix}, \quad \hat{\boldsymbol{t}} = \begin{bmatrix} 402.9670 \\ 471.1398 \\ 89.5512 \end{bmatrix}, \quad \hat{s} = 0.9380$$

容易发现，参数估计结果的精度很高。此时，将相似变换后的点云 $\{\tilde{\boldsymbol{Y}}^i\}_{i=1}^N$ 通过矩阵 $\mathbf{S}^{-1}$ 映射到 $\{\tilde{\boldsymbol{X}}^i\}_{i=1}^N$ 所在的坐标系，可得点云集 $\{\tilde{\boldsymbol{X}}^i\}_{i=1}^N$，然后可以直观地观察配准后的两组点云集的重合情况。从图 8.3可看出，三维对应点点云配准矩阵进行变换后，两组点云集基本保持重合，从而验证了基于 Cayley 变换的闭式三维配准算法的有效性。

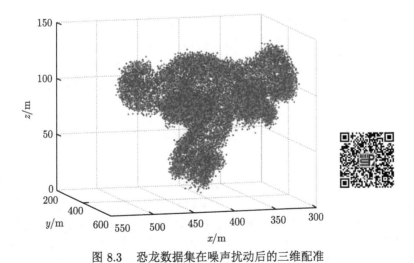

图 8.3　恐龙数据集在噪声扰动后的三维配准

接下来从旋转矩阵的误差和平移距离误差两方面进一步分析算法 15 的位姿估计精度。考虑 Cayley 方法的稳健性和精度，进行了多组独立的数值仿真实验。设定不同尺度因子 s 并随机生成变换参数 $\boldsymbol{R}$ 与 $\boldsymbol{t}$，然后对初始的点云进行相似变换并生成多组三维对应点，添加高斯噪声 $\boldsymbol{n}_1$、$\boldsymbol{n}_2$。接着用 Cayley 方法估计姿态变换参数，最后计算估计误差，所得结果如图 8.4所示。根据式 (7.59) 和式 (7.60) 给出的旋转矩阵的旋转角误差与平移误差的定义，由图可知，在不同的变换参数条件下，利用 Cayley 方法计算出的旋转角度的绝对误差 e_{rot} 小于 $2°$，平移估计相对误差 e_{trans} 小于 5%，这说明 Cayley 方法的位姿变换参数估计精度很高。

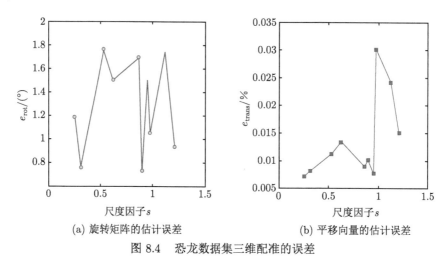

(a) 旋转矩阵的估计误差   (b) 平移向量的估计误差

图 8.4 恐龙数据集三维配准的误差

考虑点云配准的准确性，计算配准后的两组点云的平均距离

$$e_{\mathrm{dist}} = \frac{1}{N} \sum_{i=1}^{N} \left\| \tilde{\boldsymbol{X}}^i - \tilde{\boldsymbol{X}}^i \right\| \tag{8.25}$$

同样地，随机设定变换参数 $(\boldsymbol{R}, \boldsymbol{t}, s)$ 生成 50 组三维对应点，每组对应点的每个维度分别加了相互统计独立且标准差分别为 σ_1 和 σ_2 的高斯噪声。然后采用算法 15 对三维点云进行配准，最后计算配准后的点云集之间的平均绝对误差，得到的结果是 $e_{\mathrm{dist}} = 5.734\mathrm{m}$。与原始恐龙数据的尺寸 $(89.64 \times 197.62 \times 166.94)\mathrm{m}^3$ 相比，由平均距离 e_{dist} 刻画的绝对误差在可接受的范围内。

本章小结

点云配准对于 vSLAM、SfM 以及三维图像拼接都是重要的。几何三维配准的核心任务是，确定一个 4×4 的矩阵，将不同的点云变换到同一个坐标系下，并且保持尺度因子一致。在涉及度量重建的点云配准中，待求的 4 阶矩阵有三个未知参量——姿态矩阵 $\boldsymbol{R}$、位移向量 $\boldsymbol{t}$ 以及尺度因子 s。本章提出的基于 Cayley 变换的点云配准方法具有很高的精度与稳健性，计算量显著地小于迭代最近点方法[153]，算法结构简单，在仅有三个对应点的情况下即可得到线性解。

第 9 章
新型光学成像系统与场景建模简介

从事计算机视觉研究的科技工作者，对于数字图像都非常熟悉。随着智能手机的普及，普通大众对于"机器视觉"也不觉得新奇了。大众对于摄像机的认识，基本上面对的是由普通镜头与鱼眼监视镜头组成的光学成像系统。在实际应用中，还有一些特殊的光学成像系统，它们所成的图像通常不是规则的矩形，这些系统对于场景建模也是很有价值的。本章就是从"片面的视角"出发，介绍一些新的技术进展，目的在于启发读者对于创新与技术发展的思考。本章主要内容包括 STEM 视角下的视觉图像建模、环视全景成像系统与场景建模以及多视点显微成像系统与场景建模。

9.1 STEM 视角下的视觉场景建模

术语 STEM 来自教育学领域，它是科学 (science)-技术 (technology)-工程 (engineering) 与数学 (mathematics) 相互结合的教育思想与方法的综合体。STEM 对于基于视觉图像的场景建模也是重要的，其原因是：成像系统的物理结构不同，会导致不同的摄像机成像数学模型与不同的图像拓扑特性，进而影响视觉建模的核心技术概念与实现算法，最终导致不同的产品形态与应用价值。

9.1.1 光学成像系统与图像拓扑结构

在计算机视觉、机器视觉以及视觉导航等涉及图像信息处理的领域，一个共性的特点是把图像作为信息源，然后完成后续的信息处理、理解以及应用等操作。至于图像从哪里来，通常有两个途径：

(1) 离线采集的各类图像。离线图像可以是摄像机拍摄的多视点图像，也可以是视频图像。

(2) 实时采集的视频图像。这通常是用摄像机实时拍摄的图像。

对于图像的特性，可以从以下几个角度来分类：

(1) 按照图像通道，可以分为灰度图像、彩色图像、RGB-D 图像，分别对应于 1、3、4 通道。

(2) 按照视场角（field of view，FOV）分，有普通摄像机图像与广角摄像机图像，其中最常见的广角摄像机是用于监视的鱼眼镜头摄像机。

(3) 按照图像拓扑特性分，有拓扑亏格 $g = 0$ 的单连通图像与拓扑亏格 $g = 1$ 的复连通图像两大类。复连通图像中有两类典型代表：反射折射摄像机拍摄的图像与环视全景镜头 (panoramic annular lens，PAL) 拍摄的图像。这两类图像的有效区域没有布满整个像面，都是环形区域，图像中间有一个黑洞，需要将 360° 环视图像展开成矩形图像才能还原原始场景。图 9.1给出了两款典型的能获取复连通图像的成像系统：索尼 MHS-PM5 摄像机 [154] 和反射折射式摄像机 [155]。

(4) 按照瞬时视点分，有瞬时单视点图像与瞬时多视点图像。常见的图像都是瞬时单视点图像，成像系统一次只成一个像。瞬时多视点图像通常由三维光场摄像机获得，单次成像可以得到多个具有视差的图像阵列。

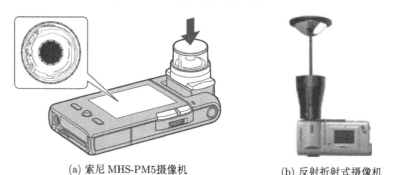

(a) 索尼 MHS-PM5摄像机　　　　　(b) 反射折射式摄像机

图 9.1　能拍摄复连通图像的摄像机

需要说明的是，现有的计算机视觉理论与模型对于 PAL 成像系统以及能产生瞬时多视点图像的三维光场摄像机系统方面缺乏深入的研究。这两种反常规的成像系统设计与计算摄像学 [156] 关系密切，向计算机视觉理论与应用提出了新的挑战。

9.1.2　图像拓扑连通性与视觉建模

基于视频图像的三维建模系统的一个基本组成部分是成像光学系统，它是图像采集功能的基本保障，其光学特性对于三维建模的影响有以下三个方面：

(1) 成像光路决定了摄像机投影模型，物像共轭特性使得空间场景点 $\mathbf{X}$ 与图像点 $\mathbf{x}$ 之间存在确定的对应关系，此关系可能是式 (2.12) 表示的简单的透视投影模型，也可能是其他更加复杂的关系。

(2) 成像的视场区域决定了采集到的图像的拓扑连通特性，如反射折射式摄像机所成的像是双连通的图像 (图 9.2)。

(3) 成像的视场特性决定了图像矫正的计算方法。

(a) 单连通图像：拓扑亏格 $g = 0$,闭合曲线可以无障碍地收缩为一点

图 9.2　图像区域的道路连通性与拓扑障碍

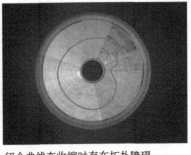

(b) 复连通图像：拓扑亏格 $g=1$，闭合曲线在收缩时存在拓扑障碍

图 9.2(续)

对于人体消化道三维建模而言，其中涉及的各种图像处理算法自然都与无线胶囊内窥镜的成像光路以及采集到的图片的个性密切相关。

9.2　环视全景成像系统与场景建模

9.2.1　环视成像镜头的视场特性

目前，WCE 的成像镜头还是普通的成像镜头，当 WCE 以轴向方式拍摄消化道内壁图像时，所得到的图像质量不佳。近年来虽然许多研究机构都致力于解决这个问题，但都没有跳出传统的技术框架。如果能使胶囊内镜前端的摄像机采集环绕镜头周围 360° 环形视场的图像，将会大大改善采集的图像质量，因此称具备此种性能的镜头为环视全景镜头。配备了环视全景镜头的内镜系统称为 360° 环视内镜系统，它无须用机械移动部件就能够连续实时地捕捉涵盖 360° 环状视场内的场景图像。

图 9.3 所示为超广角视觉系统、全景摄像机、普通摄像机以及具备 360° 环视视场的 WCE 成像系统的视场比较。图 9.3(a) 给出了常见镜头的视场范围。第一种是超广角视觉系统，即"鱼眼镜头"，虽然其视场范围大，但其图像的失真补偿没得到解决，而且价格

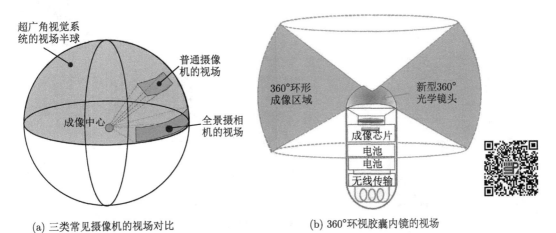

(a) 三类常见摄像机的视场对比　　　　(b) 360°环视胶囊内镜的视场

图 9.3　成像系统的视场对比

昂贵；第二种是能够围绕投影中心旋转一周的摄像系统，即旋转成像的全景摄像机系统，但系统不能瞬间同时获取整个宽视场图像，无法实时采集图像；第三种是普通手持摄像机类型的成像系统，其视场角一般都比较小，即使是当前所用的胶囊内镜成像系统，其视场角至多也只到 135°。设计和研制小尺寸、高分辨率的 360° 环视胶囊内窥镜的成像光学系统成为新型胶囊内镜系统的关键。有了高效可靠的 360° 成像光学系统之后，即可将其用于图像采集，得到消化道内壁的环状图像序列/视频。图 9.3(b) 给出了具有 PAL 镜头的胶囊内镜的柱状视场区域示意图。

9.2.2　环视全景镜头的成像光学系统设计

图 9.4 所示为能够为 WCE 产生 360° 环形视场的、崭新的、独创的超广角光学设计。由图可知，出发于图像传感器①的观察射线，经由光圈②穿过光学准直透镜③进入内窥镜的光学传导器件⑨到达 360° 环形视场光学元件④。此处的观察射线已由发散射线转换为平行

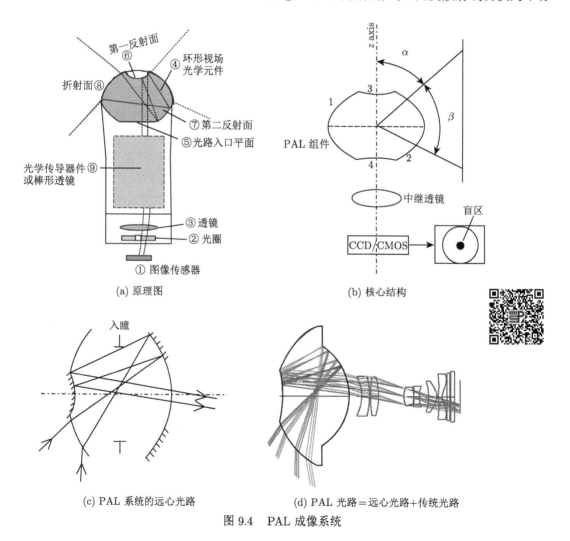

图 9.4　PAL 成像系统

射线，进入光路入口平面⑤而不产生像差并能减少光能量损失。平行射线经由超广角环形视场光学元件顶部的、具有双曲面形状的第一反射面⑥反射，到达第二反射面⑦。射线继续由第二反射面反射到折射面⑧，由其折射到 360° 环形视场。折射面可以进行特殊设计以达到补偿整个光学系统像差的目的。遵循图 9.4 给出的光学设计要素，即可设计出所需的光学系统。图 9.5 给出了本书作者曾经所在的课题组设计的 PAL 成像光路图[157]，该成像系统主要由光学工程师董辉设计完成，它可以用于管道与腔室环境的图像采集，也可以用于 360° 超广角监视系统。

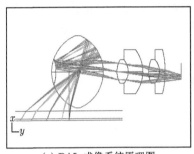

(a) PAL 成像系统原理图　　　　(b) PAL三维实体效果图

图 9.5　PAL 成像光路图

9.2.3　环视图像与矩形图像

具有环视全景镜头的摄像机采集到的图像为环视图像，它具有高度非线性，在三维建模的应用中需要将其转换为矩形图像，这一转换过程可以用矩形展开方法得到。直接应用几何变换

$$\Theta : z = x + \mathrm{i}y \mapsto (r, \theta) = (|z|, \arg z) \tag{9.1}$$

把圆环区域变换为矩形区域即可。图 9.6 给出了将环视图像转换为矩形图像的实例。

(a) 地图卷成圆筒后的内壁环视图　　　　(b) 室内场景环视图

(c) 地图还原

图 9.6　环视图像及其矩形展开

(d) 室内场景还原

图 9.6(续)

9.2.4 环视图像与管道场景全景图像拼接算法

利用环视全景摄像机可以很方便地实时采集各类管道内壁的图像。由于每次拍摄到的是规则的同心圆环状图片，因此对于管道场景的全景拼接算法非常有利，第 5 章中的 TSMM 算法可以大为简化，具体表现在：

(1) 图像条带选取大为简化，每次拍摄直接得到一个环状条带。

(2) 条带整形操作可以全部省去。

(3) 信息冗余度自动包含在各个条带中。

这表明，好的成像光学系统可以大大简化图像处理算法与软件的设计，对三维建模能带来决定性的影响。利用管道内表面的环视图像序列，可以得到全新的管道全景拼接算法，即 TSMM-3 算法，其描述见算法 16。

算法 16 　基于环视图像的管道场景流形拼接算法(TSMM-3)

输入：管道场景的环视图像序列 $\{\mathcal{I}_k\}_{k=1}^N$。

输出：生成管道场景的全景图像 $\mathscr{I}_p$。

1. 图像序列 $\{\mathcal{I}_k\}_{k=1}^K$ 进行预处理，选取 N 个关键帧。

2. 将关键帧中的各帧环视图像展开为矩形图像。

3. 采用任何可行的拼接算法对矩形图像序列进行拼接。

图 9.7 给出了算法验证的实例。图中环视图像是本书作者采用 Sony 公司生产的配有环

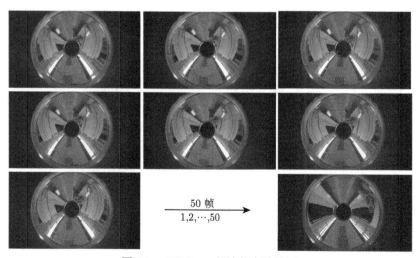

$$\xrightarrow[1,2,\cdots,50]{50 \text{ 帧}}$$

图 9.7　TSMM-3 算法的实验验证

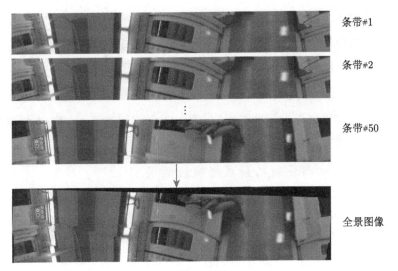

条带#1

条带#2

条带#50

全景图像

图 9.7(续)

视全景镜头的 MHS-PM5 手持摄像机在北京地铁 8 号线列车上拍摄的场景图片。容易看出，环视图像展开为矩形条带后图像的非线性特性基本上已经消除，由矩形条带序列获得的全景图片有较好的图像质量。

容易发现，对于管道场景的环视图像序列，拼接分为两个基本步骤：首先是拓扑连通性变换，即将双连通图像转换为单连通图像；其次是对单连通图像序列进行拼接，这可以称为二次拼接，所用的方法可以是基于配准与接缝消除的拼接方法，也可以灵活选择其他可行的拼接算法。

9.2.5　环视全景摄像机带来的新问题

无论是对于具有环视全景摄像机的新型 WCE 系统还是其他图像采集系统，由于成像几何的改变，使得简单的透视投影模型不再可以直接使用，这给三维建模的理论分析与算法设计带来了许多新的实际问题。

1. 环视全景摄像机的投影模型

由光学设计理论可知 [158]，在理想情况 (不考虑像差) 下环视全景摄像机具有下列基本性质：

(1) 物方每个点对应像方一个点 (共轭点)；

(2) 物方每条直线对应像方一条直线 (共轭线)；

(3) 物方每个平面对应像方一个平面 (共轭面)。

虽然理想情况下环视全景摄像机满足物像共轭原理，能保证有确切的投影关系，但是具体的 "场景点–图像点" 投影的数学模型还不清楚，一般情况下可以表述为

$$\lambda \mathbf{x} = p(\mathbf{X}) = (\mathbf{P} \circ f)(\mathbf{X}), \quad \mathbf{X} \in \mathrm{R}\mathbb{P}^3, \mathbf{x} \in \mathrm{R}\mathbb{P}^2 \tag{9.2}$$

其中，未知函数 f 用来描述加装 PAL 镜头带来的成像效果，f 与 $\mathbf{P}$ 复合作用的效果确定了场景点与图像点之间的投影关系。

2. 环视全景摄像机的标定

由于环视全景摄像机的投影模型未知，因此摄像机参数的标定尚未完全解决。如何方便、准确地确定其内参数与外参数还有待深入的研究。

3. 环视图像的三维重建算法

在环视摄像机投影模型未知的情况下，三维重建无从谈起。透视摄像机模型下所谓的分层重建与直接重建的提法是否需要修改，还有待深入研究。

4. 环视全景摄像机与反射折射式摄像机的区别

反射折射式摄像机 [159-160] 分中心式与非中心式两种类型，所成图像也是典型的环形图像，其环视全景摄像机所成图像的拓扑结构是一样的，但是成像原理有显著差异。针对非中心式以及中心式反射折射式摄像机，文献 [161] ~ 文献 [165] 对反射折射式摄像机的极几何、标定方法与三维重建方法进行了讨论。但是对于环视全景摄像机的三维重建问题，还有待深入研究。

9.3 多视点显微成像系统与场景建模

9.3.1 显微镜三维成像的挑战

显微镜系统经历了百年发展，应用领域广泛。但是传统显微镜只能观察到基本无视差的二维图像，景深范围很低，难以观察到微观样品其他视点的图像，难以满足人类对微观三维世界的认知需求。然而，随着其他各学科的发展，如医学、生物学、精密工业检测等领域，尤其是神经科学领域对可观察活体组织信号的三维显微镜的功能要求越来越高。目前，已经有多种不同原理的显微镜技术可获取样本的三维信息，如激光共聚焦显微镜技术、光切片照明显微镜技术、光学投影层析显微镜技术等。但现有的三维显微镜技术还存在一些问题，非侵入式图像采集的实现方式与分辨率提高难以兼顾。例如，扫描式的图像信息采集方式，虽然可以获得较高的分辨率，但难以实时获取活体样本瞬息万变的信息，过强的光照射又容易对生物样本产生漂白问题。光场显微镜技术基于光场理论，采用无扫描非侵入式的图像采集方式，记录显微样本的空间–角度数据，通过后期计算，完成样本的三维重建。Levoy 提出的光场显微镜（light field microscopy，LFM）在传统显微镜的中间像平面处，添加微透镜阵列，采集样本的三维信息。但是，这种技术所获得的各视点子图像的空间分辨率受微透镜单元个数限制，如果采用单元尺寸太小的微透镜阵列提高空间分辨率，则又会降低系统景深值。随后，有人提出采用 3D 反卷积的处理方式提高系统分辨率，但这种方式是基于大量光场图像堆栈的方式，需要大量计算处理过程来获得，且横向分辨率在景深范围内并不均匀。因此，光场显微镜的空间分辨率改善问题亟待解决。

9.3.2 新型多视点三维光场显微镜系统

本书作者曾经所在的课题组设计了一种具有非侵入式、较高空间分辨率并能瞬时完成图像采集的三维光场显微镜系统 [166]，系统的主要设计者是张梅博士，该设计已经获得了国家发明专利。图 9.8 给出了这种新型的、基于透镜阵列的多视点三维光场显微镜系统，其组成结构包括传统显微镜平台、光阑放大模块、透镜阵列模块、图像传感器和图像处理器。这种新型三维成像系统对需观察的目标生物组织或样本可以一次同步生成多个有不同视差的图像，完成单次多视点图像采集功能。从成像系统的结构来看，各个模块的功能如下：

(1) 成像系统前端的传统显微镜平台用于获取显微样本的中间像。

(2) 光阑放大模块用于将传统显微镜中光阑外引，并放大生成共轭光圈面。

(3) 透镜阵列模块用于在所述共轭光圈面处获取显微样本多个不用视点下的子图像。

(4) 图像传感器用于一次性采集并记录各视点下显微样本的光场图像。

(5) 图像处理器用于对显微样本的光场图像进行重聚焦、高分辨率处理以及三维面型重构。

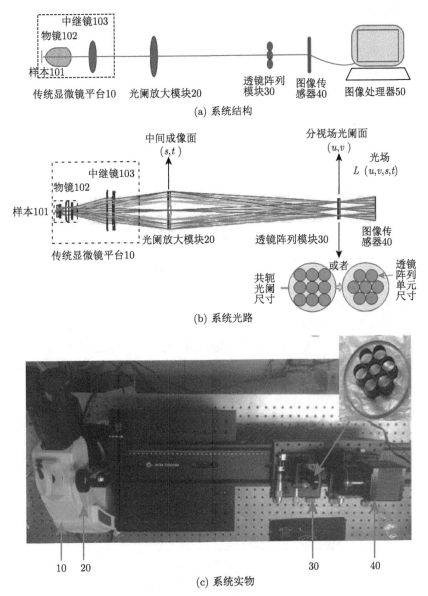

图 9.8　多视点三维光场显微镜系统

本系统具有的基本特点如下：

(1) 基于透镜阵列的光场三维显微系统，在传统显微镜平台中间像面处添加一组透镜作为光阑放大模块，将物镜光阑放大并外引，在共轭光阑面处通过透镜阵列分割成多个子孔径，从而直接采集到显微样本不同视点下的样本图像。这个设计使得各子图像的分辨率不再受微透镜尺寸限制，而是取决于各光路分辨能力以及图像传感器分辨率，有效提高了各子图像的空间分辨率，能更好地满足用户的使用需求。

(2) 光阑放大模块放置于显微镜平台中间像面处，所生成的共轭光圈面尺寸放大至可覆盖整个透镜阵列的尺寸。

(3) 透镜阵列模块数量与排布方式灵活：包含的小透镜组数量不小于 7 组，为了充分利用光阑共轭面，可选择近似圆形的蜂窝状排布方式，也可选择 4×4、5×5 等阵列式排布方式。

(4) 显微镜平台光轴、光阑放大透镜组光轴和分视场透镜阵列中心对准在同一光轴上，容易完成光路校准，便于调试。

(5) 光阑放大模块和透镜阵列模块中各分视场透镜均为胶合透镜组合，易于加工与组装。

9.3.3 光场三维超分辨率显微图像显示方法

利用多视点三维光场显微镜系统，文献 [166] 提出了一种光场三维超分辨率显微图像显示方法，其步骤如图 9.9 所示。各个步骤的功能简要说明如下：

(1) 通过光场三维显微镜，在单个芯片上记录下样品多个视点的图像，各个视点之间存在视差。

(2) 对多视点的多幅低分辨率图像进行预处理。

(3) 采用光流法对低分辨率图像进行运动估计，得到各视点图像的视差。

(4) 根据视差偏移量，将低分辨率图像都影射到一个高分辨率的网格上；根据参考图的原始像素值，通过局部最优法选取误差最小的映射像素，得到原始的超分辨率图像。

(5) 对原始的超分辨率图像进行滤波，提高成像质量。

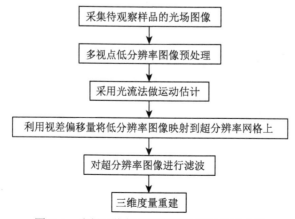

图 9.9　光场三维超分辨率显微图像显示方法

(6) 针对多个视点的高分辨率图像进行三维重建，获得稠密的三维点云和相应的纹理，生成满足用户需求的三维场景模型。

图 9.10所示为采用光场三维显微镜原型系统进行超分辨率场景重建的效果。该系统一次采集 7 个视点的图像，在单个 CCD 芯片上成像，既能获得超分辨率图像，也能获得三维场景。一般而言，低分辨率图像是从不同角度记录下同一个场景，各视点图像间存在着一定的偏移量。可选择第一幅图为参考图，采用光流法计算其他图相对于参考图的偏移量。利用这个偏移量，将所有的低分辨率图影射到一个高分辨率网格上，获得高分辨率图。利用设计出的基于透镜阵列的光场三维显微系统及其高分辨率显示方法，通过分视场透镜阵列将光学系统的光阑分割为多个孔径光阑，从而在图像传感器上一次性采集到显微样本不同视点下的样本图像，结合计算机视觉图像处理方法，提高图像的分辨率，实现微观样本的高分辨率三维面型重构。实际设计的显微系统所采集的各子图像的分辨率不再受微透镜尺寸限制，而是取决于各光路的分辨能力以及图像传感器的分辨率，有效提高了各子图像的空间分辨率，能极大地满足该系统实际用户的使用需求。

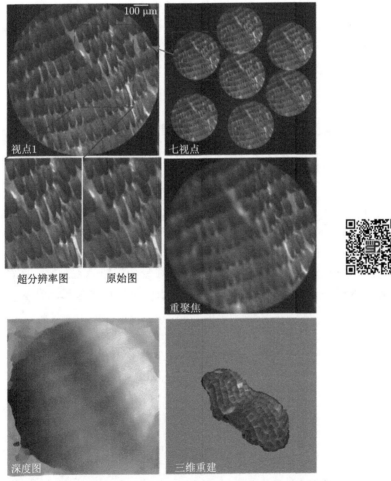

图 9.10　光场三维显微镜超分辨率场景三维重建

9.3.4　光学设计与视觉方法结合的独特优势

文献 [166] 所提出的基于透镜阵列的高分辨率光场显微系统，比基于微透镜阵列的光场显微镜系统具有更多的优势和更大的灵活性：

(1) 相比光场显微镜系统，该显微系统空间分辨率不再受微透镜单元个数限制，直接由各个分视场图像所覆盖的像素数决定，各分视场图像可达 20 万像素以上，若采用更高分辨率的传感成像元件，就能得到更高的图像分辨率。

(2) 所提出的高空间分辨率光场三维显微系统，仅采用透镜阵列便可实现多视点的光场采集，操作灵活性强，结构简单，易于校准。透镜阵列可选择多种组合方式，各子图像的分辨率不会受影响。改变光阑放大模块的透镜光焦度后，可转换不同的物镜进行样本观察和采集。系统的容差度高，例如光阑放大模块前后存在 2mm 的位置误差，完全不会影响像质。

(3) 用光流法结合反投影的方法获得超分辨率图像，不仅可以提高所采集视点图像的分辨率，还可获得其他任意视点的高分辨率图像。

新系统将计算摄像学中的光场三维采集与计算机视觉中的三维重构方法融于显微镜技术中，实现了非侵入式的显微三维图像采集，提高了成像深度和空间分辨率，能重构出高质量的微观样本三维面型结构。该系统很好地展示了光学设计与视觉场景建模结合的优势，具有良好的启发意义。

本章小结

本章介绍了三种新型光学成像系统：第一种是能加装 PAL 镜头的光学成像系统，以 MHS-PM5 手持摄像机与具有环视功能的 WCE 概念机为典型代表；第二种是反射折射式摄像机；第三种是多视点显微成像系统。从图像拓扑特性来看，第一种与第二种光学成像系统采集的图像都是拓扑亏格 $g = 1$ 的复连通图像，第三种则是具有多个相互分离的单连通区域的图像，每个单连通区域相当于一帧独立的图像，不同区域之间有显著的视差。

图像拓扑特性不同，导致了底层的科学概念与原理有显著的差异，从而使得处理图像的策略与方法有显著的不同，进行二维与三维建模的方法、算法以及计算复杂性都不尽相同。可以肯定的是，将图像采集与图像处理/计算机视觉的手段结合起来，是有趣和有价值的技术发展方向。本章的目的之一，就是希望引起读者对计算摄像学与计算机视觉融合的注意与重视。

参 考 文 献

[1]   科斯特利金 A И. 代数学引论 (三卷本) [M]. 张英伯, 等, 译. 北京: 高等教育出版社, 2007.

[2]   SELIG J M. Geometric fundamentals of robotics [M]. 2nd ed. New York: Springer-Verlag, 2004.

[3]   ARTIN M. Algebra [M]. 2nd ed. New York: Pearson, 2012.

[4]   SHAFAREVICH I R. Encyclopaedia of mathematical sciences: Volume 11 basic notions of algebra [M]. Berlin: Springer-Verlag, 2005.

[5]   万哲先. 代数导引 [M]. 2 版. 北京: 科学出版社, 2010.

[6]   程代展. 系统与控制中的近代数学基础 [M]. 北京: 清华大学出版社, 2007.

[7]   吴福朝. 计算机视觉中的数学方法 [M]. 北京: 高等教育出版社, 2008.

[8]   NEEDHAM T. Visual complex analysis [M]. London: Oxford University Press, 1997.

[9]   冯康, 秦孟兆. 哈密尔顿系统的辛几何算法 [M]. 杭州: 浙江科学技术出版社, 2003.

[10] SCHNEIDER P J, EBERLY D H. The morgan kaufmann series in computer graphics: Geometric tools for computer graphics [M]. San Francisco: Morgan Kaufmann, 2002.

[11] 戴建生. 现代数学基础: 第 70 卷 旋量代数与李群、李代数 [M]. 2 版. 北京: 科学出版社, 2020.

[12] 拉夫连季耶夫 M A, 沙巴特 Б B. 复变函数论方法 [M]. 6 版. 施祥林, 夏定中, 吕乃刚, 译. 北京: 高等教育出版社, 2005.

[13] HARTLEY R I, ZISSERMAN A. Multiple view geometry in computer vision [M]. 2nd ed. London: Cambridge University Press, 2004.

[14] GU X D, YAU S T. Advanced lecturenotes in mathematics: Computational conformal geometry [M]. Beijing, China and MA, USA: High Education Press and International Press, 2008.

[15] 顾险峰, 丘成桐. 计算共形几何: 理论篇 [M]. 北京: 高等教育出版社, 2020.

[16] 陈省身, 陈维桓. 微分几何讲义 [M]. 2 版. 北京: 北京大学出版社, 2001.

[17] FECKO M. Differential geometry and Lie groups for physicists [M]. London: Cambridge University Press, 2006.

[18] 张贤达. 矩阵分析与应用 [M]. 2 版. 北京: 清华大学出版社, 2013.

[19] GOLUB G H, VAN LOAN C F. Matrix computations [M]. 3rd ed. Washington: Johns Hopkins University Press, 1996.

[20] WEYL H. The Classical Groups: Their invariants and representations [M]. 2nd ed. New Jersey: Princeton Univesity Press, 1946.

[21] MAGNUS J R, NEUDECKER H. Wiley series in probability and statistics: Matrix differential calculus with applications in statistics and econometrics [M]. 3rd ed. New York: John Wiley & Sons, 2019.

[22] FAUGERAS O. Three-dimensional computer vision [M]. Massachusetts: The MIT Press, 1993.

[23] FAUGERAS O, LUONG Q T. The geometry of multiple images [M]. Massachusetts: The MIT Press, 2001.

[24] POLLEFEYS M, VAN GOOL L, VERGAUWEN M, et al. Visual modeling with a handheld camera [J/OL]. International Journal of Computer Vision, 2004, 59: 207-232 [2021-04-10]. http://portal.acm.org/citation.cfm?id=986694.986705. DOI: 10.1023/B:VISI.0000025798.50602.3a.

[25] BRADSKI G, KAEBLER A. Learning OpenCV 3: Computer vision in C++ with the openCV library [M]. Massachusetts: O'Reilly Media, 2017.

[26] ZHANG Z. A flexible new technique for camera calibration [J]. IEEE Transactions on Pattern Analysis and Machine Intelligence, 2000, 22(11): 1330-1334.

[27] TSAI R. A versatile camera calibration technique for high-accuracy 3D machine vision metrology using off-the-shelf TV cameras and lenses [J]. IEEE Journal on Robotics and Automation, 1987, 3(4): 323-344.

[28] BORN M, WOLF E. Principles of optics [M]. 7th ed. London: Cambridge University Press, 1999.

[29] MATHAR R J. Zernike basis to cartesian transformations [EB/OL]. [2021-04-21]. https://arxiv.org/abs/0809.2368.

[30] FAUGERAS O. Stratification of three-dimensional vision: projective, affine, and metric representations [J/OL]. Journal of the Optical Society of America A: Optics, Image Science and Vision, 1995, 12(3): 465-484 [2021-04-10]. http://josaa.osa.org/abstract.cfm?URI=josaa-12-3-465.

[31] POLLEFEYS M. Visual 3D modeling from images [EB/OL]. (2000) [2021-04-10]. https://people.inf.ethz.ch/pomarc/pubs/PollefeysTutorial.pdf.

[32] LOURAKIS M I A, LOURAKIS M I A, ARGYROS A A, et al. The design and implementation of a generic sparse bundle adjustment software package based on the levenberg-marquardt algorithm [EB/OL]. [2021-04-21]. http://www.ics.forth.gr/lourakis/sba.

[33] TRIGGS B, MCLAUCHLAN P F, HARTLEY R I, et al. Bundle adjustment: A modern synthesis [C/OL]//TRIGGS B, ZISSERMAN A, SZELISKI R. Vision Algorithms: Theory and Practice. Berlin: Springer Verlag, 2000: 298-372 [2021-05-21]. http://www.cs.jhu.edu/misha/Reading Seminar/Papers/Triggs00.pdf.

[34] GOOGLE. CeresSolver[EB/OL]. (2010)[2021-02-20]. https://github.com/ceres-solver/ceres-solver.

[35] SNAVELY N. Bundler: Structure from Motion (SfM) for unordered image collections [EB/OL]. (2010)[2020-08-01]. http://www.cs.cornell.edu/ snavely/bundler/.

[36] XIAO J X. SFMedu: A structure from motion system for education [EB/OL]. (2013)[2021-04-10]. http://3dvision.princeton.edu/courses/SFMedu/.

[37] FURUKAWA Y, PONCE J. Patch-based multi-view stereo software (PMVS: Version 2) [EB/OL]. (2010)[2020-08-01]. https://www.di.ens.fr/pmvs/.

[38] FURUKAWA Y. Clustering Views for Multi-view Stereo (CMVS) [EB/OL]. (2011)[2020-08-01]. https://www.di.ens.fr/cmvs/.

[39] WU C C. VisualSFM: A visual structure from motion system [EB/OL]. (2015)[2020-08-01]. http://ccwu.me/vsfm/.

[40] OpenMVG (Open Multiple View Geometry) [EB/OL]. [2021-04-10]. https://github.com/openMVG/openMVG/blob/master/BUILD.md#linux.

[41] OpenMVS: open Multi-View Stereo reconstruction library [EB/OL]. [2021-04-10]. https://cdcseacave.github.io/openMVS/.

[42] 张鸿燕, 耿征. Levenberg-Marquardt 算法的一种新解释 [J]. 计算机工程与应用, 2009, 45(19): 5-8.

[43] 张鸿燕, 李托拓, 耿征. 彩色图像单应矩阵的估计算法 [J]. 中国图象图形学报, 2011, 16(2): 287-292.

[44] 张鸿燕. 基于视频图像的三维建模方法与系统: 消化道三维建模方法与应用研究 [D]. 北京: 中国科学院大学, 中国科学院自动化研究所, 2011.

[45] 周璐莎. 大尺度场景的同步定位与地图构建 [D]. 天津: 中国民航大学, 2016.

[46] ZHANG H Y, LUO J Z, WANG Z H, et al. An accelerated matching algorithm for sift-like features [C]//International Conference on Image, Vision and Computing. IEEE: Chengdu, 2017: 103-107.

[47] 罗家祯. 惯性视觉里程计中的跟踪与定位方法研究 [D]. 天津: 中国民航大学, 2018.

[48] 袁亚湘, 孙文瑜. 最优化理论与方法 [M]. 北京: 科学出版社, 1997.

[49] MARQUARDT D W. An algorithm for least-squares estimation of nonlinear parameters [J]. SIAM Journal of Applied Mathematics, 1963, 11(2): 431-441.

[50] WEISSTEIN E W. Levenberg-marquardt method [EB/OL]. (1992) [2021-04-09]. https:// mathworld.wolfram.com/Levenberg-MarquardtMethod.html.

[51] GAVIN H P. The Levenberg-Marquardt algorithm fornonlinear least squares curve-fitting problems [J/OL]. (2020-09-18) [2021-04-10]. http://people.duke.edu/%7Ehpgavin/ce281/lm.pdf.

[52] MÜHLICH M, MESTER R. The role of total least squares in motion analysis [C]//Proceedings of European Conference on Computer Vision. Berlin: Springer, 1998: 305-321.

[53] HUFFEL S V, VANDEWALLE J. The total least squares problem: computational aspects and analysis [M]. Philadelphia PA: SIAM Publications, 1991.

[54] GOLUB G H, LOAN C V. An analysis of the total least squares problems [J]. SIAM Journal on Numerical Analysis, 1980, 17(6): 883-893.

[55] TSAI C J, GALATSANOS N P, KATSAGGELOS A K. Optical flow estimation from noisy data using differential techniques [C/OL]//IEEE International Conference on Acoustics, Speech, and Signal Processing, 1999: 3393-3396 [2021-04-10]. https://www.researchgate.net/ publication/3794009_Optical_Flow_Estimation_From_Noisy_Data_Using_ Differential_Techniques. DOI: 10.1109/ICASSP.1999.757570.

[56] XU W. A note on the scaled total least square problems [J]. Linear Algebra and Its Applications, 2008, 428(2-3): 469-478.

[57] PAIGE C C, STRAKOS Z. Scaled total least squares fundamentals [J]. Numerische Mathematik, 2002, 91: 117-146.

[58] PAIGE C C, STRAKOŠ Z. Bounds for the least squares distance using scaled total least squares [J]. Numerische Mathematik Volume, 2002, 91: 93-115.

[59] PAIGE C C, STRAKOŠ Z. Total least squares and errors-in-variables modeling [M/OL]. (2002) [2021-04-10]. https://doi.org/10.1007/978-94-017-3552-0_3.

[60] Tikhonov regularization [J/OL]. [2021-04-10] https://wikimili.com/en/Tikhonov_regularization.

[61] CADZOW J A. Spectral estimation: An over-determined rational model equation approach [J]. IEEE, 1982, 70: 907-938.

[62] RAHMAN M A, YU K B. Total least squares approach for frequency estimation using linear prediction [J]. IEEE Transactions Acoust, Speech, Signal Processing, 1987, 35: 1440-1454.

[63] TIKHONOV A N, GONCHARSKY A, STEPANOV V V, et al. Numerical methods for the solution of ill-posed problems [M]. Berlin: Springer, 1995.

[64] HUFFEL S V, VANDEWALLE J. On the accuracy of the total least squares techniques in the presence of errors on all data [J]. Automatica, 1989, 25: 765-769.

[65] GLESER L J. Estimation in a multivariate "errors in variables" regression model: Large sample results [J]. The Annals of Statistics, 1981, 9(1): 24-44.

[66] FISHLER M, BOLES R. Random sample consensus: A paradigm for model fitting with applications to image analysis and automated cartography [J/OL]. Comm. Assoc. Comp, Mach., 1981, 24(6): 381-395 [2021-04-10]. http://www.sciencedirect.com/science/article/pii/ B9780080515816500702.

[67] TUYTELAARS T, MIKOLAJCZYK K. Local invariant feature detectors: A survey [J/OL]. Found. Trends. Comput. Graph. Vis., 2008, 3(3): 177-280 [2021-04-10]. DOI: http://dx.doi.org/10.1561/0600000017.

[68] ZULIANI M, KENNEY C, MANJUNATH B S. A mathematical comparison of point detectors [C]//CVPRW '04: Proceedings of the 2004 Conference on Computer Vision and Pattern Recognition Workshop (CVPRW'04) Volume 11. Washington, DC, USA: IEEE Computer Society, 2004: 172.

[69] HARRIS C, STEPHENS M. A combined corner and edge detector [C]//Proceedings of 4th Alvey Vision Conference. Manchester: [s.n.], 1988: 157-151.

[70] MIKOLAJCZYK K, SCHMID C. Scale and affine invariant interest point detectors [J]. International Journal of Computer Vision, 2004, 1(60): 63-86.

[71] BIRCHFIELD S. Klt: An implementation of the kanade-lucas-tomasi feature tracker [J/OL]. (2006) [2021-04-10]. http://www.ces.clemson.edu/ stb/klt/.

[72] SHI J, TOMASI C. Good features to track [C/OL]//Proceedings of IEEE Conference on Computer Vision and Pattern Recognition. Seattle, WA, USA, 1994: 593-600 [2020-04-21]. DOI: 10.1109/
CVPR.1994.323794.

[73] LUCAS B D, KANADE T. An iterative image registration technique with an application to stereo vision [J]. International Joint Conference on Artificial Intelligence, 1981: 674-679.

[74] TOMASI C, KANADE T. Detection and tracking of point features: CMU-CS-91-132 [R]. Pittsburg: Carnegie Mellon University, 1991.

[75] SMITH S M, BRADY J M. SUSAN: A new approach to low level image processing [J]. International Journal of Computer Vision, 1997, 23: 45-78.

[76] LOWE D G. Object recognition from local scale-invariant features [C]//Proceedings of the International Conference on Computer Vision. California: IEEE,1999: 1150-1157.

[77] LOWE D G. Distinctive image features from scale-invariant keypoints [J]. International Journal of Computer Vision, 2004, 60(2): 91-110.

[78] ROSTEN E, DRUMMOND T. Fusing points and lines for high performance tracking [C]//IEEE International Conference on Computer Vision. Beijing: IEEE, 2005: 1508-1511.

[79] ROSTEN E, DRUMMOND T. Machine learning for high-speed corner detection [C]//European Conference on Computer Vision. Graz: ECCV, 2006: 430-443.

[80] ROSTEN E, PORTER R, DRUMMOND T. Faster and better: A machine learning approach to corner detection [J]. IEEE Transactions on Pattern Analysis and Machine Intelligence, 2010.

[81] BAY H, ESS A, TUYTELAARS T, et al. Speeded-up robust features (surf) [J]. Computer Vision and Image Understanding, 2008, 110(3): 346-359.

[82] BAY H, ESS A, TUYTELAARS T, et al. Speeded-up robust features (SURF) [J]. International Journal on Computer Vision and Image Understanding, 2008, 110(3): 346-359.

[83] TRUJILLO L, OLAGUE G. Synthesis of interest point detectors through genetic programming [J]. Genetic and Evolutionary Computation, 2006: 887-894.

[84] DIAS P, KASSIM A, SRINIVASAN V. A neural network based corner detection method [C]// IEEE International Conference on Neural Networks. Perth: IEEE, 1995: 2116-2120.

[85] DONOSER M, BISCHOF H. Efficient maximally stable extremal region (MSER) tracking [C]// IEEE Computer Society Conference on Computer Vision and Pattern Recognition (CVPR'06). New York: IEEE, 2006: 553-560.

[86] SALVI J, MATABOSCH C, FOFI D, et al. A review of recent range image registration methods with accuracy evaluation [J]. Image and Vision Computing, 2007, 25(5): 578-596.

[87] ZITOVA B. Image registration methods: A survey [J]. Image and Vision Computing, 2003, 21(11): 977-1000.

[88] RAV-ACHA A, PRITCH Y, LISCHINSKI D, et al. Dynamosaicing: Mosaicing of dynamic scenes [J]. IEEE Transactions on Pattern Analysis and Machine Intelligence, 2007, 29(10): 1789-1801.

[89] SEIBEL E J, DOMINITZ R E, JOHNSTON J A, et al. Tethered capsule endoscopy, a low-cost and high-performance alternative technology for the screening of esophageal cancer and Barrett's esophagus [J]. IEEE Transactions on Biomedical Engineering, 2008, 55(3): 1032-1042.

[90] SZELISKI R. Image alignment and stitching: A tutorial [J]. Foundations and Trends in Computer Graphics and Vision, 2006, 2: 1-104.

[91] SZELISKI R. Texts in computer science: Computer vision: Algorithms and applications [M]. Berlin: Springer, 2010.

[92] BERGEN J R, ANANDAN P, HANNA K J, et al. Hierarchical model-based motion estimation [C]//Second European Conference on computer Vision (ECCV'92). Santa Margherita Liguere, Italy: Springer-Verlag, 1992: 237-252.

[93] BARRON J L, FLEET D J, BEAUCHEMIN S S. Performance of optical flow techniques [J]. International Journal of Computer Vision, 1994, 12(1): 43-77.

[94] SIMONCELLI E P. Design of multi-dimensional derivative filters [C]//Proceedings of 1st International Conference on Image Processing. Austin: IEEE, 1994: 790-793.

[95] FARID H, SIMONCELLI E P. Differentiation of discrete multidimensional signals [J]. IEEE Transactions on Image Processing, 2004, 13(4): 496-508.

[96] MCCARTHY C, BARNES N. Comparison of temporal filters for optical flow estimation in continuous mobile robot navigation [M]//ANG M, KHATIB O. Springer Tracts in Advanced Robotics: volume 21 Experimental Robotics IX. Berlin: Springer, 2006: 481-490.

[97] HORN B K P, SCHUNCK B G. Determing oprical flow [J]. Artificial Intelligence, 1981, 17: 185-203.

[98] LUCAS B D, KANADE T. An iterative image registration technique with an application to stereo vision [M]//Proceedings of the 7th International Joint Conference on Artificial Intelligence. Vancouver: University of British Columbia, 1981: 121-130.

[99] ANDREWS R J, LOVELL B C. Color optical flow [C]//LOVELL B C, MAEDER A J. Proceedings Workshop on Digital Image Computing. Brisbane: Australian Pattern Recognition Society, 2003: 135-139.

[100] AIRES K R T, SANTANA A M, MEDEIROS A A D. Optical flow using color information: preliminary results [C]//SAC'08: Proceedings of the 2008 ACM Symposium on Applied Computing. New York: ACM, 2008: 1607-1611.

[101] CALONDER M, LEPETIT V, STRECHA C, et al. BRIEF: Binary robust independent elementary features [C]//DANIILIDIS K, MARAGOS P, PARAGIOS N. Computer Vision – ECCV 2010. Berlin: Springer, 2010: 778-792.

[102] RUBLEE E, RABAUD V, KONOLIGE K, et al. ORB: An efficient alternative to SIFT or SURF [C]//2011 International Conference on Computer Vision. Barcelona: ICCV 2011: 2564-2571.

[103] FINKEL R A, BENTLEY J L. Quad trees a data structure for retrieval on composite keys [J]. Acta Informatica, 1974, 4(1): 1-9.

[104] SAMET H. The quadtree and related hierarchical data structures [J]. ACM Computing Surveys, 1984, 16(2): 187-260.

[105] WEINBERGER K Q, SAUL L K. Distance metric learning for large margin nearest neighbor classification [J]. Journal of Machine Learning Research, 2009, 10(2): 207-244.

[106] MUJA M, LOWE D G. FLANN: Fast library for approximatenearest neighbors [EB/OL]. [2021-04-21]. http://www.cs.ubc.ca/research/flann.

[107] MUJA M, LOWE D G. Scalable nearest neighbor algorithms for high dimensional data [J]. IEEE Transactions on Pattern Analysis and Machine Intelligence, 2014, 36(11): 2227-2240.

[108] ABSIL P A, MAHONY R, SEPULCHRE R. Optimization algorithms on matrix manifolds [M]. New Jersey: Princeton University Press, 2008.

[109] BOUMAL N. An introduction to optimization on smooth manifolds [M/OL]. [2021-04-10] http://sma.epfl.ch/ nboumal/#book.

[110] BOUMAL N, MISHRA B, ABSIL P A, et al. Manopt, a matlab toolbox for optimization on manifolds [J]. Journal of Machine Learning Research, 2014, 15(42): 1455-1459.

[111] ARMSTRONG M A. Undergraduates texts in mathematics: Basic topology [M]. Berlin: Springer, 1983.

[112] THURSTON W. Three-dimensional geometry and topology [M]. Princeton: Princeton University Press, 1997.

[113] SESHAMANI S, SMITH M D, CORSO J J, et al. Direct global adjustment methods for endoscopic mosaicking [C]// Medical Imaging 2009: Visualization, Image-Guided Procedures, and Modeling. SPIE, 2009: 447-455.

[114] AGARWALA A, AGRAWALA M, COHEN M, et al. Photographing long scenes with multi-viewpoint panoramas [J]. ACM Transactions on Graphics, 2006, 25(3): 853-861.

[115] ZHANG H Y, LI T T, GENG J. Manifold modeling and its application to tubular scene manifold mosaicing [J]. Journal of Mathematical Imaging and Vision, 2011: 1-19.

[116] BURT P J, ADELSON E H. A multiresolution spline with application to image mosaics [J]. ACM Transactions on Graphics, 1983, 2(4): 217-236.

[117] LEVIN A, ZOMET A, PELEG S, et al. Seamless image stitching in the gradient domain [C]// PAJDLA T, MATAS J. LNCS 3024: ECCV 2004. Berlin: Springer-Verlag, 2004: 377-389.

[118] WEXLER Y, SIMAKOV D. Space-time scene manifolds [C]//Tenth IEEE International Conference on Computer Vision (ICCV'05): volume 1. Beijing, China: IEEE, 2005: 858-863.

[119] PELEG S, ROUSSO B. Generalized Panoramic Mosaic: US7006124 [P]. 2006.

[120] PELEG S, ROUSSO B, RAV-ACHA A, et al. Mosaicing on adaptive manifolds [J]. IEEE Transactions on Pattern Analysis and Machine Intelligence, 2000, 22(10): 1144-1154.

[121] PELEG S, ROUSSO B, RAV-ACHA A, et al. Mosaicing with strips on adaptive manifolds [M]// BENOSMAN R, KANG S B. Panoramic Vision: Sensors, Theory, and Applications. Berlin: Springer Verlag, 2001: 322-339.

[122] KÜMMERLE R, GRISETTI G, STRASDAT H, et al. G2O: A general framework for graph optimization [J]. 2011 IEEE International Conference on Robotics and Automation, 2011: 3607-3613.

[123] PELEG S, HERMAN J. Panoramic mosaic with videoBrush [C]//DARPA Image Understanding Workshop. New Orleans, United States: Morgan Kaufmann, 1997: 261-264.

[124] JACKSON J D. Classical electrodynamics [M]. 3rd ed. New Jersey: John Wiely & Sons, Inc, 1999.

[125] GONZALEZ R C, WOODS R E, EDDINS S L. Digital image processing using matlab [M]. 2nd ed. [s.l.]: Gatesmark Publishing, 2009.

[126] GAIKOVICH K P, DRYAKHLUSHIN V F, NOZDRIN Y, et al. Rectification of near-field images[C]//Proceedings of the 2002 4th International Conference on Transparent Optical Networks: volume 1. Warsaw, Poland: IEEE, 2002: 192-195.

[127] HARTLEY R I. Theory and practice of projective rectification [J]. International Journal of Computer Vision, 1999, 35(2): 115-127.

[128] LI J P, CHEN H J, WANG Y, et al. Rectification and calibration for biomedical image processing [C]//First International Conference on Innovative Computing, Information and Control (ICICIC'06): volume 3. Beijing, China: IEEE, 2006: 564-567.

[129] ICE [EB/OL]. [2021-04-10] Microsoft.http://research.microsoft.com/en-us/um/redmond/groups/ivm/ICE/.

[130] 马龙, 王丹, 张鸿燕, 等. 微结构低重叠度大范围三维拼接方法 [J]. 光电子·激光, 2015, 26(5): 910-918.

[131] 王丹. 大范围低重叠度三维微结构拼接方法研究 [D]. 天津: 中国民航大学, 2015.

[132] IZADI S, NEWCOMBE R A, KIM D, et al. KinectFusion: Real-time dynamic 3D surface reconstruction and interaction [C]//ACM Siggraph, Santa Barbara: ACM, 2011.

[133] HENRY P, KRAININ M, HERBST E, et al. RGB-D mapping: Using depth cameras for dense 3D modeling of indoor environments [J]. International Journal of Robotics Research, 2014: 477-491.

[134] Linux 环境用于 Kinect V2 的驱动程序 [EB/OL]. [2021-04-11]. https://github.com/OpenKinect/libfreenect2.

[135] LIU J R, LI C P, OUYANG J Q, et al. Depth image enhancement algorithm based on joint bilateral filtering [J]. Computer Engineering, 2014, 40(3): 249.

[136] Point clouds and radius outlier removal [EB/OL]. [2021-04-11]. http://docs.pointclouds.org/trunk/classpcl_1_1_radius_outlier_removal.html.

[137] GALVEZ-LÒPEZ D, TARDOS J D. Bags of binary words for fast place recognition in image sequences [J]. IEEE Transactions on Robotics, 28(5): 1188-1197.

[138] 黄凯奇, 任伟强, 谭铁牛. 图像物体分类与检测算法综述 [J]. 计算机学报, 2014, 37(6): 1225-1240.

[139] GRISETTI G, KÜMMERLE R, STACHNISS C, et al. A tutorial on graph-based SLAM [J]. IEEE Intelligent Transportation Systems Magazine, 2010, 2(4): 31-43.

[140] PUENTE P D L, RODRIGUEZ-LOSADA D. Feature based graph-SLAM in structured environments [J]. Autonomous Robots, 2014, 37(3): 1-18.

[141] LU C P, HAGER G D, MJOLSNESS E. Fast and globally convergent pose estimation from video images [J]. IEEE Transactions on Pattern Analysis & Machine Intelligence, 2000, 22(6): 610-622.

[142] ANSAR A, DANIILIDIS K. Linear pose estimation from points or lines [J]. IEEE Transactions on Pattern Analysis and Machine Intelligence, 2003, 25(5): 578-589.

[143] LEPETIT V, MORENO-NOGUER F, FUA P. EPnP: An accurate $\mathcal{O}(n)$ solution to the PnP problem [J]. International Journal of Computer Vision, 2009, 81(2): 151-166.

[144] 杨森, 吴福朝. 摄像机位姿的加权线性算法 [J]. 软件学报, 2011, 22(10): 2476-2487.

[145] HESCH J A, ROUMELIOTIS S I. A Direct Least-Squares (DLS) method for PnP [C]//2011 International Conference on Computer Vision. Barcelona, Spain: IEEE, 2011: 383-390.

[146] ZHENG Y, KUANG Y, SUGIMOTO S, et al. Revisiting the PnP problem: A fast, general and optimal solution [C]//IEEE International Conference on Computer Vision. Sydney, NSW, Australia: IEEE, 2013: 2344-2351.

[147] ABDEL-AZIZ Y I, KARARA H M. Direct linear transformation from comparator to object space coordinates in close-range photogrammetry [J]. Photogrammetric Engineering & Remote Sensing, 2015, 81(2): 103-107.

[148] BAILEY T, DURRANT-WHYTE H. Simultaneous localization and mapping: Part II [J]. Robotics and Automation Magazine, 2006, 13(3): 108-117.

[149] 吴福朝. 计算机视觉：Cayley 变换与度量重构 [M]. 北京: 科学出版社, 2011.

[150] 张鸿燕, 王婧妍, 周璐莎, 等. 视觉 SLAM 中三维点云配准的 Cayley 方法 [J]. 中国民航大学学报, 2017, 35(5): 47-51.

[151] ZHANG H Y, WANG Z H, ZHOU L S, et al. Explicit symplectic geometric algorithm for quaternion kinematical differential equation [J]. IEEE/CAA Journal of Automatica Sinica, 2018, 5(2): 479-488.

[152] Vtk [EB/OL]. [2021-04-10] http://www.umiacs.umd.edu/ huytho/codes.htm.

[153] Arun K S, Huang T S, Blostein S D. Least-squares fitting of two 3-D point sets [J]. IEEE Transactions on Pattern Analysis and Machine Intelligence, 1987, 9(5): 698-700.

[154] Sony bloggie MHS-PM5 Handbook [EB/OL]. (2010) [2021-04-11]. https://www.manualslib.com/manual/ 783454/Sony-Bloggie-Mhs-Pm5.html.

[155] Catadioptric Cameras for 360 degree imaging [EB/OL]. (1999) [2021-04-11]. https://www1.cs.columbia.edu/CAVE/projects/cat_cam_360/.

[156] 索津莉, 刘烨斌, 季向阳, 等. 计算摄像学: 核心、方法与应用 [J]. 自动化学报, 2015, 41(4): 669-685.

[157] DONG H, ZHANG M, GENG Z, et al. Designs for high performance PAL-based imaging systems [J]. Applied Optics, 2012, 51(21): 5310-5317.

[158] 赵凯华，钟锡华. 光学 (上册) [M]. 北京: 北京大学出版社, 2008.

[159] BAKER S, NAYAR S K. A Theory of single-viewpoint catadioptric image formation [J]. International Journal of Computer Vision, 1999, 35(11): 175-196.

[160] SVOBODA T. Central panoramic cameras design, geometry, ego-motion [D]. [s.l.]: Czech Technical University, 2000.

[161] GEYER C, DANIILIDIS K . Catadioptric camera calibration [C]//The 7th International Conference on Computer Vision: volume 1. Kerkyra, Greece: IEEE Computer Society Press, 1999: 398-404.

[162] SVOBODA T, PAJDLA T. Epipolar geometry for central catadioptric cameras [J]. International Journal of Computer Vision, 2002, 49(8): 23-37.

[163] MICUSIK B, PAJDLA T. Autocalibration & 3D reconstruction with non-central catadioptric cameras [C]//IEEE Computer Society Conference on Computer Vision. Washington: CVPR, 2004: I-58.

[164] 邓小明, 吴福朝, 吴毅红. 一种反射折射摄像机的简易标定方法 [J]. 自动化学报, 2007, 33(8): 801-808.

[165] WU F, DUAN F, HU Z, et al. A new linear algorithm for calibrating central catadioptric cameras [J]. Pattern Recognition, 2008, 41(10): 3166-3172.

[166] ZHANG M, GENG Z, PEI R J, et al. Three-dimensional light field microscope based on a lenslet array [J]. Optics Communications, 2017, 403(11): 133-142.